U0644719

《汉学大系》学术委员会

学术委员会主任：傅　刚

学术委员：（以姓氏笔画为序）

卜　键　左东岭　朱青生　汪小洋

刘玉才　刘跃进　赵化成　赵宪章

周绚隆　党圣元　高建平　常绍民

傅　刚　詹福瑞　锺宗宪　魏崇新

《汉学大系》编辑委员会

编辑委员会主任：曹新平

副主任：任　平　徐放鸣　华桂宏

编辑委员会：（以姓氏笔画为序）

王　健　冯其谱　任　平　朱存明

岑　红　张文德　郑元林　赵明奇

徐放鸣　顾明亮　曹新平　黄德志

主编

朱存明

副主编

王　健　赵明奇

执行编辑

方　艳　王怀义

汉学大系丛书

朱存明 主编

丑与怪

从史前艺术到汉画像中的怪异研究

朱存明 著

生活·讀書·新知 三联书店

图书在版编目(CIP)数据

丑与怪：从史前艺术到汉画像中的怪异研究/朱存明著. —北京：生活·读书·新知三联书店，2018.2
(汉学大系)
ISBN 978-7-108-06209-3

Ⅰ.①丑… Ⅱ.①朱… Ⅲ.①审美意识—美学史—研究—中国—古代 Ⅳ.①B83-092

中国版本图书馆CIP数据核字(2018)第011975号

责任编辑 杨柳青
封面设计 刘 俊
责任印制 黄雪明
出版发行 生活·讀書·新知 三联书店
(北京市东城区美术馆东街22号)
邮 编 100010
印 刷 常熟文化印刷有限公司
版 次 2018年2月第1版
2018年2月第1次印刷
开 本 720毫米×1020毫米 1/16 印张 23.5
字 数 378千字
定 价 66.00元

《汉学大系》总序

世界总是在不断地变化。历史上，有些文明消失了，有些文明则不断壮大，以至于形成现代世界的格局。进入21世纪，世界格局面临一个新的调整，美国人塞缪尔·亨廷顿的《文明的冲突与世界秩序的重建》认为，不同文明的冲突将导致未来社会的对抗。这个观点值得警惕，也值得研究。做好中国自己的事，勇敢面对挑战是我们面临的任务。

中国文明发展了几千年，历史上曾经有过自己的辉煌，但是清朝后期，由于没有科学民主的现代理念，曾经落后挨打，令多少志士仁人痛心疾首。新中国成立后，经过一个甲子年的现代发展，中国又迎来了一个快速崛起的历史新时期。

中国文化现代性的发展，一方面要学习国外的先进经验，促进科学技术的发展与社会的进步；另一方面要不断回溯历史，在历史的记忆中寻求民族之根。当今世界的寻根与怀旧实际上都有现实的基础，它是民族凝聚力的根源。在回溯历史的新的阐释中，一个新的历史轴心期即将来临。

编纂《汉学大系》丛书就是为了探求中华文化的历史起源、学术源流、基因谱系、思维模式、道德价值等，为实现中华文化的历史复兴奠定基础。

"汉学"，是一个历史的概念，因时间与空间的不同而发生变化。究其变化之因，皆因对"汉"字的理解与运用不同所致。"汉"字既可指汉代，也可指汉族，还可以作为中华民族的代称。"汉文化"可以指两汉文化，也可以代指中国传统文化。所以"汉学"一词在不同的语境中有不同的内涵，可以指两汉的学术文化，可以指清代的汉学流派，也可以指中国及海外关于中国文化的研究。具体来看，汉学研究范围以经学为中心，而衍及小学、音韵、史学、天算、水地、典章制度、金石、校勘、辑佚等，引证取材多集于两汉。“汉学”一词在南宋就已出现，专指两汉时期的学术思想。清朝汉学有复兴之势，江藩著《汉学师承记》，自居为汉学宗传。汉学又称“朴学”，意为朴质之学。“朴学”重考据，推崇汉儒朴实学风，反对宋儒空谈义理，也被称为“汉学”。现代“汉学”或称作“中国学”，自20世纪80年代以来，或称“海外汉学”，是国外的学者对有关中国方方面面进行研究的一门学科。

梁启超在《清代学术概论》中提出清代汉学的复兴是对当时理学思潮的反动，其学术动力就是来源于复汉学之古；钱穆在《清儒学案》中认为，汉学的兴起是继承与发展传统的结果；侯外庐在《中国思想通史》等著作中认为，清代汉学思想的发展动力是“早期启蒙思想”。

在国外，汉学的经典名称为Sinology（汉学），有的称为Chinese Studies（中国学）。Sinology或Chinese Studies是国外研究中国的学术总称，它们具有跨学科、跨文化的特征，反映着世界范围内的学术变化及学术发展趋势。

在西方，主要是欧洲，严格意义上的汉学研究已经有400多年的历史。这一学科的形成，表明了中国文化所具有的世界历史性意义。从汉学发展的历史和研究成果看，其研究对象不仅仅是中国汉民族的历史和文化，实际上是研究包括中国少数民族历史和文化的整个中国的学问。由于汉民族是中国的主体，而且汉学最初发轫于汉语文领域，因而学术界一直将汉学的名称沿用下来。汉学只是一个命名方式，丝毫没有轻视中国其他民族的含义。经过几百年的发展，西方汉学已经形成三大地域，就是美国汉学、欧洲汉学和东亚汉学。

21世纪以来，随着全球一体化的进程，国内外汉学的研究，又形成了一个热潮。在新的历史条件下，中国学术界需要发出自己的呼声，海外汉学与中国本土学术进行跨文化对话，才能洞悉中国文化的深层奥秘；中国学人向世界敞开自己，才能进一步激活古老的传统和思想的底蕴。

因此，汉学是继承先秦诸子文化在汉代统一性国家建立基础上形成的中华民族的学术。“汉学”的研究中心是以中华民族统一性的价值观为主体，以汉语言为基础，以汉字为符号载体的文化共同体。汉文化是融合了不同民族、不同区域文化而形成的一个文化统一体。从人类文明发展史来看，这个文化与西方基督教文化、印度佛教文化、阿拉伯伊斯兰教文化有着不同的发展模式与价值体系。“汉学”作为中国传统学术流派的称谓，常常与“国学”“经学”相混，也有人赋予“汉学”以新内涵，将国内的中国学研究也称为“汉学”，这可以称之为“新汉学”。汉民族是历史上多民族长期交流融合的结果，历史上形成的汉语、汉字及独特的汉文化对中国文明以至世界文明都产生了巨大影响。汉学就是对建立在汉语、汉字、汉文化基础之上的中华民族的学术传统的学理性探讨。

中华文化在历史上就对世界产生过影响，中外文化交流一直是世界历史的一部分，16 世纪以来，中华文化进一步引起了西方的注意，西方汉学研究也随之兴起。西方人对于汉学的研究是基于他们的文化立场，对中国汉学的研究虽然取得了一些成果，但是也有一些误读。目前，时代赋予了我们新的历史使命，本课题就是基于目前中国的现实需要对“汉学”学术内涵进行的基础研究。

由于历史原因，一段时间内汉学研究在国外得到发展，国内研究反而滞后，国内外有些研究机构把汉学的概念仅仅看成外国人对中国学的研究，这无疑缩小了汉学的视域。西方有些国家从自身战略利益出发，正在通过各种渠道争夺中国的学术资源。今天我们有责任对民族文化进行深入系统的研究，为中华民族的现代复兴打下深刻的话语基础。文化是一个民族生存的基础，保护民族文化基因就是我们面临的一个重要的历史任务。

《汉学大系》丛书的编纂会促进汉学的历史回归，既是对汉学内涵的理论建构，也是对汉文化研究成果的学术汇编；既是对“国学”基因谱系的深度描述与重新阐释，也是对国外汉学研究历史的重新定位，更是在新的历史形势下对中国传统文化价值进行的一次新发掘。

目前中国的发展到了一个历史的转折点，过去我们大量翻译了西方的学术著作，促进了中国对国外的了解，也给新中国的建设奠定了基础。但是长期以来，由于革命的需要，我们对传统文化否定破坏的多，肯定继承的少，中国传统学术在西学的影响下逐渐式微。现在中国面临一个新的发展机遇，就像西方的文艺复兴时代回归古希腊罗马文明一样，中国新的历史复兴将在恢复传统文化的基础上，指向科学民主繁荣昌盛的未来。

《汉学大系》丛书是汉文化学术成果的集约创新，既是对“汉学”内容的研究，又是对“汉学”内容的确定；既有深入的学术探讨，又有普泛性的知识体系；既有现代性的学科划分与学术视野，又有现代性的学术理念与学术规范。恢复汉代经学的原典传统，并对经典进行现代性的阐释，从经学原著中深入挖掘对现代社会普遍有效的思想资源；明确中国汉学的智慧传统，为中国文化的复兴寻找历史的深度；以汉代汉学为正统，以清代朴学与海外汉学为两翼，深入探讨汉文化之源。

丛书对汉学的内涵进行发掘、整理、探讨。汉学历史的考据与研究同步进行；经典阐释与主题研究并重；历史的考据与新出土的文物相互发明；古典文献与出土简牍对应解读。以汉代的现实生活与原典为基础，兼及汉代以后的发展，参以海外汉学的不同阐释，通过比较来探讨汉学的真正内涵，寻求中华文化的话语模式，进而形成自己的话语权。同时，发掘中国的智慧，促进新观念的变革，促进社会进步，最终实现大同世界的美梦。

朱存明

2014 年 7 月 8 日

目录

序

蒋孔阳

有了上帝，也就有了魔鬼；有了天堂，也就有了地狱。这说明美丑不仅相去不远，而且相互依存和转换。人类的美学思想，不仅应当研究美，研究审美意识的产生和发展，且也应当研究丑，研究审丑意识的产生和发展。朱存明同志刚来复旦担任访问学者的时候就对我谈起，他正在研究中国美学史中审丑的历史。他把他写的有关中国古代“拆半”现象的文章给我看。我看了，感到资料翔实，论证清楚，对于了解中国古代“拆半”这一审丑的美学现象颇有帮助。因此建议他略加修改后，发表在《美学与艺术评论》第四辑上。

不久，存明同志离开了复旦，回到了徐州师范大学。他非常勤奋，不到一年，就写出了此书。他要我写序，由于我刚从医院出来，体力不济，兼以有其他事情要做，因此力不从心。但是，我虽然没有办法拜读存明同志的原著，没有办法对他的著作做出学术上的评价，可是有一点是清楚的，那就是他开辟了中国美学研究的新路子，填补了中国关于“丑怪”这一美学现象迄今尚无人专门研究的空白，仅仅这一点，我认为存明同志的功劳，就是不可抹去的。祝福他今后在美学研究的道路上，取得更大的成绩。

1992 年 6 月 20 日于复旦大学

引子

大千世界，无奇不有；远古文化，怪异纷呈。

说美、论丑、谈怪是人的天性。

当我们以审美的眼光对中国文化进行透视时，我们看到一个怪物繁多、荒诞无稽的世界：你看那仰韶文化彩陶上神秘的人面鱼纹，有三足而像鸟非鸟纹饰的怪异陶鬶，那青铜器上吓人的饕餮、一足而行的怪龙夔。你看那神话传说中镇守昆仑山的九头开明兽、善于淫邪的九尾白狐，《山海经》等古籍中记载的人首兽身、殊方异人，那居住在山川湖海中的魑魅魍魉，那兽首人身的图腾神，那一头两身的旱怪“肥遗蛇”，那一出现就给人带来火灾的独足怪鸟“毕方”……西王母有虎头豹尾，黄帝是龙头蛇身……人们视怪物为神灵，惧鬼怪而献祭品。

美与丑互相转化，惧与崇交相辉映；吉与凶预卜命运，怪与异引起警觉。搜神、志怪、述异就成了中国文化的一部分，为历代人所崇尚……孔子、司马迁、鲁迅等都有所著述。

朋友，你对中国奇异的文化有兴趣吗？你想知道中国丑怪的源流吗？如果有，那就让我们穿过时间的隧道，跨越历史的时空，徜徉于山野峻岭，徘徊于江河湖泽；从荒原古庙里，从废墟坟墓中，去检索浩瀚的典籍，去采集朴野的民俗；从中去捕捉、搜寻那点点信息，来共同编织这说美、论丑、谈怪之网吧。

这是一个奇异的世界！

一、引论：说美、论丑、谈怪

有关尼采之格言与谢林之洞见的经验主义基础，很可能就是艺术的历史；前者宣称所有美好的事物曾一度是可怕的事物，后者断言开初就存在恐怖。〔1〕

——[德]阿多诺《美学理论》

丑就在美的旁边，畸形靠近着优美，丑怪藏在崇高的背后，美与恶共存，光明与黑暗相共。〔2〕

——[法]雨果《〈克伦威尔〉序》

美与丑是相互对立又相互依存的，无丑便无所谓美，有了美就意味着存在着丑。但人们对美与丑的研究却不是相等的。由于人类爱美的天性，人们对美倾注了过多的热情，建立了一门美学。古往今来有多少美学家对这个问题花费了心血，绞尽了脑汁，写下了汗牛充栋的著作。与美的研究的普遍性相比，对丑的研究则较少。人们既没建立起一门真正的丑学，也缺乏有影响的专著，即使是一位伟大的美学家往往也只是对丑发表了只言片语，丑只是美学的陪衬，成了可有可无的东西。从美学发展史来看，丑真正成了一个"丑小鸭"，它被许多美学家所摒弃或忽视。

〔1〕[德]阿多诺：《美学理论》，四川人民出版社，1998年，第85页。
〔2〕[法]雨果：《雨果论文学》，上海译文出版社，1980年，第30页。

但这种研究状况是不正常的。不研究丑，我们能最终认识什么是美吗?在人类最初的审美意识的起源上，它与审丑、审怪是处在混融状态的。现代意义上的审美意识，也许正是从对客观世界的惊异感逐渐进化而来的。至少在审美意识的最初阶段，审美与审丑应放在同等重要的位置上。因此建立一门审丑的学说就很有必要，它将从另一个方面来透视美与艺术真正的内涵。

一些理论家在研究中国古代美学思想时认为："乐，内心的乐，是中国美学的核心和基本精神。"[1]在中国美学思想研究的初期，有这种观点是可以理解的，但这种思想并没有追溯到中国审美意识的真正根源。正如鲁迅先生所说，"中国人又很有些喜欢奇形怪状、鬼鬼祟祟的脾气"[2]。中国文化中的那种丑怪，现代人几乎没有给予足够的重视。人们关注的是中国人"天人合一"的世界观、感性直观的悟性思维方式，欣赏的是"有意味形式"[3]的"线的艺术"，推崇的是道家的审美自由与儒家的审美理想。但"自古以来，中国的统治阶级依靠儒教来进行统治，普通民众信仰的是道教及其他巫术礼仪"[4]。除了道家与儒家学说外，在中国古代文化精神中还有大大早于道家与儒家学说的史前意识，原因很简单，道家与儒家都有一个起源，他们都起源于一个更古老的文化大传统。鲁迅先生曾致力于中国小说史的开辟工作，他正是从巫术礼仪、原始神话及派生出的"搜神""志怪"来探讨中国小说艺术中的丑怪的。朱光潜先生认为，鲁迅的这种研

图 1-1　吐舌怪(河南南阳麒麟岗汉画像石，东汉)
(2011 年 11 月 8 日作者摄于河南省博物馆)

---

〔1〕 李戏鱼：《建立中国美学体系刍议》，载《中国古代美学史研究》，复旦大学出版社，1983 年，第 58 页。
〔2〕 鲁迅：《捣鬼心传》，见《鲁迅全集》第 4 卷，人民文学出版社，1981 年，第 616 页。
〔3〕 [英]克莱夫·贝尔：《艺术》，中国文联出版公司，1984 年，第 4 页。
〔4〕 [日]中村元：《比较思想论》，浙江人民出版社，1987 年，第 170 页。

图 1-2　三星堆兽面青铜器
（作者摄于四川三星堆博物馆）

究方法没有得到很好的继承，“它们对建筑、雕塑、绘画及至诗、乐、舞各方面的影响还有待专业研究工作者去清理”[1]。今天文化人类学、考古学、宗教学等学科的发展，给这种清理带来可能。

（一）从“子不语”说起

这种清理将会遇到很多麻烦。因为随着时代的变迁、文化的进化，过去的一些看来是不丑的，今天可能认为是丑怪；而原来认为是丑怪的，今天则可能看上去根本不丑不怪。美与丑都是相对的，随着时代、民族、阶级的不同而发生变化。世界在发展过程中，不同的时代会产生不同的思想文化的谱系，各个文化谱系对美丑的观念有许多不同的看法，很难有统一的永恒不变的观点。另一方面，怎样理解古人的美丑观也存在许多不同的看

〔1〕 朱光潜：《中国古代美学简介》，载《中国古代美学艺术论文集》，上海古籍出版社，1981 年，第 2 页。

法。比如,以孔子为代表的儒家究竟谈不谈丑怪,这历来是个有争议的问题。学术界曾流行一种看法,认为孔子讲究的是修身、齐家、治国、平天下的一套实用理性,孔子和他的学生对丑怪是不谈的。一些神话研究者认为,随着儒家学说在中国被“独尊”以后,一些神怪传说便都散亡了。在《论语·述而》中,还有所谓“子不语怪、力、乱、神”的记载,孔子不谈怪似乎成了定论。但是,孔子的门人弟子的笔记上记录说是“子不语怪”,见诸古籍记载的则是孔子“语怪”的甚多。

1. 孔子是个怪物通

说“子不语怪”,又说孔子是怪物通,看起来是矛盾的,如果分析其历史背景,两者仍可统一起来。朱熹认为,孔子所避谈的怪、力、乱、神,是指“怪异”的、不合情理的事象。实际上,孔子再三避开的,或者说不想谈的是超自然现象,也就是“神怪”“妖怪”“丑怪”的本源问题。这话当时是对子路而言的。子路幼年时曾为生活所迫,“负米于百里之外,往来于山间野路”[1],经常出没于民间信仰中神怪出没的地方。虽然子路成人后在孔子弟子之中以大力有勇而闻名,但年轻时穿过幽暗深山的种种历险的恐怖体会一直记忆犹新,以至在潜意识中形成一种“情意结”,常常会不经意地向老师吐露出来。作为教育家的孔子,不愿和自己的学生谈论妖怪乱神有没有的问题,怕引起学生的不安。孔子虽然力图不在学生面前谈论怪物,但在这方面他既非无知,也并非不关心。我们从子产逸闻中可以知道,孔子对丑怪鬼神之类是很通晓的。古籍中留下了一些这方面的逸事。

有一则被记在史书《国语·鲁语下》中。记载说一个叫季桓子的人,在挖井时得到一个陶罐,其中有一个羊形的东西,他不知道是什么,就去问孔子,说:“我挖井时得到一个狗样的东西,先生看看是什么呢?”孔子看后说:

〔1〕《孔子家语·致思》。

图 1-3　孔子见老子(局部,东汉,1977 年山东嘉祥齐山出土)

(作者摄)

图 1-4　汉画像中的羵羊(东汉)
(徐州汉画像石艺术馆藏石,作者摄)

"以我的见闻来看,不是狗,而是羊。"孔子又说:"我曾经听说,木石的怪物叫夔、魍魉,水的怪叫龙、罔象,土的怪叫羵羊。"[1]

[1]《国语・鲁语下》,上海古籍出版社,1978 年,第 201 页。

《孔子家语·辩政》又记有孔子为齐国辨“商羊”之事：齐有一足之鸟，飞集于公朝，下止于殿前，舒翅而跳。齐侯大怪之，使使聘鲁问孔子。孔子曰：“此鸟名曰商羊，水祥也。昔童儿有屈一脚，振肩而跳，且谣曰：‘天将大雨，商羊鼓舞。’今齐有之，其应至矣。”急告民趋治沟渠，修堤防，将有大水为灾。顷之，大霖雨，水溢泛诸国，伤害人民，唯齐有备不败。

此外《鲁语》还记有孔子辨防风氏骨节、辨肃慎楛矢之事。《左传》哀公十四年记孔子辨麟。《说苑》《孔子家语》等书又有孔子辨“萍实”之事。后世的人们，又陆续传述了一些孔子“语怪”的事，如《太平御览》卷九百二引《韩诗外传》（今本无）所记的“玉羊”故事，《绎史》卷八十六引《冲波传》所记的“九尾鸟”故事等等。以今天的眼光看，防风氏之骨一节就装一车，大概是史前动物如恐龙等的巨型化石；麟的原型是鹿类，孔子根据民俗传说将其神秘化了。以至于胡应麟《少室山房笔丛》卷三十八《华阳博议》称孔子为“万代博识之宗”，“语怪之首也”[1]。孔子成了谈丑怪、说神异的老祖宗。

不仅孔子谈怪，在谶纬书籍中，孔子本身也有异相。“孔子海口，牛鼻，骈齿，辅喉，舌头的纹理七重，这些都是表显一位说教者的面相。至于躯干部分，据说是虎掌、龟脊。最特别的是他的胸部。他的胸成方形，和‘矩’相合；并且有文字，据说是‘制作定世符运’六个字。”[2]

图 1-5　汉画像中描绘的怪异世界（东汉）

（徐州汉画像石艺术馆藏石）

---

〔1〕（明）胡应麟：《少室山房笔丛》，上海书店出版社，2001 年，第 382 页。
〔2〕周予同：《谶纬中的孔圣与他的门徒》，载《释中国》第 2 卷，上海文艺出版社，1998 年，第 790—791 页。

2. 司马迁言不言怪?

汉代有一部影响深远的史书，就是司马迁的《史记》。司马迁治学严谨，作为记载历史的书，他要求写得真实，不让非历史的材料混入历史的范围中，因此他在《史记·大宛传》中说:“至《禹本纪》《山海经》所有怪物，余不敢言之也。”一些人信以为真，好像司马迁不谈丑怪鬼神之类。其实不然，历史上“史公好奇”，他说不敢言《禹本纪》及《山海经》中的怪物，正好说明了他曾仔细研究过这类搜神志怪性质的书，因为对内容太了解了，所以才不想把它们写进历史著作。这只是他的声明而已。历史上有许多人已经看到这一点了。

汉代扬雄在《法言·君子篇》中认为，司马迁有“爱奇”的倾向。后来应劭也说司马迁“爱奇之甚”，刘勰在《文心雕龙·史传》中又说司马迁“爱奇反经之尤”，司马贞说司马迁“其人好奇而词省”[1]，等等。从今天的观点看，《史记》中的实际情况与他的声明是有矛盾的。《史记》的写作，特别是《五帝本纪》就是根据民间神话传说与一些异闻写成的，无疑许多神怪材料已被他写进《史记》里。《本纪》《世家》《列传》及至“八书”里都各有一些。如《殷本纪》说简狄吞玄鸟卵生契，《周本纪》说姜嫄践巨人迹生后稷，《秦本纪》说秦之先女修吞玄鸟陨卵生子大业，说大廉玄孙孟戏、仲衍“鸟身人言”。另外《天官书》中把人间妖孽和天上的星灾对应起来;《封禅书》记载的祠祭鬼神都有种种怪异的色彩。从另一方面看，司马迁也许认为事实的确如此，根本不是什么怪事。这正好表现了远古图腾时代的真实面貌。这种文化大传统的精神到汉代仍占据大部分人的头脑。司马迁作为当时最高

1

〔1〕《史记·孟子荀卿列传》司马贞《索隐》引。

2

图 1-6　鸟身人面神怪(作者摄)

1. 四川三星堆出土　2. 洛阳卜千秋墓室壁画

层的知识分子，其思想也不能超出整个时代文化所造成的氛围之上，他必然要受到他那个时代的限制。

如《高祖本纪》写刘邦的出生便带有神话色彩：

> 高祖，沛丰邑中阳里人，姓刘氏，字季。父曰太公，母曰刘媪。其先，刘媪尝息大泽之陂，梦与神遇。是时雷电晦冥，太公往视，则见蛟龙于其上。已而有身，遂产高祖。

此写刘邦诞生是遇龙而孕，颇具传奇色彩。到了现代，随着人类学、文化学、宗教学、神话学的兴起，人们认识到司马迁所记载的“吞卵生人”或“践迹生子”为感生神话，荒怪不经的背后有着广泛的文化内涵，不过是原始巫教产生的一种信仰。因此，现代最优秀的知识分子，仍然对丑怪神物倾注许多热情，并使之成为探讨文化之源、探讨审美起源的一把钥匙。我们在汉画像石艺术中，可以看到汉代开始神化龙的形象，龙成了沟通天地的神物，把一个人间的君主神化成真龙天子，远古的巫师沟通天地的宗教信仰就转化为政治权力的神圣来源。

3. 鲁迅论巫与神怪

鲁迅曾致力于中国小说史的开辟工作，他在研究中，紧紧抓住中国古代巫教信仰对中国神话和小说的影响，来剖析中国神怪小说存在的基础。1925年3月15日，鲁迅给两位大学生回信，就他们请教如何研究神话作如下答复：

> 中国之鬼谈，似至秦汉方士而一变，故鄙意以为当先搜集至六朝（或唐）为止群书，且又析为三期。第一期自上古至周末之书，这根柢在巫，多含古神话；第二期秦汉之书，其根柢亦在巫，但稍为变为"鬼道"，又杂有方士之说；第三期六朝之书，则神仙之说多矣。今集神话，自不应杂入神仙谈，但在两可之间者，亦止得存之。[1]

这是鲁迅长期研究中国小说史的经验之谈，也是浓缩了的中国小说史纲要。对先秦古文学，他指出"根柢在巫，多含古神话"的观点，在《中国小说史略》中也有类似表达：

> 中国本信巫，秦汉以来，神仙之说盛行，汉末又大畅巫风，而鬼道愈炽；会小乘佛教亦入中土，渐见流传。凡此，皆张皇鬼神，称道灵异，故自晋讫隋，特多鬼神志怪之书。[2]

鲁迅先生认为先秦的巫教信仰，是产生神话的基础。他对先秦古籍如《山海经》作了深入的研究后指出：

---

〔1〕《鲁迅全集》第11卷，人民文学出版社，1981年，第438页。
〔2〕《鲁迅全集》第9卷，人民文学出版社，1981年，第43页。

中国之神话与传说，今尚无集录为专书者，仅散见于古籍，而《山海经》中特多……所载祠神之物多用糈（精米），与巫术合，盖古之巫书也，然秦汉人亦有增益。[1]

图 1-7　汉画像中操蛇持钺的巫（东汉，山东滕州出土）

（作者摄于滕州汉画像石馆）

为什么"根柢在巫"便多含古神话呢？这里蕴含着十分深刻的人类学、文化学、美学、艺术学的命题。著名考古学家、人类学家张光直先生的研究表明，中国古代文明是一个持续不断的文明连续体，这个连续体依靠巫觋的信仰来维持，在先秦巫觋靠艺术与文字的掌握攫取权力。[2] 1995年，我曾经出版《灵感思维与原始文化》[3]一书，力图证明在原始思维的巫的信仰条件下，人类的精神文明与制度文明是如何从巫术神话中产生的。李泽厚有《说巫史传统》一文，他用"巫史传统"一词来描述中国文化的特征。[4] 由"巫君合一"到"由巫而史"构成了中国文化从大传统到小传统的转变。理解中国审美的发生，理解中国审美发生中的丑怪，必须放在这样一个大的背景下，才能得到合理的解释。审美与巫史的精神是密切相连的。王振复先生研究中国古代审美观念的发展时认为，中国古代美学思想有一个从巫术智慧到美学智慧的发展转变的过程。[5]

---

〔1〕 鲁迅：《中国小说史略》，上海古籍出版社，2011 年，第 7—8 页。

〔2〕 [美]张光直：《美术、神话与祭祀》，辽宁教育出版社，1988 年，第 34 页。

〔3〕 朱存明：《灵感思维与原始文化》，学林出版社，1995 年。

〔4〕 李泽厚：《说巫史传统》，上海译文出版社，2012 年，第 5 页。

〔5〕 王振复：《周易的美学智慧》，湖南人民出版社，1991 年，第 35 页；《中国美学的文脉历程》，四川人民出版社，2002 年，第 28 页。

孔子、司马迁和鲁迅先生，可谓中国文化中的精英人物，他们虽相隔几千年的历史时空，却都对怪异的东西产生很大的兴趣，这不是偶然的，因为凡是怪异的东西，总是使人感兴趣的，怪异本身正反映了人的智慧。因为人的正常的看法是从怪异中产生的。怪异指向了人不可知的另一个世界，而人的本性中就有一种探求未知世界的渴求，人类学术精神的发展，不正是从已知世界去探求那未知世界吗？从怪异的世界中既可产生美，也可产生丑。美与丑、正常与怪异，本来就是处在矛盾的对立统一中。因此，我们不仅要研究中国的审美，也要研究中国的审丑。不仅研究美的历程，也要研究丑的历程。当我们从美中展现了丑，或从丑中展示了美以后，美学才真正建立起来。

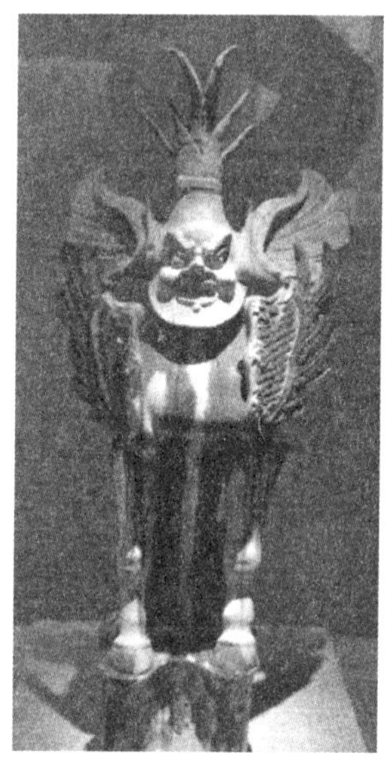

1

2

图1-8 怪异镇墓兽

（作者摄于郑州、洛阳博物馆）

1. 唐三彩人面镇墓兽（郑州博物馆藏）
2. 南朝镇墓兽（安康市长岭南朝墓出土）

（二）丑、怪、怪诞与审美

1. 什么是丑？

中国《美学百科全书》认为："丑是与美相对立的美学范畴，并且有与美迥然相悖的本质内容及形式。"[1]作为美学范畴之一的丑，指歪曲人的本质力量，违背人的目的及需要的畸形、片面、怪异、令人不快甚至厌恶的事物的特性，与美相对。这个审美范畴的确立，是美学史上中外美学家对审丑现象研究分析进行理论提炼的结果。

中国先秦时已有"丑"的概念。《左传》称"恶直丑正"，"丑类恶物"。老

图 1-9　熊图像
（作者摄于陕西榆林博物馆）

---

〔1〕 李泽厚、汝信名誉主编：《美学百科全书》，社会科学文献出版社，1990 年，第 71 页。

子将丑称为“恶”，认为美（善）与丑（恶）相互依存，相互转化。汉代《淮南子》认为“嫫母有所美，西施有所丑”，指出同一事物中有美的因素，也有丑的因素。嫫母是古代有名的丑妇，传说她是黄帝的妃子，《列女传》说她“貌甚丑而最贤”，《路史》上说“嫫母貌恶而德充”，意思是说她貌丑而心灵却很美。这说明美与丑也不是绝对的，是可以转化的。丑既可表现在内容方面，也可表现在形式方面；在自然界、社会生活以及艺术中都有丑的事物和现象。

美学作为一门科学是在西方形成的，许多西方的美学家对丑也作过精辟的论述，这对于我们探讨中国的丑怪仍然具有启发作用。如古希腊哲学家苏格拉底认为丑与恶是一致的，都是与人的功能目的相违背的事物的特征。亚里士多德最早将丑引入美学范畴，肯定了其审美意义，认为丑与恶有区别，丑具有可笑性，是喜剧表现的对象；它不是指一切恶，而是指丑陋、错误、怪诞，不致引起错误和伤害。奥古斯丁认为，丑是审美反应的不足，世界上没有绝对的丑，丑都是相对的，丑只是美的较低等级而已，我们可以用研究恶的方法来研究丑，因为丑与恶是一回事。英国哲学家休谟认为没有实在的丑，它只存在于观赏者的心里，丑是令人心灵不安、痛苦的主观反应的产物。英国的另一位经验主义美学家博克认为丑是客观存在的巨大、粗糙、剧变，但不使人恐惧的事物的属性。德国哲学家康德认为丑是审美愉悦的反形式，即丑是不愉悦的对象。黑格尔从他的“理念”论出发，认为丑是不能显现“理念”的，缺乏生命、生气，令人不快的事物。1853 年，罗森克兰兹（Karl Rosenkranz）出版了大约是人类历史上探讨丑的第一本专著《丑的美学》（*Aesthetic of Ugliness*）。但作为黑格尔的信徒，他的审丑观仍局限在旧的美学之内。他认为，“丑本身是美的否定”，丑“不在美的范围之内”，“产生美的那些因素可以倒错为它的对立面，这就是丑”。艺术不仅要描述美，也要描述丑，“艺术就不能忽略对于丑的描绘”。“如果艺术不想单单用片面的方式表现理念，它就不能抛弃丑。”但他仍未能突破传统的“丑服从美”的老原则。他认为“吸收丑是为了美，而不是为了丑”，丑只是作为美的衬托物才被吸收入艺术中，描写丑并不是目的。他分析了自然界中的丑、精神上的丑、艺术里的丑(和艺术表现上的种种不正确)。因此,从中可以看出,罗森克兰兹的审丑观还是古典型的,他对丑的重视则隐约地预示了以丑为美的现代性艺术的产生。鲍桑葵在批判了罗森克兰兹的审丑学说后,提出自己的一些看法,他认为:"如果要想把具有全部戏剧性深度的心灵和自然纳入表现中,就决不能忽略自然界的丑的东西,以及恶的东西和凶恶的东西。希腊人尽管生活在理想之中,还是有他们的百手怪、独眼巨人、长有马尾马耳的森林之神、合用一眼一牙的三姊妹、女鬼、鸟身人面的女妖、狮头羊身龙尾的吐火兽。他们有一个跛脚的神,并且在他们的悲剧中描写了最可怕的罪行、令人作呕的疾病,还在他们的喜剧中描写了各种罪恶和不名誉的事情。"[1]俄国的革命民主主义者车尔尼雪夫斯基认为丑是一种客观对象,是事物正常发展的病态、变态、畸形。意大利哲学家克

图1 10 四面神人图像(东汉)
(作者摄,原石藏山东邹城孟庙)

〔1〕[英]鲍桑葵:《美学史》,商务印书馆,1986年,第516页。

罗齐认为在艺术中不存在丑，只有当丑被征服，才能收容于艺术，加强美的效果。美国哲学家约翰·杜卡斯认为："有些美的东西并非是艺术，而有些东西是艺术作品但却不美。"〔1〕英国著名美学家赫伯特·里德也断言，艺术并不一定等于美。无论从历史角度还是从社会学角度，人们都将会发现艺术在过去或者现在常常是一件不美的东西。〔2〕随着西方现代派艺术的崛起，弗洛伊德建立的无意识本能欲望的理论影响也愈来愈大，因此一些人认为丑与恶一样是一种肯定的力量，具有肯定的审美价值，它在本质上是人主观反应的结果。意大利美学家翁贝托·艾柯著有《丑的历史》一书，对西方艺术中存在的丑进行了深入研究，他认为："丑则是令人退避、恐怖、恶心、不宜人、荒怪、可憎、可厌、不正当、污浊、肮脏、不愉快、可怕、吓人、梦魇似的、令人反胃、令人不舒服、发臭、令人生畏、不高贵、难看、令人不悦、累人、忤目逆心、畸形、变形。"〔3〕如此林林总总，我们不能仅仅再说丑只是美的反面了。

我们这里探讨的丑怪，不是一个抽象的存在，而是指一种在中国源远流长的文化中存在的一种畸形、片面、怪异、具体可感的事物。它既存在于自然中、社会中，又存在于艺术中、精神中。这种丑不能脱离人而存在，它是在中国古代的社会实践中被人发现、评价、认识，同人发生特定审美关系的产物。这种丑既表现在内容上，也表现在形式上。我们对原始艺术进行探讨后就会看到，原始艺术无论在过去还是现在，往往都是不美的；恰恰相反，丑怪却是最根本的表现形式。各民族的图腾神、祖先神，埃及、印度、玛雅和中国原始的造型艺术，往往是丑怪杂糅的。在中国最古老的典籍之一《山海经》中，记载着九头的兽、三足的鸟、一头双身的蛇等"丑类恶物"。先秦时代的审美理想是"铸鼎象物，使民知神奸"。古代的丑怪是原始人对异己的自然神秘力量的恐惧的图像呈现。

---

〔1〕 Curt John Ducasse, *The Philosophy of Art*, New York: The Dial Press, 1929, Chapter I, Third Part.

〔2〕 [英]H. 里德：《艺术的真谛》，辽宁人民出版社，1987 年，第 3—4 页。

〔3〕 [意]翁贝托·艾柯：《丑的历史》，中央编译出版社，2010 年，第 16 页。

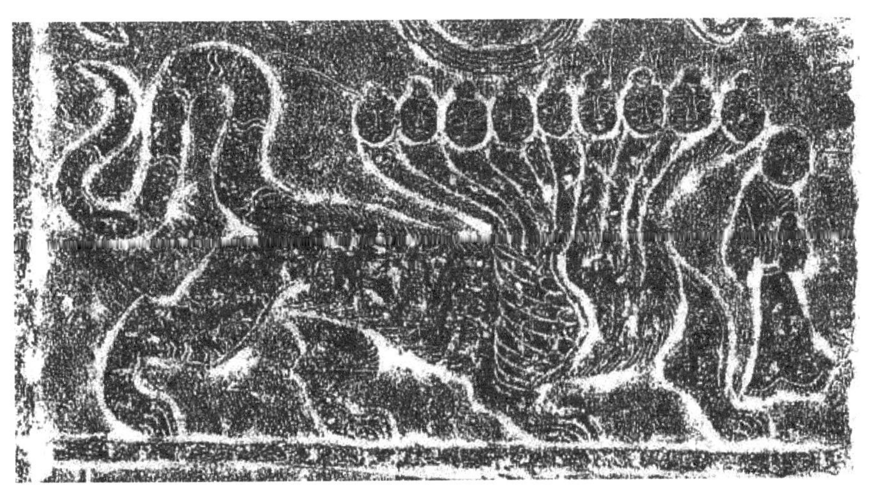

图 1－11　汉画像石上的九头怪(局部)
(山东济宁汉画像石)

图 1－12　汉画像石上的九头怪(东汉)
(徐州新发现汉画像石，作者摄)

图 1－13　多头太阳鸟图像
(汉画像砖，东汉)
(作者摄于四川三峡博物馆)

在原始社会表现为人异化成了失去人本质的神的崇拜者，神往往以怪异的形式存在，唯有怪异与奇特才表现出其可怕的魔力。在阶级社会表现为人的本质力量的歪曲、畸形、变态的形象，它是残酷、杀戮、神秘、怪异、死亡等的夸张与变异表现。在形式上表现为形状的怪异，声音的嘈杂，色彩、线条的纷乱无绪，违背形式美的规律，动物与植物的杂糅，肢体的增加与减少等。

丑在审美中使人产生丑感。丑感具有直觉性，现实中的畸形、怪异、片面的事物和现象，刺激人的感官，同人的生理机制、心理结构相背反，便引起人心理上的逆受、压抑、不快。审丑感受客观事物丑的制约，又有明显的主观性，不同的人对丑有不同的感受，表现出量和质的差异性。对丑的感觉也有时代性，过去认为美的，现在可能认为是丑。由于对象中美与丑往往交织在一起，所以美感与丑感也常常混在一起，并可相互转化。当生活

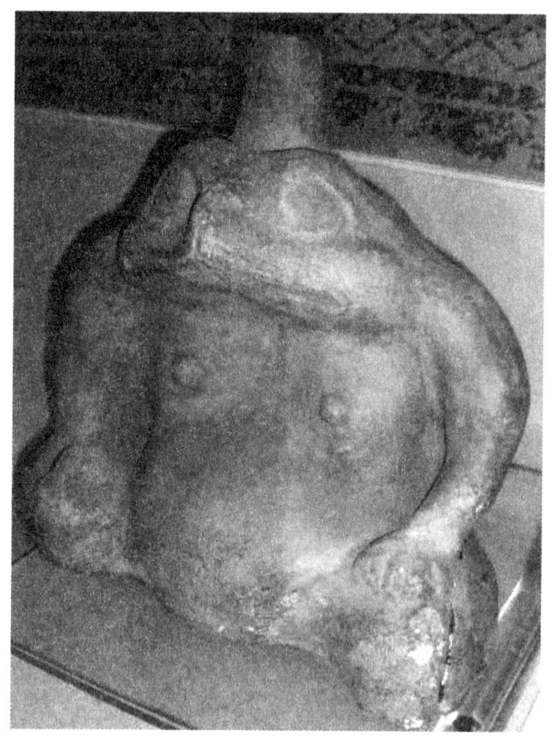

图 1-14　蛙首人身怪(1942 年四川彭山东汉墓出土)
(现藏南京博物院，作者摄)

中的丑经过艺术家的典型化以后，进入艺术中形成典型形象，人们看到了丑的本质，从而激发人们否定丑，从另一个方面肯定了美，这样的艺术可以使人产生美感。丑感使人回避、嫌弃丑，但又可以给人以启示，激励人去克服丑、创造美。浪漫主义者雨果、现代主义者波特莱尔等，都提倡文学艺术要描写丑。现代美学受自然科学的影响，发现了人的动物性，更发现了人身上的丑陋、卑贱的方面，从而来歌颂丑，把丑感当成审美活动的一个重要因素。

2. 什么是怪？

怪作字面义解，指奇怪的事。《说文》指出“怪”，就是“异”也。《释名》云：“异者，异于常也。”怪异是相对于正常而言的。唐代释玄应《一切经音义》云：“凡奇异非常皆曰怪。”怪本是指自然界和社会出现的反常现象，怪的意义与妖的初义相仿，所以常合称为“妖怪”。《左传·宣公十五年》说：“天反时为灾，地反物为妖。”古人常说“天灾地妖”。地震星坠、日食月晕这些“天反时”的现象谓之灾；雀生大鸟、兔舞于市、六鹢退飞、桑谷生朝等“群物失性”的怪事，以及预示吉凶的歌谣、服饰、梦境等，这些不祥的征兆都是妖。秦汉以后，妖、怪的含义发生了变化，指的是动植物或无生命者的精灵，也就是怪物，如狐妖、狗怪等。与妖怪相近的名称还有精，训为精灵、精气，人以外的事物获得灵魂、神力而能兴妖作怪，故而称精怪、妖精。精怪又称为“物”，《史记·留侯世家》太史公云：“学者多言无鬼神，然言有物。”故有妖物、怪物、物怪之称。那时，怪物因在不同的事物中，故有“魑魅魍魉”的说法。因此，怪又可称魅，往往又兼指鬼、神等。怪异的事情可以预卜吉凶，因为注意的是天地间的反常事情，进而被用为奇怪的意义，怪异的现象与吉凶征兆联系在一起，使怪异反常的事物渐渐有了审美的意义，因此产生出怪诞。在中国古代，怪异之事物有两种，一为祥瑞，二为灾变。环绕灾变和祥瑞的不同之处，文化的许多功能便显示出来。从天命和人命的侧重不同来解释怪异的由来，构成了中国古代哲学命题“天人合一”的基本

图 1-15　神秘怪诞的神兽面饰(春秋中期,河南叶县旧县乡出土)
(河南省博物馆藏玉)

内容。在中国古代,"善则为瑞,恶则为异",强调了伦理中的善恶对瑞异的影响。善和恶表现在形象上就是美与丑。因此,怪异将导致审美领域的丑,但这种丑又处在矛盾的运动和转化之中,丑怪的事物就有了审美的意义,这就形成了审美上的怪诞。

3. 怪诞的诗学

怪诞是一个美学范畴,指在奇特异常中所显示或发现的美。在西方,怪诞最早是用来描绘 14 世纪末至 15 世纪初一种艺术装饰的。当时人们从罗马岩窟中发现一种由奇妙的纹饰、脸谱、人和动物的滑稽形状混杂而成的离奇的图案。到 17、18 世纪,中国的大批古玩瓷器、漆器、绘画以及文学传到欧洲,各国都以收藏中国古代艺术品作为一种荣耀,于是"怪诞"一词的意思因被用于描绘某些中国古玩而得到扩展。在当时西方人的眼中，中国古玩上的装饰，把不同领域的东西融合在一起，各组成部分具有怪异的品质，秩序和比例被颠倒了。席米德林宣称："中国人走得如此之远，画中的房屋和风景可以在空中飞翔或者从树上长出来。"凯泽尔在 1761 年写的《丑角哈乐昆》中声称："即使中国人的怪诞的盆景也使庭院生辉……"〔1〕可见在西方人的眼中，中国的古玩（特别是青铜纹饰）及瓷器等物上的装饰图案，有时候被认为是怪诞的。

图 1 - 16　玉兽面（商代晚期，1976 年妇好墓出土）
（选自《中国玉器全集》）

沃尔夫冈·凯泽尔认为：在意大利语中，怪诞"这个词表示的是某种滑稽的欢乐、无所顾忌的古怪和面对着一个完全陌生的世界时产生的一种不吉祥、险恶的预感"。德语是把人和非人的东西怪异的结合看作怪诞风

〔1〕［德］沃尔夫冈·凯泽尔：《美人和野兽——文学艺术中的怪诞》，华岳文艺出版社，1987 年，第 20 页。

格最典型的特征。1694 年版的《法国研究院词典》中，释怪诞为“在比喻说法中指愚蠢的、稀奇古怪的、放肆的”。18 世纪德国作家维兰特认为，在真正怪诞的作品中，艺术家“无视真实的原则，让奇思怪想尽情驰骋，其唯一的目的，就是让读者看着他的不自然的、靠荒唐的想象炮制出来的、可怕而粗鲁的怪物哈哈大笑、恶心呕吐或者大吃一惊”[1]。狄德罗对此评论说，维兰特发现了怪诞作品的核心，恰好在于它超然独立于现实之外。奥尔巴克在他的《模仿》一书中认为：不可测的世界所激起的恐怖的观点，即怪诞。雨果则认为：“怪诞……它一方面创造丑陋和恐怖的东西，另一方面又创造喜剧性的滑稽的东西。”[2]他还把怪诞与崇高相比较，认为崇高把我们的观点引向一个更高尚的超自然的世界，丑陋可怕的怪诞则显示一个非人的、阴森的、深不可测的王国。[3] 黑格尔在他的《美学》第二部中，认为怪诞的艺术特征有三：(1)不同领域的事物不合理的融合；(2)极端和歪曲；(3)不自然的“同功能事物的增殖，众多的手臂、头颅的出现等等。在任何一种情况下，怪诞都意味着具体形式向超自然领域的飞跃”。另一个美学家菲舍尔也认为，怪诞是不同质事物融为一体的结果，在怪诞的艺术中，有一种奇特的、不详的、深不可测的品质。

图 1-17　汉画像中怪诞形象(东汉)
(徐州出土汉画像石，作者摄)

可见，在西方怪诞最初是指 15 世纪的一种装饰风格，在浪漫主义时代它已形成一种审美范

[1] [德]沃尔夫冈·凯泽尔：《美人和野兽——文学艺术中的怪诞》，华岳文艺出版社，1987 年，第 21 页。
[2] [法]雨果：《雨果论文学》，人民文学出版社，1980 年，第 20 页。
[3] 同上，第 80 页。

畴，经过现实主义的低潮，到20世纪在先锋派艺术中则占有极重要的地位。但这一追溯又是不能令人满意的，因为远在15世纪以前，人们就开始创造“怪诞”的艺术品了。沃尔夫冈·凯泽尔也不得不承认：“很明显，怪诞这一现象比我们分配给它的更古老。一部全面的怪诞史，需要研究中国的、伊特拉斯坎的、阿兹台克的、古日耳曼的艺术，希腊（阿里斯托芬）和其他民族的文学。”[1]理论上的概括则也是很不够的。黑格尔指出了怪诞的特征及它的内涵，但为什么怪诞会引向超自然的观念呢？他并没有揭示。沃尔夫冈·凯泽尔在追溯怪诞的发展过程后，也企图给怪诞确定性质，他认为，怪诞是一种赋予并表现世界恶魔般的品质，并加以克服的尝试，“怪诞是一种结构，它的性质可以用一句经常向我们暗示的话来总结：怪诞是异化的世界”[2]。怪诞创造的异化世界使人们感到恐惧，但由于它以滑稽的手法把恐怖带到了事物的表面，从而又消除了人们的恐惧。他把怪诞同异化联系起来，是有开拓意义的，但是，是什么招致了异化，他无法解释，最终则陷入了神秘主义的不可知论，认为“这些问题仍然没有答案”，“这不是人力所能及的事”。

4. 中国文艺中的怪诞

西方美学家认为要研究怪诞的历史，必须研究中国的古代艺术，这是一语中的的，但是目前还没有人对中国文化中的丑怪以及由这种丑怪而引起的人们的怪诞感做出全面的清理。在这部著作中，我们就尝试进行这一工作。

在汉语中，怪诞指离奇荒诞。《庄子·齐物论》：“故为是举莛与楹，厉与西施，恢恑憰怪，道通为一。”《晏子春秋》：“其言问枣及古冶子等，尤怪诞。”唐韩愈《游青龙寺赠崔大补阙》诗云：“忽惊颜色变韶稚，却信灵仙非怪

---

〔1〕［德］沃尔夫冈·凯泽尔：《美人和野兽——文学艺术中的怪诞》，华岳文艺出版社，1987年，第195页。
〔2〕参见拙著《中国文艺中的怪诞》，载《徐州师范学院学报》，1991年第4期。

图 1-18　青铜卣
（河南省博物馆藏青铜器，作者摄）

诞。"可见"怪诞"在中国古已有之，但它不仅是审美领域的，而且是与超自然的灵魂、神魔、鬼怪联系在一起的。孔子的时代，是中国人性觉醒、不断摆脱原始神话时代而步入人的时代的转折时期。孔子不语怪、力、乱、神表现的就是这种风尚。无疑，怪诞的历史与人类的历史一样古老，但这是在接受美学意义上的，在原始人那儿，他们对自己创造的奇异世界是深信不疑的，只是随着社会的不断进化，对异化的神的世界的信仰才下降到纯审美的或艺术的领域。怪诞的产生与人类的原始宗教密不可分。因为原始宗教是人类最初的完形的意识形态，人类的思维的进化使人产生了自我的异化，人把人自身的能力异化到一个幻想的世界中去，便创造了种种神灵及古怪的崇拜仪式。马克思认为，哲学最初是在宗教中形成的。艺术大约也起源于这种巫术仪式。[1] 我们看到的原始艺术中的种种怪诞，都是人们早期宗教信仰所产生的。马克思讲道："自然界起初是作为一种完全异己的、有无限威力的和不可制服的力量与人们对立的，人们同自然界的关系完全像动物同自然界的关系一样，人们就像牲畜一样慑服于自然界，因而，这是对自然界的一种纯粹动物式的意识（自然宗教）。"[2]在这种意识下，原始人便把动物甚至植物相混同，图腾便是这种意识的反映。根据这种世界观，原始人便"把自然力加以形象化，创造了一个超自然的怪诞的神话世界"。

怪诞艺术的起源就深深扎根在那荒蛮无涯的史前意识，受人们原始思

〔1〕 朱狄《艺术的起源》（中国社会科学出版社，1982 年）第三节关于艺术起源的各种理论。
〔2〕《马克思恩格斯选集》第 1 卷，人民出版社，1995 年，第 81—82 页。

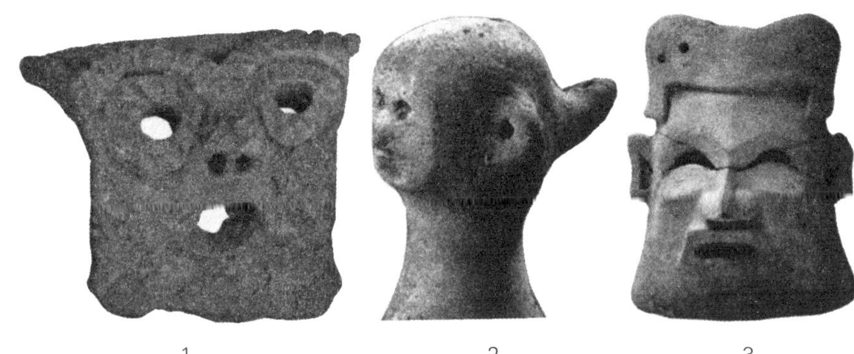

1　　2　　3

图 1－19　中国史前人物塑像

1. 马家浜文化(浙江嘉兴马家浜出土)

2. 崧泽文化(浙江嘉兴大坟出土)

3. 新石器时代(江苏南京盘山出土)

维“互渗律”的支配。

根据这个理论,我们可以把中国艺术中的怪诞大体上分为三个时期:

春秋战国以前,为怪诞的滥觞期,表现为神话时代的怪诞,源于人类史前的巫术礼仪时代,它构成了以后中国艺术中怪诞的“集体无意识”领域。这种怪诞的审美精神表现在当时的神话传说中,表现在当时的艺术造型中,在原始的彩陶纹饰、早期玉文化及商周青铜器的装饰纹样中。

秦汉至隋为发展期,表现为随着人性的觉醒,随着人们远离神话时代,真正现代意义上的艺术开始兴盛,加上异域的影响,建立在原始神秘“互渗律”基础上的怪诞不断退化,逐渐演化成了一种艺术风格,表现在这一时期的文物、文献、文学及艺术造型中。

唐宋迄清,为怪诞的衰退期,同时又是现代意义上怪诞概念的形成期,真正超自然领域的由宗教异化出的怪诞完成了向艺术审美领域的飞跃,并且和日益兴盛的崇尚个体创造意识相联系,怪诞仅仅成了一种艺术风格,外化为形式的东西。

（三）丑与怪的研究方法

德国著名美学家玛克斯·德索说："正如黑暗一样，绚丽的光从中照射出来；正如沼泽一样，奇妙的艳丽芳香的花朵盛升起来；或者如同恶势力一样，善的力量与之进行斗争。更重要的则是丑从自身中获取审美价值的能力。"[1]我们对原始艺术进行探讨后就会看到，原始艺术无论在过去还是现在，往往都是不美的；恰恰相反，丑怪却是最根本的表现形式。各民族的图腾神、祖先神，原始的造型艺术，往往是丑怪杂糅的。在中国最古老的典籍之一《山海经》中，记载着一群丑类恶物。青铜时代的审美理想是"铸鼎象物……使民知神奸"。古代的丑怪是原始人对异己的自然神秘力量的恐惧的图像呈现。

我们研究中国的丑怪，就想从另一个方面来研究美的反面和它存在的基础。"传统的美过快地变为毫无意义；一般说来，丑如果突然出现，就会含意深长。"[2]因为丑怪总是正常的变异，总联系着那不属于现实世界的神秘领域。中国的丑怪实际上是中国文化大传统的产物。对这一领域进行探讨，在21世纪的今天，就要运用人类所创造的各种知识、采用各种方法才有可能。在众多的方法中，我们将特别注意运用文化人类学、美学的方法，并广泛吸收考古学、民族学、民俗学、神话学、宗教学、儿童心理学的方法，实际上我们进行的是对人类从审丑、审怪到审美的发展历程的一次探险。到了文明时代，人类的大传统演化为不同的小传统，各种妖魔鬼怪便以种种奇特的形象而显形。

---

〔1〕［德］玛克斯·德索：《美学与艺术理论》，中国社会科学出版社，1987年，第157页。
〔2〕同上。

图 1-20　青铜器　鸮卣(商晚期)
(现藏河南省博物馆)

1. 文化人类学的方法

在美学研究领域,采用文化人类学的方法,是从人的本性上,从人类所创造的文化上来说明和阐释美与丑的产生、发展、变化及特征。有人把这种研究称为审美人类学、文学人类学等,实际上是文化人类学的具体运用,最为流行的还是文化人类学。

人类学(Anthropology)是“研究人类的学问”。“文化人类学”,从狭义的角度理解,是指研究人类习俗的学问。文化人类学成为一门独立的学科之初,着重研究原始人类诞生之初的状况。英国学者爱德华·泰勒 1871 年发表的《原始文化》、弗雷泽的巨著《金枝》等奠定了这门学科的基础,在他们的著作中广泛涉及原始文化中怪异的风俗、奇异的图腾信仰，以及各种神怪、妖怪等，并企图从人类的文化上来说明它。

这种研究方法，将广泛吸收考古学、民族志、民俗学等提供的资料，将地下的出土文物和文献资料以及不变的活化石——民俗结合在一起。文化人类学形成的进化学派、传播学派、功能学派、结构主义人类学，以及象征主义人类学等，都对我们的研究起到启示作用。

2. 神话-原型的方法

当文化人类学对原始文化的研究和弗洛伊德的精神分析学奇妙地结合在一起，经过卡尔·荣格"集体无意识"的理论和加拿大文艺批评家弗莱对神话原型批评的阐发，逐渐形成了"神话-原型"的批评模式，用这一批评模式去分析原始文化（特别是神话、史诗等）时，我们可以深刻地看到神话的内核，了解到人类心理及在文学中表现的深层结构。德国哲学家恩斯特·卡西尔建立的象征形式主义哲学，把康德以来的"理性批判"转移到了"文化批判"上来，过去不被重视的神话思维、宗教思维、艺术直观、象征符号受到前所未有的重视。他把建立在隐喻思维这种"先于逻辑"的概念与表达方式看成是全部知识、文化的基础。在此基础上卡西尔的美国弟子苏

图 1-21　玉人（战国中期，河北平山七汲村中山国 6 号墓出土）
（选自《中国玉器全集》）

珊·朗格建立了她的象征主义美学。我们将吸取这种研究方法的合理内核，在叙述丑怪的发生发展的历史同时，从人类的原始思维、神话思维方面来揭示丑怪的深层结构，以及丑怪形成的美学根底。

按照神话-原型的方法，人类的丑怪事物的产生，不仅有个人的潜意识的根源，而且还有集体无意识的根源。人类文化艺术的产生，有赖于人类集体无意识的符号化活动。我们对丑怪的审视，实际上沟通了远古图腾时代的怪异和现代人不可预测的神秘的集体无意识表象与个体奇幻的梦境的联系。

二、史前艺术中的丑怪

图2-1　西王母(东汉)
(原石藏徐州汉画像石艺术馆,作者摄)

自然界包括我们人类自身,都是在漫长的时间中逐步发展起来的,可以想象人类能够在其存在的短暂时间内完全了解它吗?当我们的祖先企图依靠在进化论的基础上产生的智力去了解这个世界时,这个世界对他们来说是多么奇怪。人类沿着巫术、神话、宗教、科学的道路逐渐走来,世界对人类来讲仍然充满种种迷惑。

在人类没有掌握多少知识的年代,人类已经开始想解释那些吸引他们的奇特事物了,他们的解释构成了一种奇特的文化。他们相信世界无处不存在一种神怪、精灵或者妖怪,甚至认为人类与某种动物或者植物属于一类,共同拥有同一个祖先。因此产生了许多奇风异俗,令人迷惑不解。时间最初掩盖了这一切,但人类终于有能力刻画出他们眼中世界的视觉图像或者想象世界的幻景，后来人类又发明了文字，人类便靠图画、装饰、文字、符号记载往古的事件。今天考古学、古地质学、人文地理学等学科的发展，又为我们掀起了地球的一角，使我们可以通过人类的遗留物来窥测人类早期充满怪诞的文化。原来人类的审美意识便是从对自然的惊异感中发展起来的。阿多诺在考察丑的观念起源时说：

> 丑的事物的确是一个历史的和中介的范畴。该范畴或许是在古风艺术向后古风艺术过渡时期出现的，因此随后一直标志古风艺术的永恒再生。这正是它为何与普通的启蒙辩证法（艺术是其组成部分）关系密切的原因。原始崇拜对象的面具与画脸所体现出来的古代丑，是对恐怖的实体性的模仿，一般散布在忏悔的形式之中。随着神秘的恐怖性逐渐淡化与主体性相应增强，古代艺术中丑的特征变为禁忌的目标（尽管这些特征原本作为强化禁忌的载体）。继主体及其自由感形成之后，和解的思想随之诞生，丑也随之展露出自己。尽管如此，旧的妖魔鬼怪并未从此销声匿迹。历史并未履行关于自由的承诺。相反地，主体作为不自由的代理人，使这一神秘的魅力得以永存，对其既抵触

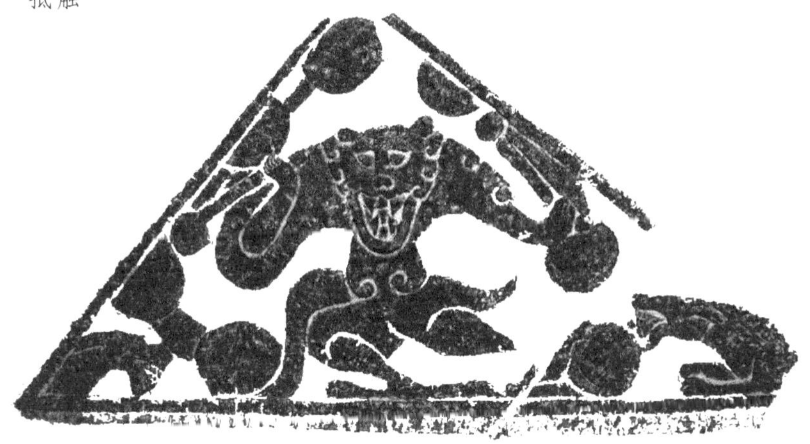

图2-2　雷神图(东汉)

（作者藏拓片，原石藏徐州汉画像石艺术馆）

又屈从。[1]

阿多诺从艺术辩证法的角度向我们解释了审丑是如何产生并在今天仍然存在的历史过程。

艺术考古的目的，就是要在人类的创造物中，发现美与丑的创造的蛛丝马迹。美大体上是相同的，丑怪则各有各的不同。我们企图寻找美，看到的却是怪诞纷呈。丑本来是作为自然的神秘力量的夸张与变异，在对人的生存危机的恐惧感中被赋予了否定的意义。

李泽厚说：遥远的图腾活动和巫术礼仪，早已沉埋在不可复现的年代之中。它们具体的形态、内容和形式究竟如何，已很难确定。“此情可待成追忆，只是当时已惘然。”也许只有流传下来却屡经后世歪曲增删的远古“神话、传奇和传说”，这种部分反映或代表原始人们的想象和符号观念的“不经之谈”，能帮助我们去约略推想远古巫术礼仪和图腾活动的依稀面目。[2] 王振复说：“我们探讨人类或中国艺术或审美的起源时尽可以从偏于原始神话、原始图腾或原始巫术入手，但这不等于说三者是各自起源、独立发展的，三者共同统一于‘原始宗教’，即‘原神’文化。”[3]“原神”是神秘的，但不都是美的，神性的力量往往来自于其恐怖与丑陋。其怪异的造型，才是其深远力量的源泉。

中国有近五千年的发展历史，今天已经成为世界上人口最多、文明连续时间最长的国家。中国文化的魅力何在？在中国这个大舞台上，五千年来上演了多少悲剧与喜剧？黄土下埋葬了多少古国文明？夕阳下掩映着多少断壁残垣？真善美与假恶丑始终进行着看不见的斗争。

中国艺术中的美与丑，在新石器时代的文化遗址中已经显示出来了。黄河中游仰韶文化陶器上的神秘的“人面含鱼”纹、“双头鱼怪”纹，黄河下

---

〔1〕[德]阿多诺：《美学理论》，四川人民出版社，1998 年，第 84 页。

〔2〕李泽厚：《美的历程》，文物出版社，1981 年，第 28 页。

〔3〕王振复：《中国美学的文脉历程》，四川人民出版社，2002 年，第 4—5 页。

图2-3　榆林地区出土新石器时代石雕
（作者摄）

图2-4　榆林出土石鸟
（作者摄）

图2-5　榆林出土石雕人面像(新石器时代)
（作者摄）

游大汶口文化中奇诡的陶鬶造型,黄河上游马家窑文化彩陶的怪异图纹等,无不显示这一趋向。在长江下游地区的河姆渡文化中发现的"双头怪鸟"、良渚文化中怪诞的"神徽"、北方红山文化的"巨腹豪乳"的女神、神秘的熊图腾、玉猪龙,都向我们展示了史前的中国文化中存在一个怪物纷呈的世界。之前去陕西榆林地区考察,在博物馆看到几件石雕作品,其神秘的造型引起了我的注意,感觉到其神秘造型背后,有着图腾信仰的深刻背景(图 2-3、2-4、2-5)。那时人们的思维还处在“灵感思维”的原始阶段，人们还处在图腾崇拜的时期，他们相信神秘的巫术“互渗”，他们相信怪诞的祖灵就与自己生活在一起，每当黑夜降临，它们就来到你的梦中，或在宗教、巫术的仪式上降临大地，来保护自己的子民，使他们具有动物的勇猛、力量，具有植物的生命力，到来年春天又一次复活。中国文化由巫术本源，走向巫君合一，又走向巫化相济，正是中国文化源远流长的文化之谜。

我们运用艺术考古的材料，把那些最能反映原始人图腾意识的文物，从亿万艺术品中寻找出来，运用文献资料加以理性的分析，那逝去的奇风异俗便可重现。

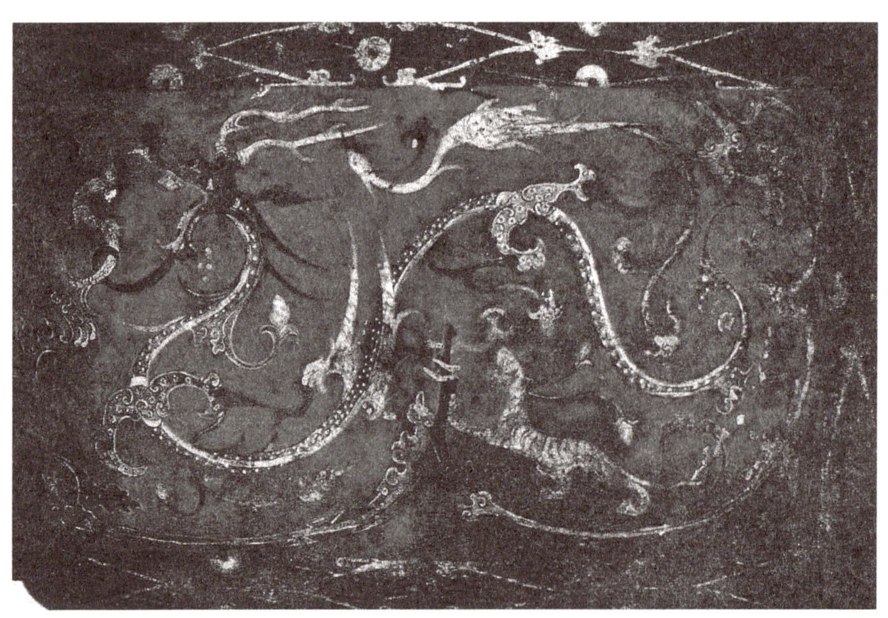

图 2-6　四神图(西汉，河南永城芒山柿子园梁王墓壁画)

（一）人面鱼纹与鲧禹治水

20世纪50年代后期，考古工作者在陕西西安半坡新石器时代仰韶文化遗址出土的陶器上发现一些“人面鱼纹”图案（见图2－7、2－8），其后又在陕西临潼姜寨村、宝鸡北首岭、汉中西乡何家湾等仰韶文化半坡类型遗址中的陶器上发现一些鱼纹或类似于“人面鱼纹”的图像。“人面鱼纹”便成了美术考古要释读的一个神秘图式。

“人面鱼纹”图案一般都是圆圆的脸盘，头上戴有“非”字形的装饰物，眼、耳、口、鼻等五官形象是用直线、曲线或空白等简单线条表示，如鼻子用“T”形表示，或者用垂三角形表示；眼睛表示的方法多用直线，但也有的用睁大的眼睛表示。“人面鱼纹”的嘴部则全部露白，呈“⋈”型状态，嘴角每每衔着两条鱼或简化的鱼形纹；耳部向外平伸，上端翘起弯曲成钩状，有的则是“珥两鱼”。此图像神秘怪诞，深不可测，已把我们引向一个超现实的领域。从20世纪60年代初，学者们就对此怪异的图像进行推测，目前已提出数十种观点，其中主要的有图腾说、水虫形象说、氏族成员装饰图像说、巫术活动面具说、太阳崇拜说、生命之神象征说、原始婴儿出生图说；更有人发惊人之语，认为是外星人形象、女阴象征形象、飞头颅精灵。[1] 这些观点，有的以偏概全，有的纯属幻想，有的失之偏颇，有的本身就属奇谈怪论。我认为应把其中一些合理的观点集中在一起，从图腾崇拜的巫术仪式入手才能认识这一形象的深刻内涵。

巫师图腾面具形象的观点，大体和作者不谋而合。根据文化人类学的研究，当氏族部落在举行宗教祭祀活动，与祖先（图腾神灵）相交通时，作为部落的酋长（也为巫师）就要装扮成图腾神的模样，以便化为图腾或代图腾神说

---

[1] 参见刘云辉：《仰韶文化“鱼纹”“人面鱼纹”内含二十说述评——兼论“人面鱼纹”为巫师面具形象说》，载《文博》，1990年第4期。

图2-7　人面鱼纹(陕西西安半坡出土)
(选自《中国纹样全集·新石器时代和商、西周、春秋卷》)

话,以祈求祖先保佑,并使自己氏族渔猎丰收,保证氏族的生命兴旺发达。我国考古学家石兴邦先生曾主持过西安半坡遗址的发掘工作,他认为:“半坡彩陶上的鱼纹,可能就是半坡图腾崇拜的徽号。”后来他又在《半坡氏族公社》一书中进一步说:“很可能半坡氏族就认为他们的祖先是鱼,或者是人格化的人头鱼身动物。”李泽厚在《美的历程》中认为:“半坡彩陶里的人面含鱼形象,明显具有巫术礼仪的图腾性质,但具体含义已不可知。”新版的岑家梧先生的《图腾艺术史》中称:“中国半坡出土的石器时代陶盆上描绘的含鱼头像,这也许是原始的图腾脸谱。”[1]

总之,认为“人面鱼纹”是图腾的学者比较多,似乎可以成为定论。但如果认为只是图腾形象而排除其他各种观点的正确性也是不对的。因为从图腾上来确定它,只是从原始宗教信仰的观点上进行的,不应排斥其他的一些合理的看法。如作为图腾形象,氏族的所有成员都有与图腾神同化以获得保护的欲望,因此作为“氏族成员装饰图像说”,也就有了合理性。

石兴邦先生推测:“人面鱼纹图像,可能是氏族部落举行重大的宗教祭祀

〔1〕 岑家梧:《图腾艺术史》,学林出版社,1986年,第9页。

图 2-8　半坡彩陶人面鱼纹
（作者摄于半坡博物馆）

活动时氏族成员装饰的图像：头顶上戴有非刺状的尖状物……和今日一些后进文明的氏族部落，在举行庆典祭祀活动时头戴盛饰的帽子，满身绘刺图腾物以及各种其他花纹的情景相仿佛。当然，这种绘画可能还具有某种魔术征验的意义，例如，人口衔鱼，也许是渔猎季节开始时，人们为祈求取得更大量的生产物的欲望而以图画表示自己的心意。”〔1〕

在远古，氏族部落举行的庆典或祭祀活动实际上就是一种巫术活动。因此说“人面鱼纹”为巫术活动面具也不错。据朱狄先生推测，仰韶文化中的“人面鱼纹”与日本平凡社出版的《原始艺术》一书中收录的假面，两者在结构上有极大的相似之处，仰韶文化“人面纹”之所以要和“鱼”连接在一起，无非是祈求捕鱼丰收之意。朱先生又引用法国学者列维 · 布留尔《原始思维》所谓的“在以保证捕鱼成功的舞蹈中，面具是呈现鱼形状的”〔2〕做了论述。

这种巫术活动，通过面具的描绘表现出来。孙作云先生在其遗作中曾说：“这‘鱼形物’就是鱼。可是为什么在它的身上画有前后倾斜的、整齐的

〔1〕 中国科学院考古研究所编：《西安半坡》，文物出版社，1963 年，第 221 页。
〔2〕 朱狄：《艺术的起源》，中国社会科学出版社，1988 年，第 233 页。

短斜纹呢？我以为这是表示动作，表示鱼向人的口中进行。这是一种魔术（法术）行为……”孙先生还认为，人头纹就是巫，代表氏族中的巫师，即民俗学上所谓“萨满”（shaman）。孙先生又说：……此人头像皆带角，表示他的身份与众不同；此人头像的前额涂黑，并有弯曲空白，整个脸的形状是“阴阳脸”，表示故作神秘，令人莫测高深，或以此表现“阴阳”，有巫术的用意……又此人闭目食鱼，表示他正在“作法”，使鱼自动来投，人就能多捕鱼。〔1〕

人类学家张光直先生也认为仰韶文化中已有巫觋角色出现。他根据《山海经》里面的巫师常常“珥两青蛇”，与半坡的人面以鱼贯耳比较，认为好像是巫师的一种形式，张先生引用玛瑞林·胡（Marilyn Fu）之语：“人面鱼纹可能是巫师的面孔。”〔2〕

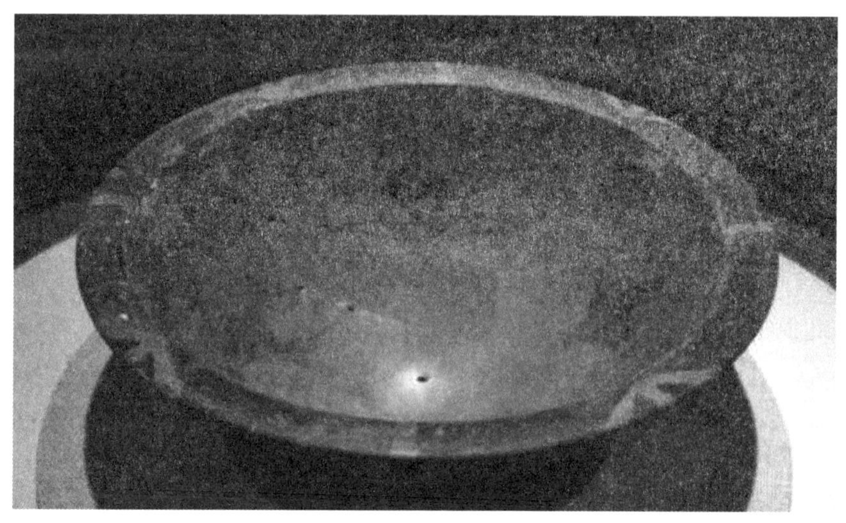

图2-9　人面鱼网纹彩陶盆

（作者摄于半坡博物馆）

以上这些看法，与“神话说”的论点也是相通的。根据人类学中功能主义

〔1〕孙作云：《中国古代器物纹饰中所见的动、植物》，见《孙作云文集·美术考古与民俗研究》，河南大学出版社，2003年，第2页。

〔2〕[美]张光直：《美术、神话与祭祀》，辽宁教育出版社，1988年，第96页。

的理论，图腾是一种信仰，带有原始宗教的性质；巫术是一种操作方法，它在祭祀等仪式上使用，操作巫术的为巫师，巫师是人神之间的中介，巫师作巫术靠法器，法器就是巫物，也靠咒语，咒语就是神话的征引，每一种仪式和巫器都有其神话。"人面鱼纹"所代表的意思，与当时广为流传的神话之间一定存在诸多联系。在半坡、姜寨、北首岭、汉中西乡县何家湾等地出土了相同纹样的人面鱼纹，必然表现同一文化母题，在原型意义上是一致的，它根源于当时流传甚广的某种神话传说或巫术思想。朱狄先生认为："这一神话传说后来没有记载下来，所以解释起来比较困难。"[1]笔者认为这一神话就是鲧禹治水。

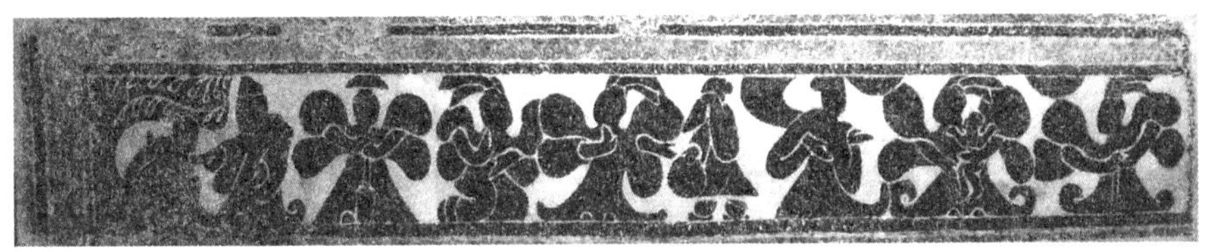

图 2－10　大禹治水图(东汉)
(作者藏拓片，原石藏徐州汉画像石艺术馆)

鲧禹神话可以说就是我们认识"人面鱼纹"的钥匙。一般认为鲧是禹的父亲。《山海经·海内经》："黄帝生骆明，骆明生白马，白马是为鲧。""洪水滔天，鲧窃帝之息壤以堙洪水，不待帝命，帝令祝融杀鲧于羽郊。鲧复(腹)生禹，帝乃命禹卒布土以定九州。"战国时候的典籍《尸子》卷下云："禹理洪水，观于河，见白面长人鱼身出，曰：'吾河精也。'授禹河图而还于渊中。"赵国华认为："《山海经》中的'白马'突兀一现，再也不见踪影，令人费解，显系'白鱼'之误。古写和繁写的'马'字与'鱼'字形状相似，容易混淆。"[2]因此鲧字的本意即是鱼，或谓大鱼。白马也就是白鱼之误，此可备一说。早在 1923 年，著名历史学家顾颉刚就曾推论鲧为水族，禹为蜥蜴。

《楚辞·天问》记有鲧之神话传说："鸱龟曳衔，鮌何听焉？"《离骚》也云：

---

[1] 朱狄：《艺术的起源》，中国社会科学出版社，1988 年，第 234 页。
[2] 赵国华：《生殖崇拜文化论》，中国社会科学出版社，1990 年，第 126 页。

"鮌婞直以亡身兮,终然夭乎羽之野。"这里鮌即鲧。朱狄认为"玄"即"元",意即"头"的意思,而"鲧"字就是鱼与人头的结合。我认为,玄字在远古有黑色意,"鮌"即为黑(青)色的鱼。现实生活中的鱼正是背脊为玄色,肚腹为白色。或曰即天鼋。这便是"人面鱼纹"黑白划分的由来。《国语·晋语八》:"昔者鲧讳命令,殛之于羽山,化为黄熊,以入于羽渊,实为夏郊,三代举之。"陆德明《释文》:"黄熊,音雄,兽名。亦作能……三足鳖也。"《拾遗记》卷二则为"化为玄鱼"。因此说鲧化为三足鳖也不应为错,因为古人的分类不像今人这样细,凡在河里生存的,即可归为水族类。鲧治水无功,被杀死后化为河精。禹治水在河中见到的白面长人鱼即为鲧。

鲧腹生禹也值得分析。一般认为鲧是禹的父亲,又有人认为鲧所处时代是母系氏族社会,从"腹生禹"推论可知鲧本为母亲。[1] 屈原在《天问》中就曾提出过疑问:"伯鲧腹禹,夫何以变化?"屈原那时不了解人类图腾崇拜时代的真相,故存疑问不足为怪。我认为鲧应为禹的图腾祖先,《山海经·海内经》注引《开筮》说:"鲧死三岁不腐,剖之以吴刀,化为黄龙。"三岁不腐带有神异的色彩,化为黄龙,实为灵魂转生观念的表现。按图腾崇拜的意识,同一氏族的人去世了,都要回到祖先神那儿去。而一个新的生命的到来,也是图腾神灵的转世。这个转世,不一定以同一形象作为完全的再现,而往往以同一类的事物作为表现。同一氏族再行分化,也会以相类的事物作为图腾徽识。传说中鲧治水不利传位禹,遂有鲧为禹的父亲或母亲之说。落得太实,可能与真实就远了。但鲧作为禹的祖先神则是可以确证的。

图2-11　黄玉龙纹饰(商代晚期,河南安阳出土)

(古代神话传说中的龙形象,选自《中国玉器全集》)

关于禹,顾颉刚考证为"大约是

[1] "伯鲧腹禹"原作"伯禹腹鲧",据闻一多《楚辞校补》改正。

蜥蜴之类”,后来又认为“后土句龙即是禹”,“禹是有足的虫类”。这是当时图腾观念的产物。据考证蜥蜴——鳄鱼——龙,确实被认为同属之物。《诗·小雅·正月》“胡为虺蜴”,各家注均释为蜥蜴,因此虺、蜥二字古通用。《述异记》曰:“虺五百年化为蛟,蛟千年化为龙。”这是此观念在后世的反映。

蜥蜴纹在甘肃甘谷县西坪遗址出土的庙底沟类型的彩陶瓶上也有发现(见图2-12-1)。在陕西临潼博物馆里藏有人面鱼相的祖先神像(见图2-12-2),很明显,这个祖先像一看便可知是鱼的拟人化,是从正面表现的鱼形象。它与“人面鱼纹”有一些相似的地方。这个祖先像是作为氏族在祭祀活动中的祭器的。根据当时的神话思维方式,它就可以看作贮存祖灵的神器,其圆大的陶体就好像母体的象征。在“人面鱼纹”图纹人面的耳部,都没有画出耳朵,耳部或为一上弯的曲线,或为珥两鱼,这是表示可以通过听觉器官,去聆听祖灵的召唤。这正是巫师的特异之处,根据原始人的世界观,世界万物无不充满着灵,巫师可以通过一定的仪式来和神灵交通。这就是原始的灵感观,也是以后许多感生神话的思维基础。鲧如果是以鱼为图腾的部落的

1　　2

图2-12　甘肃庙底沟类型彩陶瓶上的蜥蜴纹与陕西临潼人面鱼相祖先神像
(选自《中国纹样全集·新石器时代和商、西周、春秋卷》)

祖先神，禹则是从鲧部落分划出来的以蜥蜴为图腾的部落的徽识。由于是处在陶器时代，陶雕是较容易的造型手段，故常把祖先的形象用陶器的形式物态化，由于陶器这种物质可以存在逾千年而不变，便给我们留下了许多怪诞的祖先造像。当时肯定也有许多木制的类似造像，只是由于木质材料易朽而没有遗留下来。由于陶制的祖先像代表了祖先，其形状又和母亲怀孕时的样子相似，故有鲧腹生禹的传说。

在中国彩陶文化中，我们看到许多做成人形的陶器，这些陶器不仅仅是对现实人的模仿，而且应该被看成对祖先神的塑造。在史前时代，陶器圆圆的大腹部，就像女人的肚子，因此祭祀中便使用陶器做成的祖先神像。女娲用黄土造人的神话，现实的基础就是陶器时代的造物的反映。印第安人有个传说，是讲陶罐生人的。这个传说与那些著名的神话非常相似，首先是超自然的怀孕，这使我们想到诸如伏羲、炎帝、黄帝、少昊、颛顼、帝喾、尧、禹、契等神话人物的诞生，也使我们想起阿提斯、耶稣及其他神话中英雄的奇异出身。水罐少年是有生命的，并且在短短 20 天内就长大成人，打碎后跳出个英俊少年。这里除带有成年礼仪的内涵外，水罐实际上是代表祖先图腾神的，在精神分析学的层次上正是水罐的形状圆腹形象征了母体，从中便可孕育出生命。从英俊少年寻找到的父亲原来是泉水中的“红水蛇”来看，他的图腾祖先便是以蛇为图腾的部落，最后他的母亲死后也返回图腾那里。为什么要以水罐作为孕育生命的器皿？这是因为陶罐是最普遍的容器，原始人正是以陶器作为主要的装水用具和宗教用品。这一点和仰韶时代的许多作为图腾祖先的陶器造型和图饰是一致的。在印第安人的神话中，有雨蛇的广泛信仰，许多学者已进行了考证，它与中国的“龙”信仰有相似之处。中国的龙信仰与大禹的图腾神之间有着密切的关系，这到后文再说。

鲧禹治水的神话，可能反映了上古的一些历史的真实面貌。从考古材料上可以看到，甘肃甘谷西坪出土的彩陶瓶蜥纹，以及陕西临潼姜寨彩陶上的图腾祖先鱼纹，我们可以推测，鲧禹治水的神话大体起源于此地。更值得

1

2

图 2-13　人形彩陶

1. 半山型人头形器盖(甘肃广河半山出土)

2. 红陶人头壶(陕西洛南出土,选自《中国纹样全集・新石器时代和商、西周、春秋卷》)

注意的是,这些地方都在今渭河两岸。今渭河实为古黄河。可以想见大约在距今 4000—4500 年间的某个时代,洪水泛滥,那时原始氏族部落是怎样与洪水做斗争的。鲧采用土填的办法未能奏效,而禹以疏导的办法得以成功。在科学大力发展的今天,洪水之患仍然是个问题,在古代人烟稀少的情况下,洪水之灾就可想而知了。当时的人看到鱼、鳖、蛙、河鸟等在水里游,在水上漂,洪水对其无所害,便崇敬,以为神功,便视为图腾神灵是很自然的。鲧以三足鳖或鱼为图腾,从中分化出禹族,以虫(蛇或蜥蜴)为图腾。在出土文物中,在以上地区还有鸟的纹饰和陶器造型,一些人对此不能理解,实际上鸟和鱼在古代也可划为一类,都作为水族。法国结构主义人类学家列维-斯特劳斯在《野性的思维》一书中,曾广泛研究了非洲和澳大利亚图腾的分类,他说:

> 然而人们不难得出一份以一种基本的氏族三分法为依据的"总图式"。这三个氏族是水族(龟、河狸、鹬、苍鹭)、陆族(狼、鹿、熊)和空族(鹰)。但即便如此,水鸟类的情况也是任意决定的,因为它们作为鸟类可以不在水中而在空中,而且我们也不能说,对经济生活、技艺、神话形

象和仪式活动的研究会提供丰富得足以解决这一难点的人种志的背景资料。[1]

正是因为鸟类如鹬既可在水上，又可在空中，便造成现代人把鸟与鱼划为两类的现象。这造成一些人无论如何也弄不明白为什么在以水族类为图腾的氏族领地出土一些鸟纹这种现象。鲧禹治水的过程中，有两件事引人注意，一是鲧汲水时，有鸱龟互相牵引，献计于鲧，鲧听从了鸱龟的献计，顺了民心治水即成功。《楚辞·天问》："鸱龟曳衔，鲧何听焉？顺欲成功。"又曰："应龙何画，河海何历？"《拾遗记》卷二说："黄龙曳尾于前，玄龟负青泥于后。"可见鲧禹治水时鸱、龟、应龙、黄龙、玄龟曾献计出力，起到重大作用。这里似乎透露出当时鸱和水族的龟、玄龟等为同一图腾水族类的不同氏族部落。二是鲧也曾助禹治水，"授禹河图"，禹得到祖先神灵的保护，因此治水成功。1978 年 11 月在河南汝州阎村仰韶墓地遗址出土的"鹳鱼石斧图"（见图 2－14－1），距今已有 5000 年的历史，画的正是一只肥硕的鹳鸟，全身灰白，长喙短尾，延颈直立，口衔一尾大鱼，旁侧直立一件带柄的石斧。整个图的主体是鹳鸟。《诗经》孔颖达疏引曰：鹳鸟本是一种"似鸿而大，长颈赤喙，白身黑尾翅"而又善食鱼类的大型水鸟，所以在鸟旁画鱼。这个陶缸出土于墓地，显然与死者所属的氏族图腾有关。出土于陕西华县太平庄的陶鹰鼎，实际上就是前面提到的鸱。这一鸱造型属于新石器时代仰韶文化庙底沟类型遗存，距今也有 4000—5000 年。其鸱两目圆鼓，嘴部犀利，全身肌肉发达，双腿粗壮有力，似做注视猎物、伺机出击之状。这也当为以鸱为氏族图腾部落的遗物。鸟本为两足，做成雕塑，因两足站立不稳故在尾部造一立柱，成"三足"。这种艺术形式上的错讹，以后演化为"三足鸟"的神话（见图 2－14－2）。

[1] [法]列维-斯特劳斯：《野性的思维》，商务印书馆，1987 年，第 67 页。

1

2

图 2-14　彩陶文化中的鸟造型

1. 鹳鸟衔鱼石斧图（庙底沟型仰韶文化，选自《中国纹样全集·新石器时代和商、西周、春秋卷》）

2. 日中三足乌（东汉，安徽萧县出土汉画像）

有人认为"人面鱼纹"是女阴的形象，并用生殖崇拜说全盘否定"图腾说"，实际上这是由于对图腾理论的误解造成的，因为图腾崇拜本身即包含生殖崇拜的意思。弗雷泽就曾经提出过由于原始人不理解性行为与妊娠的因果关系，而产生图腾崇拜的理论。他认为原始时代的妇女相信，妊娠是因为婴儿魂进入妇女体内，而进入体内的时间是母亲感到腹中有胎儿之时。我国学者杨则纲便主此说，他认为："原始人类，对于子女的生产，尚未明了为男女的关系，认为是一种神秘的感召。他们注视着天上的星辰流变、动植物的滋育，种种不可思议的情状，认为他们自己的子女诞生，是与那些不可思议的宇宙诸物有关，所以很容易把所崇奉的图腾和始祖联合起来。"[1]杨堃先生也认为："图腾观念的起源，是和母性崇拜分不开的。"[2]原始人崇拜图腾，一方面祈求图腾神灵的保佑，另一方面也为了求得图腾繁殖。当原始人不再相信生育是图腾魂进入妇女体内，生殖崇拜才由图腾转向生殖器。安特生在仰韶村发现了不少新石器时代的陶祖，其有两种类型，一为尖柱形，另一为三角形或锥形，一望而知是男根女阴的形象。因此那些画看祖先图腾的彩陶的罐、

〔1〕 杨则纲：《始祖的诞生与图腾》，商务印书馆，1935 年，第 50 页。

〔2〕 杨堃：《女娲考》，载《民间文学论坛》，1986 年第 6 期。

图 2 - 15　东汉盘口罐

瓶，也可视为生殖崇拜的象征。画有“人面鱼纹”的彩陶盘，往往盖在死亡儿童的瓮棺上，其表现有灵魂转世的观念是比较明显的。因为在瓮棺上都留有小孔，被视为灵魂出入的窗口。

人面鱼纹的文化内涵通过以上的分析可以显示出来。人面鱼纹中的人面是巫师的面孔，巫师在当时又是部落的首领，也是宗教人，他在举行宗教仪式时靠化装成图腾祖先的形象而沟通天地，化装的方式有涂面文身，或者戴上图腾面具。因为“原始人……认为美术像，不论是画像、雕像或塑像，都与被造型的个体一样是实在的”[1]。特别是逼真的画像或者雕像乃是有生命的实体的另一个我。“图腾的实在就是原型的实在。”[2]从《山海经》中巫师“珥两青蛇”和“人面鱼纹”中的“珥两鱼”来看，都是表示巫师有一种聆听祖灵的奇特功能，借此他可以通晓和传达天的意旨或祖灵的消息。祖灵作为保护神，可以保佑部落的丰收，控制死者的灵魂以支援死者的来世，促进氏族的繁殖等。在仰韶半坡类型时期的遗址中，已发现当时人举行祭祀活动的证据，如半坡遗址一号大房的墙基底下发现一个被砍下的人头骨。这显然是在举行建房奠基祭祀仪式时有意埋下的，在这个一号大房子中便发现了绘有“人面鱼纹”的彩陶片。原始人受“万物有灵观”的支配，举行祭祀活动十分频繁，母系氏族社会还不可能有大量的专职巫师，当时不可能有更多的剩余产品来专门供养一批巫师，因此便开始创造“人面鱼纹”这样的图案，把它画在有关的器皿上，作为图腾灵物来代替巫师现场作法，这便是“人面鱼纹”在当时一些地方存在的现实根据。由于“人面鱼纹”通过巫师面具来象征图腾祖先，因此，也可以看作带有族徽性质的图

[1] [法]列维-布留尔：《原始思维》，商务印书馆，1981 年，第 42 页。
[2] 同上，第 50 页。

徽。在民俗中鱼便演化出生殖的象征。闻一多先生有《说鱼》，曾对此作考证，他指出："中国人上古以鱼象征女性，象征配偶，而鱼的这一象征意义起源于鱼的繁殖能力很强，而且与原始人类的崇拜生殖、重视种族繁衍直接相关。"[1]由于"鱼"与"余"谐音，鱼又有了丰产丰收的象征意义。鱼产子多，象征着生命力与繁殖力。今天"鱼"因为与"余"谐音，在民间鱼成了"年年有余"的象征符号。

图 2－16　珥两青蛇图像（西汉，广州南越王墓出土）

（作者摄）

人面鱼纹具有重要的美学意义。对原始先民来讲，人面鱼纹已带有一种神秘感，这一神秘感甚至在我们今天欣赏这一图纹时也能表现出来，因为这一怪异的图案，已把我们的意识带向一个超现实的领域。人面鱼纹向我们展示了人类最早的艺术以及审美观念，带有一种混合性，它不是今天的一种纯粹的审美，它与当时的图腾意识、宗教观念、超现实精怪的信仰等是紧密联系在一起的，是一种十分典型的实践-精神地掌握世界方式的互相渗透。它是艺术审美的，同时又是宗教、仪式的，它兼有艺术的和非艺术的双重功能。一切都服从原始人生存的需要和生殖的需要。

艺术是从非艺术的形式中产生的，审美也是从非审美的意识中产生。正如神话，它不是一种纯粹的艺术，而是人类掌握世界的一种方式，是人类原始世界观的反映，是人类强烈的诗的灵感的产物。当人类和自然接近的时候，人类把自然视为活物，形成万物有灵观，一切都在这种观念的指导下演绎，当人类用象征的符号把这一切用形象表现出来的时候，审美也就开始了。所以，最初审美是与崇拜联系在一起的，当图腾神灵以面具、文身、神器装饰等

[1] 闻一多：《说鱼》，载《闻一多全集》第 1 卷，生活·读书·新知三联书店据 1948 年版重印本，第 135 页。

出现在宗教仪式上时，对原始人来讲，这是崇拜，也是审美。当崇拜的那一部分压倒人的自身的意义价值，就转化为一种怪异，也就是说超自然的力量正是以其内在的恶和外在的丑通过怪诞的方式表现出来。人们敬畏异己的力量，反而去崇拜它。因此在审美意识的起源上，不应该是从优美的事物开始，而是从怪异的事物产生。对怪异的警觉，正是人原始智慧的一种表现。因为人发现、研究、崇拜怪异，正是为了人的合目的性的善，不要叫怪异来危害人类，而要从怪异的现象中去领悟和支配那神秘的自然界的力量。因此在原始丑陋怪异的面部刻画与面具之中，彰显着自我恐惧与自我迷失的集体无意识。

但是，神幻现实见纳于信仰，也是异于美感意识的。因为，见纳于美感意识者不是超现实的图腾观念，而是形象本身，美总离不开具体的形象。如果以上分析是正确的话，那么它就有了理论意义，起到一种典范作用，运用此种美术考古学的方法，便可破译许多中国文化史上的丑怪之谜。

图 2 - 17　陶质双翼怪兽（东汉）
（河南省博物馆藏，作者摄）

(二) 神秘蛙纹与女娲神话

在新石器时代黄河流域的陶器纹样中，除了著名的“人面鱼纹”之外，还有蛙纹（或蟾蜍纹）也是一个基本的纹样。它比鱼纹出现得稍微晚些，但分布更为广泛，从西部的甘肃马家窑、青海乐都的柳湾，中经陕西华阴西关堡、临潼姜寨，东到河南陕县庙底沟。河南渑池著名的仰韶村，有数量众多的蛙纹彩陶出土。蛙纹既有写实的，也有写意的；既有抽象的，也有具体的；有的夸张，有的变形。这些蛙纹，今人看来：有的优美和谐，色彩绚丽，序列工整；有的则神秘莫测，奇异非常，怪诞不经。

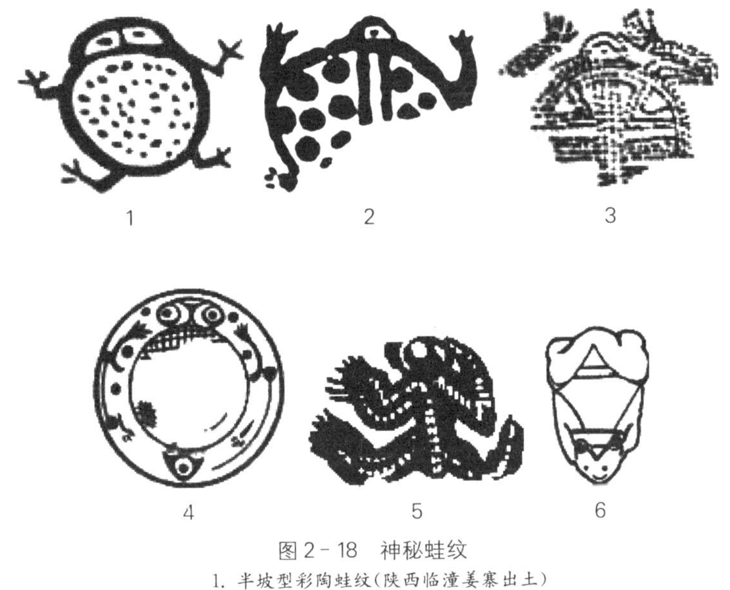

图 2－18　神秘蛙纹

1. 半坡型彩陶蛙纹（陕西临潼姜寨出土）
2. 庙底沟型彩陶蛙纹（河南陕县庙底沟出土）
3. 庙底沟型锥刺蛙纹（山西万全荆村出土）
4. 马家窑型彩陶蛙纹（甘肃临洮马家窑出土）
5. 半山型彩陶变形蛙纹（甘肃武山出土）
6. 良渚文化玉蛙（江苏吴县张陵山出土）

6

图2－19　蛙形图像

1. 商代晚期青铜器上的蛙纹(作者摄)
2. 四川出土陶雕蛙(作者摄)
3.4. 蛙形烛台(作者摄)
5. 西王母、作坊、胡汉交战画像(选自《中国画像石全集2·山东汉画像石》)
6. 嫦娥奔月图(南阳汉画像馆藏)

在中国古代，月中有蟾蜍是妇孺皆知的，近年已有不少人提到蟾蜍（蛙）与月亮神话的密不可分，但他们大都是依据文字资料，对其史前的发展还未作深入探讨。在原始社会阶段，蛙（蟾蜍）含有生殖崇拜的象征意义。这一意义要放在图腾说的背景下才可以得到合理的解释。神秘蛙纹表现的文化内涵无疑是其代表了当时人的图腾祖先。

女娲神话是我们破译蛙纹之谜的关键。女娲是中国古代的一位创造大神，她的功劳有三：创造人类、制婚姻和补苍天。女娲造人的神话在战国时期屈原的《天问》中就已被提到："女娲有体，孰制匠之？"这句话的意思是说，人是由女娲创造出来的，那么女娲的身体又是谁创造出来的呢？从屈原充满怀疑精神的质问中，我们可以知道，女娲创造人类的神话当时已是广为流传的故事。《说文》谓："娲，古之神圣女，化生万物者也。"《淮南子·说林训》谓："黄帝生阴阳，上骈生耳目，桑林生臂手，此女娲所以七十化也。"这里的化育、化生，即孕育、胎化的意思。《太平御览》卷七十八引《风俗通》："俗说天地开辟，未有人民。女娲抟黄土作人，剧务，力不暇供，乃引绳于泥中，举以为人。"

图2-20　女娲（东汉）
（作者藏拓片）

女娲用土造人，不是凭空的幻想，而是与人类制陶业的发展有密切联系。因为在彩陶时代，泥土不仅可以被用来制造瓦罐、瓮、盆、鬲等器皿，而且的确可以用来雕塑人类的图像和图腾祖灵（见图2-20）。在原始思维的情况下，这种陶塑的人像，就会被看成是像人一样有生命力的东西。女娲抟黄土造人，应是比较古老的神话，反映的是人们只知其母、不知其父的母权社会时期的社会观念，到了后来，当人们建立了普遍的婚姻制度以后，女娲便成了婚姻之神。《风俗通义》："女娲，伏羲之妹，祷神祇，置婚姻，合夫妇也。"《路史·后纪二》："以其载媒，是以后世有国，是祀为皋禖之神。"

比女娲抟土造人稍后的神话是女娲、伏羲兄妹婚配并繁衍后代的故事，但从历史发展来看，女娲最早是独身的，只是到了后来，人们才给她加上配偶伏羲。汉代画像石中伏羲女娲交尾图则反映了汉代人的观念。

图2-21　伏羲女娲交尾图(山东滕州出土祠堂画像)
(作者藏拓片)

女娲又是补天之神。这个故事应当反映了女娲故事的真相，应该是比较早的情况。《淮南子·览冥训》：

> 往古之时，四极废，九州裂，天不兼复，地不周载。火爁焱而不灭，水浩洋而不息。猛兽食颛民，鸷鸟攫老弱。于是女娲炼五色石以补苍天，断鳌足以立四极，杀黑龙以济冀州，积芦灰以止淫水。苍天补，四极正，淫水涸，冀州平，狡虫死，颛民生。

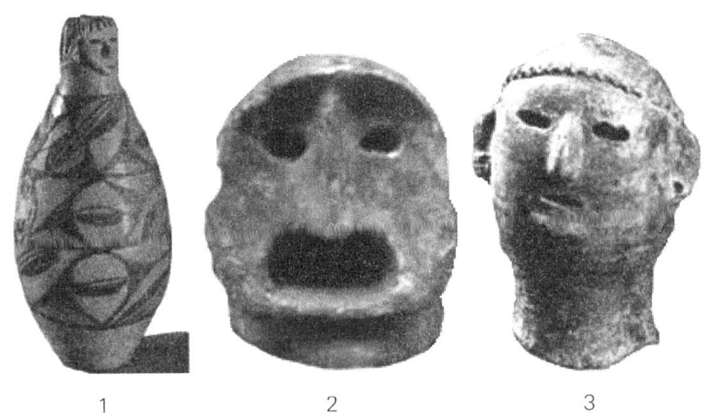

1　　2　　3

图 2-22　新石器时代人头像

1. 庙底沟类型人头形瓶(甘肃秦安大地湾出土,选自《中国彩陶图谱》)
2. 马家窑文化红陶人面(作者摄)
3. 饰珠陶人头像(甘肃礼县高寺头村出土,选自《中国审美文化史》)

这一段看来是古神话,古多不可解,如果用文化人类学的观点来分析,便可看出远古的一些真实情况。首先,汉代已认为女娲补天的事是在往古之时,那时发生了一场大的灾难,这场灾难看来是一场雷电交加的大暴雨造成了洪水泛滥,再加上雷电造成的森林大火,给百姓造成很大的损失。这样看来,女娲的故事,似乎应和鲧禹治水的神话联系起来看,也许是指的同一类大洪水。这时,一些以猛兽为图腾的部落和以鸷鸟为图腾的部落,便在大灾之时出来抢夺东西和人口。就像鲧是以鱼为图腾的部落,禹代表以蜥蜴(蛇)为图腾的部落,女娲则代表了以蛙为图腾的部落,他们也采用了一些办法来治水。女娲采用的办法,看来是一种巫术的操作方法。首先是用火烧五彩石,然后用烧石的芦草灰通过巫术仪式以止淫水,这是用的顺势巫术。因为水火是不相容的,用火烧过的草灰作为法器,便可以支配洪水背后的自然力。断鳌足以立四极,也应为一种巫术的行为,那时大概已有"天圆地方"的观念。原始人认为,天地就是一个乌龟盖,四极有四个柱子撑着天,洪水不止是因为暴雨不息,暴雨不息就是撑天的柱子歪斜了。神话中正有水神共工和北方的天帝颛顼争为帝，怒而触不周山，使"天柱折，地维绝"[1]的神话。

关于女娲的形象，古籍多记载为人首蛇身，汉画中也是以这样一个形象出现的（见图 2 - 23）。《山海经·大荒西经》载："有神十人，名曰女娲之肠，化为神，处栗广之野，横道而处。"郭璞注："女娲，古神女而帝者，人面蛇身，一日中七十变，其腹化为此神。"王逸注《史记·补三皇本纪》："女娲……蛇身人面。"但我认为这应是随着禹建夏朝，原为蜥蜴（蛇）图腾的禹的图腾祖先也上升为大神这一缘故造成的。他们把传说中的以"蛙"为图腾的女娲部落的祖神，改变为人首蛇身。

那么女娲最早应指什么呢？实际上女娲的原始形态是对青蛙（蟾蜍）图腾的崇拜。在女娲的名字中就蕴含着远古的文化信息。女娲的名字，即表明其来源于蛙神的崇拜，在 20 世纪 40 年代，已有学者提出这个看法。孔令谷说："女娲应为娃。"随着考古、民俗材料的不断发现，这一意见渐渐被证明，娲即娃。

图2 - 23　汉画女娲像（东汉　安徽萧县出土汉画像石）（作者藏拓片）

蛙字古作鼃，在古文字中鼃、蛙、娃、娲皆可通。《广雅》云："鼃，始也。"《说文》云："始，女之初也。"始的意义从女性而来，这与人类早期对女性的生育认识有关。因为蛙为水族，故在洪水时代以此作为部落的图腾。同时，蛙的形象又颇具人形，其圆腹也像孕妇的大腹，便有生殖崇拜的意义。因为人类都是由女性祖先所生，她们又以蛙为图腾，所以女娲就成了人类的始祖。远古本无文字，以图为象征符号，陶器中的蛙纹，实际上就是最早的女娲的图画文字（见图 2 - 24），这一文字在许多彩陶上是大体一致的，说明其内涵已被当时的人所公认。其符号就象征着图腾神以及巨大的生殖力。

---

[1]《淮南子·天文训》。

从蛙图腾，后来便演化成娲＝鼁，蛙＝娃。“娲”与“娃”可通用，故女娲之娲，也可理解为“神圣女”的古代专用名称。今天的婴儿仍可称为“娃娃”，这个意义正是从蛙引发而来的。在动物图腾为蛙，在人则为娃。人生娃正是蛙神感应的结果。另外，从声音上来求证，青蛙的叫声与婴儿的哭声相同。婴儿落地叫声称为“呱”。《尚书·益稷》记：“辛壬癸甲，启呱呱而泣。”呱与呙音同，证明婴儿的哭声与青蛙的叫声也是相同的。从表象上看，蛙的肚腹和孕妇的肚腹相似，一样浑圆而膨大，到了春雨过后，满河塘的青蛙呱呱鸣叫，好像正在唱着生命的颂歌，原始先民在“相似律”的指引下，便认为崇拜青蛙可产生巫术效果，来促进人类的繁殖。满族民间故事《蛤蟆儿子》讲道，祈求子女的老人得到的不是五官俱全、四肢皆备的婴儿，而是一只青蛙，但他们都像对待婴儿一样以慈爱的感情对待它，后来青蛙终于变成了人。这个人蛙互变的故事反映了蛙与人之间的内在联系。

图 2－24　青海马家窑文化彩陶蛙纹
（据《青海彩陶纹饰》）

青海柳湾裸体人像彩陶壶的出土，可以用来更好地解释女娲神话的内在含义。这是 1974 年至 1980 年考古工作者在黄河上游青海省乐都县柳湾遗址发掘的一件珍贵文物，这是目前我国发现的最早的全身塑绘人像之一。陶壶高 34 厘米，口小颈短，圆圆的腹部，腹部下端向内曲收，曲收处有两个对称的小耳。器物的腹部用黑彩绘了三组图案：一组绘的是图案化的蛙身纹，它与其他陶器上的蛙纹是一致的，是当时图腾的符号。还有一组是塑绘人像。

从制作上看，作者先在陶壶上捏塑出裸体人像，然后在人像各突出部位用黑彩勾勒。其头部在壶之颈部，目、口、耳、鼻俱全，披发，眉呈八字，小眼睛，鼻梁挺直，大耳，口部张开。壶的腹部塑绘人之身躯各部：乳房、肚脐、女性生殖器及四肢。其中有意夸张女性生殖器，而人像双手放在生殖器两侧，作掰开状，有引人注目之意。人像的乳房突出，并用黑线绘出乳头，肚脐偏上，人像的双腿向外放开，像青蛙之状，也有突出生殖器之意。（图2-25）

从美学观点上看，这个人像由于手法的笨拙，是比较丑陋的；按今天的观点，其表现的内容有些赤裸裸的性炫耀，带有色情的意味，也并不能给人美感。但从当时人类需要自身繁衍来看，应该说是具有艺术价值的。在当时举行的祈求丰产（求子）等图腾仪式上，其代表了人的旺盛的生命力，它激发了原始人的巨大的性欲望，因此使它获得了从丑向美的转化。看来艺术在任何时候内涵都不止于美。把神秘的蛙纹和人塑绘在同一陶壶上，正表现了人和图腾祖先相交感而生育的原始观念。性是人类最自然的一种关系，没有它人类社会无法延续，原始人崇拜性是极其自然的。但是性从来都有善恶与美丑之分，当社会需要人口增长时，性是被极力提倡的，它变得神圣而庄严。当社会以种种名义限制它时，它被描绘成最肮脏丑陋的行为。关键是你在什么时候与什么情况下与异性发生这种关系。

1　　2

图2-25　青海柳湾裸体彩陶器物

1. 变形蛙纹彩陶罐（青海乐都出土）
2. 裸体人形浮雕彩陶壶（青海乐都柳湾六坪台采集）

有趣的是苏联汉学家李福清在越南收集到的女娲情况，竟与几千年前女娲（娃）图腾信仰的情况相似。在越南有专供女娲一人的庙，其女娲的名字的含义就是用手掰开阴户，在越南的许多庙里塑雕的女娲像，正是一位坐着的女人用手掰开她的大阴户。越南的瑶族认为，女娲掰开阴户是为了吸引禽兽，她有一股神气，可以吸引鸟及动物。〔1〕现在不少学者认为，这种姿态大约是生孩了之状，表现的止是女娲生育人类的信仰。

过去对《山海经·大荒西经》中的“女娲之肠，化为神”，郭璞注的“其腹化为神”多不可解，我认为“女娲之肠”应指女性生孩子时带出的胎包。因婴儿出生后即像蛙在呱呱叫，在原始人看来其生命就是女娲创造的。特别是女巫们在神化自己的时候，也会把自己称为是女娲的后代，以获取灵性。

当原始人把根植于图腾崇拜的蛙神化为抽象的图案和神秘的纹饰后，其美学意义就显示出来了。但这种美实际上包含了往古神话时代的一些怪异不经的民俗和信仰。当人类还不了解人的来源时，一切解释都显示出一种原始思维的智慧，尽管今天看来有些荒诞离奇，它正代表了人类童年的稚趣。当我们面对那些笨拙而丑陋、天真而质朴、狂野而深沉的神秘蛙纹时，仍可以使我们观照几千年前原始人的心灵，那充满着火的欲望、性的冲动和对原始生殖力的崇敬。美感中可能包含着丑，也可能包含着怪。丑与怪的图腾内容把人的意识引向一种超自然的神秘力量，丑怪就转化成了崇高。

（三）陶鬶、鸟图腾与太阳崇拜

陶器造型与彩陶装饰平行，是美术考古学上另一个有趣的问题。

陶器的造型，在没有文字的时代，含有多少那个时代的文化内涵和精神

〔1〕 参见[苏]李福清：《中国神话故事论集》，中国民间文艺出版社，1988年，第174页。

气质呢？过去我们在属仰韶文化的甘肃东乡看到人头形陶器盖，在甘肃东部秦安出土有庙底沟类型的人头形器口瓶，在陕西洛南出土有红陶人头瓶。人们普遍认为，这种看上去颇为怪异的造型及上面的纹饰，带有原始宗教的某种成分，有的人头器上画着鸟的纹饰，就被认为与《山海经》上的“人面鸟身”神怪有一定的联系（见图2－26）。

图2－26 人首鸟身玉饰（商代，河南浚县出土）

1. 考古中的陶鬶

在东部沿海及黄淮下游地区已发现迄今有4000—6000年的大汶口文化和龙山文化。考古学证明，从新石器时代起，我国东部沿海和东南地区就形成了一个独特的历史文化体系，这里是历史上夷、僚、濮诸氏族活动的范围。从考古文化看，这里发现的众多的三足鸟形器是颇有特色的，是这一文化的典型器物。

1928年，考古工作者在山东章丘龙山镇城子崖发现了一处距今约4000年左右的古文化遗址，其内涵被命名为龙山文化。这里出土了三足鸟形器，考古学家们在为这种陶器命名时，根据《说文》称其为“鬶”（音规），注释说“鬶，三足釜也，有柄、喙”。意思是三条腿的釜，有手柄和鸟嘴一样的流。20世纪50年代以后又发现了大汶口文化。在大汶口文化晚期，已发现某些器物口沿开始盛行鸟喙状尖饰。到龙山文化时期，大汶口文化中普遍存在的鸟纹装饰开始衰落，虽然在器物造型上还保留着鬶形状，但渐渐失去鸟的真形而形成具有实用价值的壶类器，直身高大、大流小腹、短颈。这时三足盘和盆形鼎的足部还保留鸟体的某些形态，最流行的是用鸟头作脚，形成扁凹形的三角状，鸟嘴着地，喙脊鼓起，中有棱脊，两侧穿以圆形大眼，呈窝穴状或以镂孔表示之，颜面作雏脊纹，其形状如鹰鸷等猛禽类，过去称为“鬼脸式”足。因

其面目狰狞凶恶而得名。考古学家认为，“可能龙山文化是崇拜鹰类的”[1]。(见图 2－27)

图 2－27　龙山文化鸟足鼎

关于鬶的造型，一些学者认为像鸟，尹达在《中国新石器时代》中说：龙山文化“器盖上的纽子多像鸟头”，“鬶形器多像鸟的全身”。

石兴邦说：

> 大汶口文化中的“标准化石”鬶形器，即鸟的化身，在该文化中发展得最典型。早期是长颈带把扁腹形的实足鬶，把手翘起，尾端扁平翘起，似鸟尾。中后期鬶的鸟形塑体更加神似，长颈如鸟颈，流如鸟喙。腹部三袋足，前两袋足呈圆鼓状，如鸟之胸脯，后足下垂，如鸟尾着地。鬶的体态多姿，细审之，或作昂首鸣啼状，或睨视状，或平视状，极似长颈水鸟如鹤、鹭之类。(见图 2－28)[2]

---

〔1〕 石兴邦：《我国东方沿海和东南地区古代文化中鸟类图像与鸟祖崇拜的有关问题》，载《中国原始文化论集——纪念尹达八十诞辰》，文物出版社，1989 年，第 236 页。

〔2〕 石兴邦：同上，第 236 页。

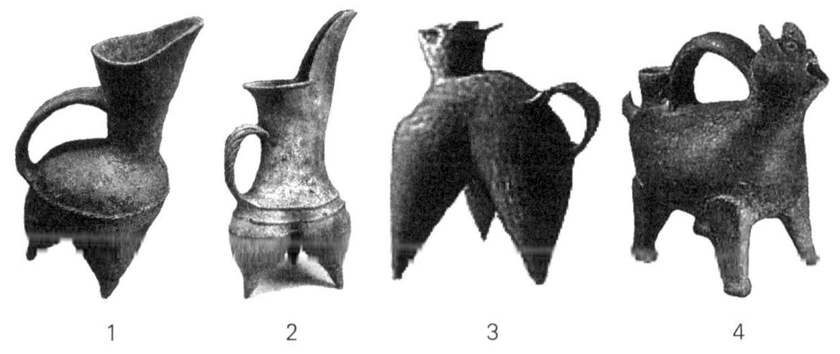

图 2-28　大汶文化与龙山文化陶鬶

1. 大汶口文化陶鬶(作者摄)
2.3. 龙山文化白陶鬶(选自《中国审美文化史》)
4. 大汶口文化兽形壶(选自《中国古陶瓷图典》)

刘敦愿分析这种鬶的时候认为:

> 一般的陶鬶流部斜向上指,流长而端尖,这在实用方面完全是没有必要,这种细尖而外伸的长流最容易招致折损,残断的流端是采集中常能见到的东西,一些被发掘出的完整陶鬶,往往是流的尖端原先就断失了,很可说明这一点。至于一些异形的陶鬶或是高细或是横宽,很像鸟兽坐立的形象,有一种鬶口与流部形如僧帽,左右还有两个泥丸,很像鸟头与鸟喙。1958 年山东文管处在两城镇发掘到一块陶鬶上部残片,还依稀可见颈、口沿与流部的情况,颈部特细,口径略外侈,流已断残,口沿上残留有～～～状突起,口沿宜于爽利,以便倾倒与刷洗,现在添加这些无用的装饰却是耐人费解的,似乎也是在模拟鸟的头颈。[1]

我们在庙底沟出土的一个陶塑鸟头器上,也看到在颈部作螺纹似的皱折,陶鬶上添加的螺纹样的装饰与庙底沟鸟头器上的装饰大体是一致的。

高广仁和邵望平曾对陶鬶的分区、分期、分型进行过研究,他们认为,陶鬶

〔1〕 刘敦愿:《论山东龙山文化陶器的技术与艺术》,载《山东龙山文化研究文集》,齐鲁书社,1992 年,第 60 页。

最初在山东地区发明，以后逐渐传布到中原、东北的辽东，南及长江中下游，并沿漳江到达广东一带。它们的衍生物盉类，形成商周青铜礼器中重要器组之一。[1] 李泽厚也认为三足器“终于发展为后世主要礼器(宗教用具)的鼎”[2]。

尽管许多学者认为鬶是鸟，但从具象上看并不完全如此。鬶不是模仿现实中的鸟，因为现实中的鸟有两足，而鬶都是三足，但它从整体上看又十分像鸟。有人认为它像兽，但也并非如此，因为现实中的兽是四足，并没有三足的兽。这样看鬶的造型又是很怪的。它既非写实，又非模拟现实动物，它是心灵根据生活实用和神圣的崇拜文化进行的创造。因为三足便于烧火，而鸟又是他们的图腾，因此，由三足带来的简洁、刚健的形式感，与超现实的图腾观念紧密结合在一起，便产生了鬶亦美亦怪的审美价值。它的世俗方面使它成为饮具；它的神圣方面使它成为礼器。这在商周的文化中分化得更加明显。商周的一些礼制用具，就是从鬶中发展而来的。在原始文化中，这些容器被认为是图腾神或祖灵的寄身之所。它在原始宗教仪式上被视为崇拜的对象，是部落获得祖先保护的象征。

2. 陶鬶与鸟图腾

鬶的奇特造型，使我们看到远古鸟族的遗留物。东部沿海地区是古代鸟类崇拜的源头，繁荣滋长在这里的大汶口文化和龙山文化，是这一地区原始文化相继发展的两个阶段。在这一文化系统中，器物上的鸟图形及陶塑鸟形器十分丰富。学者们已证明大汶口文化陶器上的象征性纹饰以鸟纹为主，图案花纹也是由鸟纹发展而来的。到龙山文化时期，也许是因为部落的衰落、社会功能的减退，鸟纹也开始衰落，陶鬶虽还保存着鸟的形状，但短颈小腹已显示向实用的壶类器转化。到了早商时代，仍然流行鸟纹装饰，在传世的一批玉器上，雕刻有鸟形纹样和鸟形变态的图像，与殷商铜器上的纹样很相似。

---

〔1〕 高广仁、邵望平：《史前陶鬶初论》，《考古学报》，1981 年第 4 期。
〔2〕 李泽厚：《美的历程》，文物出版社，1981 年，第 29 页。

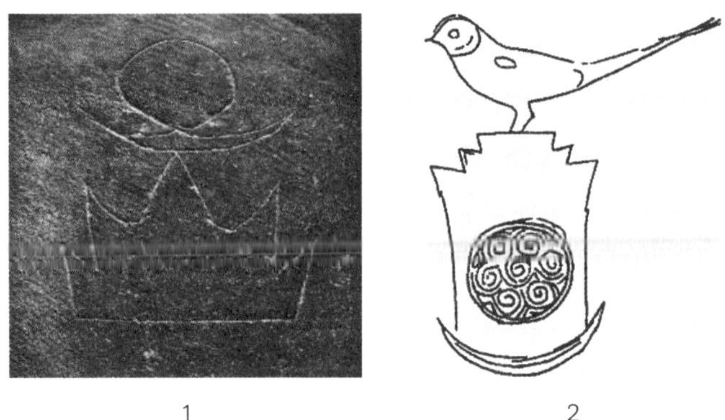
1　　2

3

如在大汶口文化陶尊上,有山上有鸟日的抽象图纹(见图 2 - 29 - 1),这与陶鬶的抽象表现方式是相同的。在美国弗利尔美术馆藏有三件玉璧,其上刻有鸟立于山上的图像,山作五峰,可证大汶口文化陶尊上的纹饰与鸟是一致的。对大汶口文化陶尊刻纹符号的解释,于省吾释为"旦"〔1〕,唐兰释为"炅山"〔2〕,李学勤认为鸟在山上可读为"岛"字〔3〕。龚维英认为应释为

〔1〕 参见于省吾:《关于古文字研究的若干问题》,《文物》,1973 年第 2 期。
〔2〕 参见唐兰:《关于江西吴城文化遗址与文字的初步探索》,《文物》,1975 年第 7 期。
〔3〕 参见李学勤:《论新出土大汶口文化陶器符号》,载《李学勤集》,黑龙江教育出版社,1989 年,第 54 页;原载《文物》,1987 年第 12 期。

4

5

图 2-29 鸟形刻纹

1. 大汶口文化陶尊刻纹(作者摄)
2. 玉璧上的鸟形(选自《中国纹样全集·新石器时代和商、西周、春秋卷》)
3. 西汉油灯造型(作者摄)
4. 南阳汉画像石
5. 战国早期玉鸟首形佩(1978 年湖北随州擂鼓墩曾侯乙墓出土,湖北省博物馆藏,选自《中国玉器全集》)

"昊"〔1〕。《尚书·禹贡》在冀州、扬州条都提到鸟夷,即古代海滨的部族,正好是大汶口文化分布的地区。在传说中这一地域又是太昊与少昊活动的地方。昊,天也,表示太阳经天而行的意思。太昊作为夷人祖宗的象征,正表示了东夷鸟图腾族认为本族的一切均与太阳存在着牵连,那是神圣的太阳神鸟。

〔1〕 见龚维英:《原始崇拜纲要——中华图腾文化与生殖文化》,中国民间文艺出版社,1989 年,第 186 页。

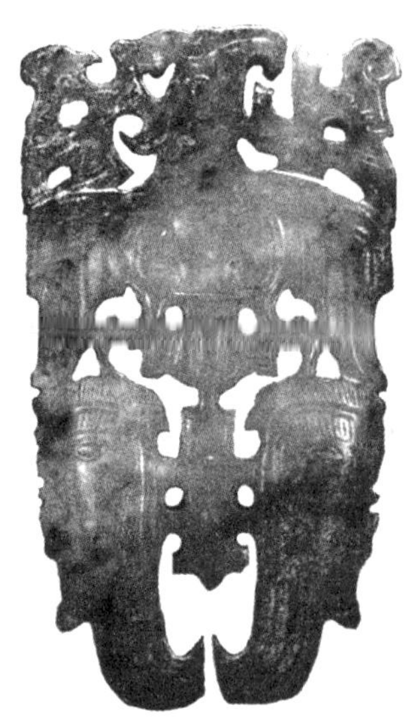

图 2-30　黄玉鹰攫人首佩

在故宫博物院藏有一件透雕的玉饰，上面雕有鹰攫头像；美国弗利尔美术馆有一件玉圭，长 18.5 厘米，正面是浮雕人面头像，背面刻鸟图案；美国明尼波里斯艺术协会藏有一件刻纹玉圭，长 34.2 厘米，正面饰变形兽面饰，具有华丽的冠角和侧翼，背面饰鹰鸟图案。

这些玉器的雕刻风格、特点，与刘敦愿在龙山文化遗存中发现的玉锛上的人兽面纹相似，也与该遗址出土的黑陶片上的雕纹具有同样风格。这些图纹说明玉圭上雕刻鹰鸟形象，具有宗教意义。圭是礼器，形图于圭说明鹰是宗教祭祀的对象，为原始图腾的遗留痕迹。有学者推测鹰神两爪各抓一个斩下的人头，与玉刀上怪兽食人头相同，是一种“人祭”图像，是我国古代伐祭礼仪的写照。伐祭是我国最古老的祭祀仪式，大概开始于原始社会末期，一直延续到奴隶制的殷周时期。《礼记·明堂位》记载“有虞氏祭首，夏后氏祭心，殷祭肝，周祭肺”，这种祭祀是极原始的，大约是原始部落战争中杀俘献祀的遗俗。玉圭下正面刻人像而背面相对位置上刻一鹰鸟图像，可能有图腾神和人格神双重含义，鸟、人都是崇拜物，出现在一物的两面，说明它是由图腾神向人格神的过渡（见图 2-30）。

图 2-31　兽面纹

与鬶相似的以鸟类作为原型的陶器，在东部沿海其他文化中也能见到。如在苏州梅堰遗址发现有拟鸟形的器物，原报告发表了四件壶形器：一雏鸡形的“提梁壶”后端附尾状堆纹；另一件作鸟形，一端鸟首为尖嘴环眼，有冠，一端尾翘为流口，三只矮足，前二足小，后一足宽而横置，作觅食状；又一件“红陶壶”鼓腹平底，两肩有似鸟翼形双耳；第四件是椭圆形皮囊壶，有三扁足，足爪子形凹孔，流和注皆作管状，注流两头翘起，腹有一棱。

在巢湖周围及宁镇地区，北阴阳营—薛家岗文化类型中拟鸟形器物和纹饰也较丰富，鸟形器多为长颈的三足大口壶，并附把柄，和大汶口文化的鬶形器一样，器体为鸟身，把柄为尾，柄尾变化多而逼真，尾端多以回曲线来表示羽毛形态，而器身则以纹饰表示之。这是以器体、纹饰和附件融合为一体的鸟形器。

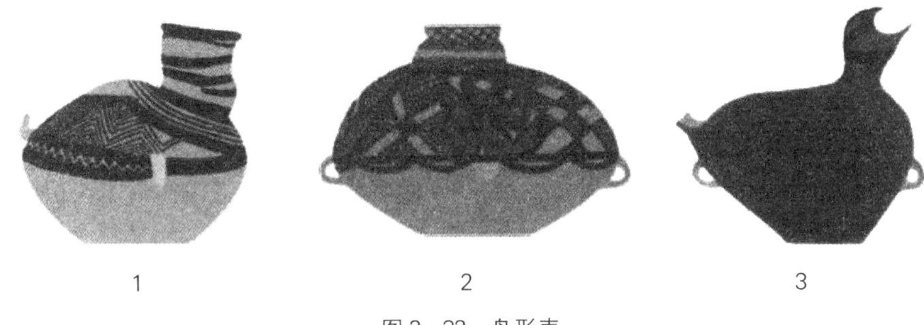

图2－32　鸟形壶

1. 甘肃康乐边家林出土
2. 甘肃兰州出土
3. 内蒙古自治区翁牛特旗石棚山出土(选自《中国彩陶图谱》)

在长江下游各原始文化遗存中，如河姆渡文化、马家浜文化等遗址中，都普遍出现一种称为“鸡冠壶”的器物，因形态如鸡而得名。

山东龙山陶器中模拟动物的作品很少，而且只限于鸟，这是值得注意的，有考古学家推测“其所以如此，可能与鸟图腾崇拜是中国古代东夷族的习俗之事有关”。整个东部沿海地区的原始文化中，三足鸟形器的普遍存在，与这个地区的鸟图腾崇拜有着必然的联系。除鼎外，其他壶、瓶等器物几乎无不与鸟形有关，甚至有些鼎也是拟鸟系统的产物。神话中的“三足鸟”，就是在这个历史背景下产生的。

1

2

图 2-33

1. 龙山文化鸟形黑陶鬶

2. 鸟足鼎(选自《中国青铜器全集》)

图 2-34　鸟图腾礼器　玉圭(商代晚期)

(故宫博物院藏,选自《中国玉器全集》)

太昊、少昊氏部落以鸟为图腾。在我国古籍中,有关鸟图腾崇拜的文献资料特别多,如《左传》《史记》《山海经》和《吴越春秋》等书中多有论述。与鬶形器发现地相联系的是太昊、少昊氏族部落的鸟图腾崇拜。

《尚书大传》说:"东方之极,自碣石东至日出榑木之野,帝太皞、神句芒司之。"在传说中,句芒是一种神鸟。《山海经·海外东经》说:"东方句芒,鸟身人面,乘两龙。"(见图 2-36)《左传·僖公二十一年》:"任、宿、须句、颛臾,风姓也，实司太皞与有济之祀。”这里讲明四国风姓，同为太昊之后。风即凤，凤鸟也。《史记·三皇本纪》“太昊庖牺氏，风姓”，说太昊以凤鸟为图腾，在此太昊与伏羲的神话便被混淆。

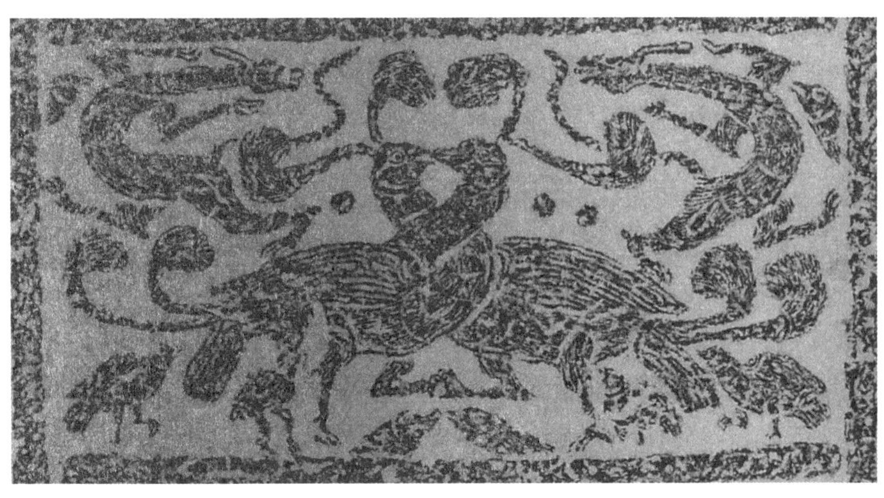

图2-35　汉画像中的交颈凤鸟（东汉，徐州贾汪白集汉墓）

少昊是保存鸟图腾最典型的氏族部落。少昊名挚，挚即鸷，是猛禽的一种。在少昊氏族部落内，各氏族全以鸟为名号，这很像澳大利亚土著部落的图腾分类。公元前525年，有人问少昊氏嫡胤郯子：“少昊氏鸟名官，何故也？”郯子立刻滔滔不绝地进行了一番表述，这在《左传·昭公十七年》中有记载：

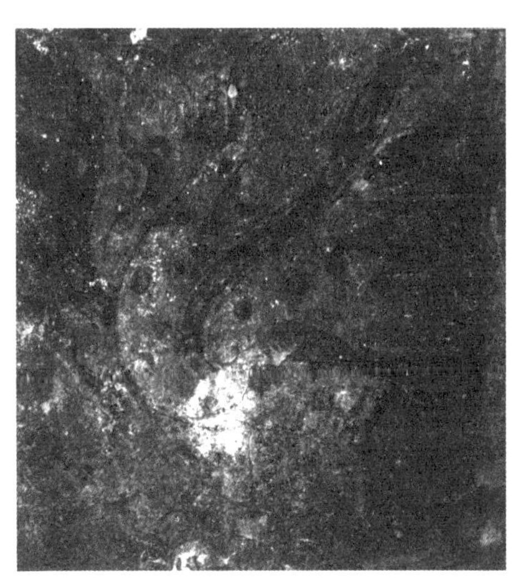

图2-36　东方句芒

（选自《中国墓室壁画全集》第一卷）

我高祖少昊挚之立也，凤鸟适至，故纪于鸟，为鸟师而鸟名：凤鸟氏，历正也；玄鸟氏，司分者也；伯赵氏，司至者也；青鸟氏，司启者也；丹鸟氏，司闭者也；祝鸠氏，司徒也；鴡鸠氏，司马也；鳲鸠氏，司空也；爽鸠氏，司寇也；鹘鸠氏，司事也。五鸠，鸠民者也。五雉，为五工正，利器用，正度量，夷民者也。九扈为九农正，扈民无淫者也。

除了五雉和九扈外，五鸠五鸟以鸟名官的职守都写得很清楚。这些记载，不是向壁虚构，而是以真实的鸟图腾历史为基础的。二十四官，无一非鸟，这是保持鸟图腾制的最完备的记录。从这个叙述中可探知，少昊部落的大图腾中包括小图腾集团，形成了一个鸟图腾氏族部落社会的三层组织，即部落（少昊）、胞族（五雉、五鸟）和氏族（二十四官职）。

太昊、少昊氏族部落，居住在沿渤海湾向南地区，因为以鸟为图腾，所以历史上又称这一带的古代居民为鸟夷。《尚书·禹贡》说冀州“鸟夷皮服”，扬州“鸟夷卉服”。《汉书·地理志》：“鸟夷皮服。”颜师古注：“此东北之夷，博取鸟兽，食其肉而衣其皮也。一说，居在海曲，被服容止，皆象鸟也。”《大戴礼记·五帝德》说：“东方鸟夷羽民。”从这些记载来看，东方夷人以鸟为图腾，在审美领域便以模仿鸟的形态为美，有同化为图腾神的功效，他们的服饰、装束仿鸟形，戴鸟神面具，宗教器皿也制成鸟形，便产生了鬶这样既朴素美观，又怪诞奇特的器物。汉画像中有许多羽人就是这种观念的遗留。

甚至流行于大洋洲及美洲印第安人的图腾柱，在少昊氏的社会中就已存在了。他们刻鸟图腾于柱，立于房子和船上，作为图腾的标记。《拾遗记》有记载：

少昊以金德王，母曰皇娥……时有神童，容貌绝俗，称为白帝之子，即太白之精，降乎水际，与皇娥宴戏……帝子与皇娥泛于海上，以桂枝为表，结薰茅为旌，刻玉为鸠，置于表端，言鸠知四时之候……及皇娥生少昊，号曰穷桑氏。

这些记载，说得已十分明白，当时用玉石刻成鸠的图像，把它装置于桂枝华表顶上，下结薰茅作为旌旗图腾的标志。

无独有偶,1981年冬,在浙江绍兴坡塘发现的一座战国时期越人墓,出土了大批铜器,其中有一铜制房屋模型,在房顶中央竖立一柱,柱头蹲一只大尾鸠。考古学家认为是鸟图腾柱的明显标志。其房屋为宗庙,内有数人正在进行宗教祭祀,鸟图腾就成了沟通图腾祖灵的神秘象征。《山海经》曾记载了大量的神奇古怪之事,其中有不少鸟图腾崇拜的遗迹,多为人面鸟身、人兽合体的神怪,在这些看似荒诞的记述中,曲折反映了古史传说的历史真实,反映了那个时代怪异的美学特征。《山海经》中以《海外南经》记述鸟图腾为多。"比翼鸟在其东,其为鸟青、赤,两鸟比翼。"(见图2-37)"羽民国在其东南,其为人长头,身生羽……其为人长颊。"郭璞说:"能飞不能远,卵生,画似仙人也。"又引《归藏·启筮》说:"羽民之状,鸟喙赤目而白首。"这里是说,其东是以比翼鸟为图腾的氏族部落,其东南是羽民国。羽民国的人生有翅膀,能飞,和鸟一样是蛋里生出来的。羽民国的南面是谨头国,"其为人,人面有翼、鸟喙,方捕鱼……或曰谨朱国"。《南次二经》记有:"柜山……有鸟焉,其状如鸱而人手,其音如痹,其名曰鴸,其名自号也,见则其县多放士。"《大荒南经》说:"驩头人面鸟喙,有翼,食海中鱼,杖翼而行。"(见图2-38)《史记正义》引《神异经》云:"南方荒中有人焉,人面鸟喙而有翼,两手足扶翼而行,食海中鱼,即斯人也。"这里记载的人面鸟喙等半人半鸟的形象,大约是东南鸟夷部落人以鸟为图腾,或把自己打扮成鸟图腾形象的反映。

商人祖先是东方夷人,也是以鸟为图腾的。《诗经·商颂·玄鸟》:"天命

图2-37　蛮蛮(比翼鸟)
(明代胡文焕图本,选自《古本山海经图说》)

图2-38　漆木鸟人(战国中期,湖北荆州天星观墓)
(选自《荆州天星观二号楚墓》)

图2-39　玉天马(西汉,陕西咸阳渭城周陵乡新庄村出土)

玄鸟,降而生商。"《史记·殷本纪》:"殷契母曰简狄,有娀氏之女,为帝喾次妃。三人行浴,见玄鸟堕其卵,简狄取吞之,因孕生契。"《拾遗记》:"商之始也,有神女简狄,游于桑野,见黑鸟遗卵于地,有五色文,作'八百'字,简狄拾之,贮以玉筐,覆以朱绂。夜梦神母,谓之曰:'尔怀此卵,即生圣子,以继金德。'狄乃怀卵,一年而有娠,经十四月而生契,祚以八百,叶卵之文也。虽遭旱厄,后嗣兴焉。"沈约注《竹书纪年·殷商成汤》谓:"初,高辛氏之世妃曰简狄。以春分玄鸟至之日,从帝祀郊禖,与其妹浴于玄丘之水。有玄鸟衔卵而坠之,五色甚好,二人竞取,覆以二筐,简狄先得而吞之,遂孕。胸剖而生契。长为尧司徒,成功于民,受封于商。"这些记载都出于一源,商人祖先吞卵而生,而卵是玄鸟给的,因之以玄鸟为祖,并以玄鸟为图腾。

商人的鸟图腾,在甲骨文中还有遗留,尤其在祭祀先公王中最显赫的高祖王亥时,头上总是冠以鸟形,以记其不忘祖源之义。在殷代金文中,也有鸟图腾遗迹可寻,"玄鸟壶"铭文即其例证。商代铜器"玄鸟妇壶"有"玄鸟妇"三字合书的铭文,系商代金文中保留下来的先世玄鸟图腾的残余。据于省吾先生考证:"作壶族,'玄鸟妇'三字合文,宛然是一幅具体的图绘文字,它象征着作壶的贵族妇人系玄鸟图腾的后裔是很明显的。”[1]萧兵先生认为:“‘玄鸟妇壶’所见,展翅飞翔的类燕子的神禽嘴里衔着‘玄’,其实这就是玄鸟所含来的孕育着生命的神卵。‘玄’的玄黑、神玄、玄秘诸义是后起的。‘玄鸟’最初就是衔着生命种子(卵)的神鸟。”[2]《说文》曰:“黑而有赤色者为玄。”《考工记·钟氏》:“五入为緅,七入为缁。”注:“凡玄色者,在緅缁之间,其六入者与?”《周礼·染人》:“夏纁玄。”注:“玄纁者,天地之色。”《诗·豳风·七月》:“八月载绩,载玄载黄。”《易·坤》:“天玄地黄。”可见玄是指太阳落山后的夜色。这样玄鸟就不是指燕子,而是夜里出行的鸟。夜里善于出行的猛禽,只能是猫头鹰。我们在商代早期的青铜器的造型上,可以看到猫头鹰的形象。

秦之祖先也以鸟为图腾。《史记·秦本纪》载:“秦之先,帝颛顼之苗裔,

1

2

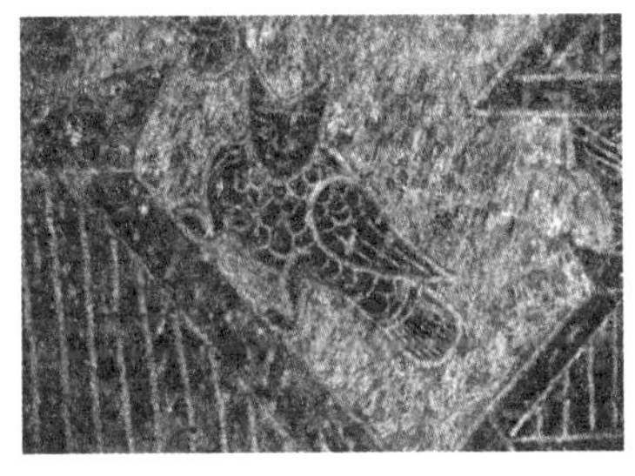

3

图2-40　古代猫头鹰图像

1.3. 汉画像石中的猫头鹰(东汉,安徽萧县出土,作者摄)

2. 玉鸮(商代,选自《中国文物精华大辞典·金银玉石卷》)

---

〔1〕 于省吾:《略论图腾与宗教起源和夏商图腾》,载《历史研究》,1959年第11期。

〔2〕 萧兵:《中国文化的精英——太阳英雄神话比较研究》,上海文艺出版社,1989年,第75页。

孙曰女修。女修织，玄鸟陨卵，女修吞之，生子大业。大业取少典之子曰女华，女华生大费……大费生子二人：一曰大廉，实鸟俗氏；二曰若木，实费氏。其玄孙曰费昌，子孙或在中国，或在夷狄……大廉玄孙曰孟戏、中衍，鸟身人言。”这一记载说明，秦之先世起源于东方，与商人同源，其传说亦同。秦之祖先，也是吞鸟而生，其子孙有鸟身人言者，其部落散处夷狄、中国各地，足可资证秦人祖先最早是东方鸟氏族部落的一支，后西迁，其列祖事夏、商、周三代。

3. 鬶、鸟、日与生殖崇拜

鬶是远古鸟图腾崇拜的遗留物，表现了中国古代生殖崇拜的观念。鬶就是鸟的表现或象征。“崇鸟为图腾，便视自己的祖先为鸟，自己是鸟化生出来的；又因为鸟卵含有胚胎，能孵出新的生命，所以鸟与卵都有了生命、生殖的象征，鸟直到现在都是生殖器的别名，卵是睾丸的别名。”〔1〕

赵国华在《生殖崇拜文化论》中讨论了以鸟象征的男根崇拜对陶器造型和玉器造型的影响，他认为：

> 大汶口文化的晚期，三足鬶的形制发生改变，口沿为鸟喙状突饰。其实，这时的鬶整体就是三足鸟形，颈部较细。向下发展到龙山文化，早期三足鸟形鬶的颈部较大汶口文化的稍粗，中期鬶的颈部更粗，晚期的三足鸟形鬶的颈部与腹部连成一气，变成了筒腹状或冲天流深腹状。本来，远古人类主要是以鸟的头颈部状男根，龙山文化中三足鸟形鬶颈部的不断增粗，显然是初民男根崇拜日益强烈的表现。他认为这可用来判定当时的社会性质，如果说蛙纹是女性生殖器的象征，那么当母系氏族社会向父系氏族社会演进时，陶制的鸟形器便逐渐增多，这时便向男性生殖器崇拜发展。除了鸟形器是这种具象形式的表现外，还有三足鼎这种抽象形式的表现。半坡文化遗存晚期出现的三足鼎，具有特殊的象征

〔1〕 郭沫若：《青铜时代·先秦天道观之发展》，人民出版社，1954年，第11页。

意义。鼎是从圆底陶盆发展而来的，它之所以加上三足，是用其三足象征男根，以形成一种新的崇祀男根的祭器。鼎三足与鸟三足的含义是一致的。[1]

我们认为，生殖崇拜应是从图腾观念中生发出来的，比起图腾说，生殖崇拜应是比较晚起的，我们揭示陶器造型的审美基础，正是要从图腾审美的方向上展开。因为图腾观念是人类比较早的完形观念，正是在神秘的图腾观念下，人类才创造了带有怪异色彩的图腾文化，留下了那么多神秘莫测、怪诞奇特的文化遗留物。

鸟与太阳也有关联。在中国古代，鸟和日结下了不解之缘(见图2－41)。汉画中有日中三足鸟(乌)的图像，又有传说“日中有踆乌”，这都是远古太阳崇拜和鸟图腾崇拜的遗痕。这种鸟与日图像的相互转化、互相渗透及合二为一，在考古学上已得到证实。如马家窑新石器时代彩陶器里有丰富的变形鸟纹、变形太阳纹。那漩涡纹和大圆圈当然是太阳的形象和太阳运动夸张的描写，有人称之为“拟日纹”，但考古学家严文明先生认为“拟日纹”可能是“拟鸟纹”，是鸟纹高度夸张变形的结果[2]。这证明了“太阳”又称为“金乌”的史前信仰基础。刘庆柱先生说，秦地文物多鸟形或变形鸟纹装饰，而“春秋战国时代秦人的都城葬地等多以‘阳’为名，大概是与太阳为金乌化身大有关系的”[3]。

斯宾登曾探究太阳崇拜与“鸟”神或“鸟”黏合的原因，他说：“当太阳被接纳为神祇或上天被认为是神祇的居住处时，高飞的鸟类如鹰、鹫就成为使者了。在埃及，猎鹰成为埃及王的保护者，荷马又把鹰作为费伯(太阳神)的快速使者。鹰是奥西治族印第安人的族徽。在秘鲁，鹰亦和太阳有关。因为鹰、鹅、天鹅随季节而迁移，所以在铜器及铁器时代的欧陆与北美，它们被称

〔1〕 赵国华：《生殖崇拜文化论》，中国社会科学出版社，1990年，第277—279页。
〔2〕 严文明：《甘肃彩陶的源流》，《文物》，1978年第10期。
〔3〕 刘庆柱：《试论秦之渊源》，载《人文杂志》增刊(1982年版)《先秦史论文集》，第179页。

图 2-41　汉画像中的三足乌

为太阳鸟，意思是它们似乎在夏季时把太阳带向北方，在冬季时则带去南方。”[1]陈炳良先生据以指出：“‘玄鸟’之所以被殷人视如太阳神，也可能因为它是南来北去的候鸟。”[2]我们认为，玄鸟是指猫头鹰类的鸟，其特点是夜里活动捕食。

前文论及以鸐来象征鸟图腾的部落，可能是东夷的太昊和少昊部落。昊在古文中又写作皞，皞字从白。“白”义为光明，依照金文“皇”所从之“白”像光芒四射的太阳推论。皞字所从之白，本亦“闪光之圆日”。皞字又作“昊”，从日从天，义亦“光明”。从字面看是日踞长天之意。但天字的原义是正面而立的“大”人，特大其首，指示其“颠”。天，颠也。那么“昊”字就是头上有太阳或戴太阳之冠的大人。田昌五先生认为：“夷人奉太皞为祖宗，只是说他们自认为是太阳的子孙，或者从太阳升起的地方产生出来的。在遥远的古代，人们从神话中得出自己的氏族和部落，是普遍的现象。”[3]龚维英据此推论：“我们认为东夷人的原生态图腾是‘日’，后来才发展成庞大的禽鸟图腾集

〔1〕［荷］斯宾登：《中国古代神话新释两则·鲧禹的传说》，《清华学报》，1969 年第 2 期。
〔2〕陈炳良：《神话·礼仪·文学》，联经出版事业公司，1985 年，第 15 页。
〔3〕田昌五：《古代社会形态析论》，学林出版社，1986 年。

团。”[1]《山海经·大荒东经》载:“汤谷上有扶木,一日方至,一日方出,皆载于乌。”朱天顺在《中国古代宗教初探》中指出:“《山海经》中的太阳神,原始性就较浓厚一些,太阳运行,爬上树以后是‘皆载于乌’,是靠乌鸦带着它走的。”在汉代画像石中,我们看到乌鸦和日的合纹。有学者推论连云港将军崖原始社会末期岩画里有一种大头细身子的所谓“人面画”,很像“昊”字的意构,疑即太阳或太阳神巫的一种造型。[2] 云南沧源崖画、内蒙古岩画,也都有这种“太阳人”的形象。李济认为,“太阳人”“头上有射出的太阳光”,这是太平洋文化的一个特征。[3] 盖山林先生对岩画有类似的“太阳人神”分析:

> 大多数的神像,头上光芒四射的灵光,颇似太阳光,有的简直像一个金光万道的太阳形象,只是中心部分有人的五官,这种形象兼用了人和太阳的形象,即太阳的人格化和人的太阳化,将两者巧妙地糅合在一起了。当然,也可以作另一种解释,即仿照人间部落酋长或王者的形象,创造了太阳神,那光芒四射的灵光,可释作人头顶上插的鸟羽,但从形象上看,前一种可能性更大些。[4](见图2-42)

图2-42　远古岩画太阳崇拜遗迹

唐兰先生对“昊”字所代表的“太阳人”有个精到的看法,他说:

> 古代人的想象中,大人就是巨人,是真的顶天立地的,所以他的头就

---

〔1〕 龚维英:《原始崇拜纲要——中华图腾文化与生殖文化》,中国民间文艺出版社,1989年,第17页。

〔2〕 萧兵:《连云港将军崖岩画的民俗神话学研究》,载《淮阴师专学报》,1982年第4期;又载《民俗学论文选》,江苏民俗学会,1984年(内部印刷)。

〔3〕 李济:《考古学论文选集》,联经出版事业公司,1977年,第576页。

〔4〕 盖山林:《内蒙古贺兰山北部的人面形岩画》,载《中央民族大学学报》,1982年第2期。

代表了天，而大字下面画一画来代表地就是立字，也就是位字，昊字本来作昦（上为日，下为大），像正面人形而顶着太阳，也可以说他的头就是太阳，所以古代把天叫作昊天……那么，东方民族称他们的君长为太昊、少昊，就因为他们是代表上天的太阳神。因为东方民族自认为他们的地区是太阳出来的地方，所以认为太阳神是天神中最尊贵的。[1]

前面我们已指出少昊名挚，"挚"通"鸷"，当是以一种厉害的鸷鸟为图腾。太昊为风姓，"风"通"凤"，凤夷在夷人氏族部落中是处于首要地位的，因为太昊又是所有夷人想象中的祖先。所以太昊和少昊是大太阳神和小太阳神，同属于东夷日鸟图腾部落集群的太阳神系统。郭沫若推论说，少昊可能是从太昊氏分出来的。他们从一个凤鸟氏族分为两个："一个属太昊，一个属少昊。夷人中的这两支，一支在江淮流域，另一支北上到黄河下游，后来大部分融化为华夏族。"[2]

人类学家泰勒说："世界的初期哲学，都把太阳和月亮当作活的东西，并且有人类一样的性质。"古代埃及人因此而歌颂太阳永恒的生命——太阳便是生生不已、终而复始的"生命"象征。太阳是光明的主宰、自生的青春、原始生命的"初生"、无名事物的"初名"，是年岁的王子，其躯体是"永恒"。[3] 哲学家海克尔说："在现代科学家看来，太阳崇拜是一切有神信仰形式中最有价值的并最容易与近代一元论自然哲学结合的形式。因为……我们整个躯体的和精神的生命也像所有其他有机生命一样，说到底都要归结为光焰四射的散发着光和热的太阳。"[4]海克尔从自然科学角度暗示，原始人以朴素的直觉感受到温煦、热烈、光亮的太阳是生命之源泉。原始人本能地恐惧黑暗，向往光明，因为黑暗是危险和凶险的不可知事物的表现和象征，黑暗就是死亡，是地狱，天堂则是光明和生命。对人的生存有利的就是善的、美好的，对人类

---

〔1〕 唐兰：《中国有六千年的文明史——论大汶口文化是少昊文化》，《〈大公报〉在港复刊三十周年纪念文集》，香港大公报出版社，1978年，第43页。

〔2〕 郭沫若：《中国史稿》，人民出版社，1976年，第113页。

〔3〕《亡灵书》，吉林人民出版社，1957年，第14页。

〔4〕 [德]海克尔：《自然之谜》，上海人民出版社，1971年，第265页。

生存有害的就是恶的、丑的。善的美好的东西，因其伟大而神秘，便成了人们崇拜的对象。《新约》里耶稣宣称："我是世界的光，跟从我的，就不在黑暗里走，必要得着生命的光。"《创世纪》中耶和华说："要有光！"就有了光。弥尔顿在《失乐园》里抒发道：

> 美哉！神圣的光，上帝的初生儿！
> 把你写成与无疆共万寿的不灭光线，
> 谅必不算渎圣？因为上帝就是光，
> 从永劫开始就住在不可逼近的光里。
> ……

柏拉图说："没有人能说光不是一种宝贵的东西……当我说到'善'在可见世界中所产生的后代时，我所指的就是太阳。"[1]我国的孟子说："充实之谓美，充实而有光辉之谓大。"充实而有光辉的只能是太阳。柏拉图说："太阳不仅使我们看见的事物成为可见的事物，并且还使我们产生、成长并且得到营养。"这样在原始思维中，光明因其代表了生命就成了美的代称。明白了太阳、光明的美学意义，就可以理解古代一些奇异的信仰了。

《广雅·释诂》：皇、熹、蒸、将、英、皑，美也。这里把与太阳及太阳光辉相联系的字眼全部视为美。《诗经·鲁颂·泮水》："烝烝皇皇。"毛传："皇皇，美也。""皇"的本义就是辉煌灿烂，犹如《楚辞》里不仅潜在有一个太阳神话光明崇拜的系统，而且以"昭质"、以"华采"、以"烂昭昭兮未央"为美。诗人最高的追求是"与天地兮同寿，与日月兮齐光"，追求光明是人类自由本质的表现。因此，当太阳东升时，人们便欢呼；当太阳落山时，初民害怕太阳一去不复返，便想以真诚的祭祀来唤回太阳，拒绝黑暗的永恒统治，所以，甲骨文中有"日出""日入"之祭。《礼记·郊特牲》说："郊之祭也，迎长日之至也。"《礼记·玉

---

〔1〕 北京大学哲学系外国哲学史教研室编：《古希腊罗马哲学》，生活·读书·新知三联书店，1957年，第180页。

图2-43　玉怪鸟(商代,河南安阳妇好墓出土)
(选自《中国玉器全集》)

藻》说:“天子……玄端而朝日于东门之外。”迎来太阳,光芒万里,驱逐了黑暗,这就是美的行动。

中国人把自己称为炎黄子孙,这也就是说中国人是日神的子孙。炎帝与传说中的钻燧取火的燧人氏相当。在原始思维中火、太阳与鸟又是同一的。《白虎通义·五行》说:“炎帝者,太阳也。”《左传》说:“炎帝氏以火纪,故为火师而火名。”《论衡·诘术》:“火,日气也。”古人认为,太阳就是一个燃烧的大火球,它可以给人间以温暖。从黄帝又作皇帝,也可以证明黄帝也曾是太阳神。《庄子·齐物论》有“黄帝”,王先谦《集解》:“黄原作皇。”刘师培认为:“黄与皇通。故上古之君称为黄帝。”〔1〕郭沫若也说:“黄帝即是皇帝、上帝。”〔2〕皇帝的“皇”字,金文作“土”上有日之形。王国维认为:“皇上像日光四射之形,引申有大义。”《说文》指出,黄字从古文光字。《风俗通》说:“黄,光也。”《释名》说:“黄,晃也。犹晃晃,像日光色也。”这就是说所谓黄帝或皇帝,其义是指太阳神。秦始皇嬴政以“始皇帝”自称,便带有太阳神崇拜意识的残留。前已述,秦王族的主干也是来自东方,以鸟作为图腾。鸟又是作为火和太阳的象征,秦始皇当也是自比拟为太阳。

(四)图腾信仰与美丑效应

康德说:“没有哲学,一切获得的知识就只能当作零碎的摸索,而不能是

〔1〕刘师培:《读书随笔谈·古代以黄色为重》,《国粹学报》第4卷第4期,第7页。
〔2〕郭沫若:《中国古代社会研究》,科学出版社,1964年,第276页。

科学。"美国艺术史家 E. 潘诺夫斯基说:"如果没有历史例证,艺术理论将永远是一个关于抽象世界的贫乏的纲要……如果没有理论方向,艺术将永远是一堆无法系统表达的枝节。"[1]以上我们从艺术考古学出发,研究了仰韶文化的"人面鱼纹""神秘蛙纹"和"怪异陶鬶"等问题,从而展现了中国原始艺术与神话传说的关联,这对我们建立新的艺术史前史是大有益处的。

1. 图腾内涵

"图腾"一词为北美印第安人阿耳贡金人的奥季布瓦部族方言 ototeman(英译为 totem)的音译。一般认为这个词始见于 1791 年在伦敦出版的龙格所著的《一个印第安译员兼商人的航海探险》一书。现在有些学者认为,图腾一词早在 1725 年出版的维柯的《新科学》中就出现了。维柯说:"在美洲印第安人中间,图腾或图腾符号用来代表某某家族。"[2]严复在 1903 年翻译英国人甄克思的《社会通诠》时把这个词译为中文"图腾"。过去一些人认为图腾仅为北美印第安人的术语,后来有人发现澳大利亚和非洲的一些原始部落也存在图腾现象。现在一般认为,图腾崇拜是世界各民族共有的文化现象。一些学者在对中国古代的资料分析后认为,中国史前也普遍存在图腾崇拜。由图腾崇拜产生的图腾意识,就成了我们分析中国丑怪起源的一条思路。

尽管学术界对"图腾"一词的内涵争论纷呈,如有些民族把图腾看作氏族的标志或象征,有些认为图腾是本氏族或本部落的血缘亲属,有些视图腾为自己的祖先或保护神,有些则把图腾看作具有多种意义的有生物或无生物。但这正好说明图腾文化发生在遥远的古代,随着文化的变迁,图腾也在演化。因此,图腾一词在不同发展阶段的社会中内涵略有差别也就是正常的了。

一般认为图腾文化产生于旧石器时代,到原始社会末期已走向衰落。图腾文化可分为早、中、晚三期。它体现了原始人的意识形态,既含有原始宗教

[1] [美]E. 潘诺夫斯基:《视觉艺术的含义・译者前言》,辽宁人民出版社,1987 年。

[2] [意]维柯:《新科学》,人民文学出版社,1986 年,第 225 页。详细论证参见郑元者:《图腾美学与现代人类》,学林出版社,1992 年,第 27—28 页。

的性质，又带有社会制度的性质，同时也反映了原始人混融的艺术与审美的观念。

与图腾文化的三期划分相适应的是：图腾是作为亲属的某种物象，如中国人的姓，古文讲“生也”，姓的起源，即可追溯到人把动物、植物作为亲属的某些图腾意识上去；图腾是作为祖先的某种物象，这一观念是在前一观点上发展的结果，如仰韶文化的鱼图腾、葫芦瓶上的人面纹，便被认为是祖先像，在近代民族中，把自己的祖先说成是图腾的也屡见不鲜；图腾是作为保护神的某种物象，是从祖先的保护作用引申出来的又一意义，当人认识到人和兽的区别时，便不再认为人兽同祖，图腾祖先观念便演化为图腾保护作用，图腾便成为氏族和部落的保护神。当然以上三种观念也不是毫无联系、相互对立的，而往往是交相混融在图腾文化中。因此，图腾文化又是各种文化特质相

1

2

图 2-44　汉画像中的伏羲女娲

1. 安徽萧县出土(作者摄)

2. 徐州贾汪白集汉墓藏石(作者摄)

交融而构成的一种文化复合体。

过去，人们对图腾的研究大多是从宗教学、社会学等方面展开，把图腾文化看作一种社会组织制度或文化制度，或把图腾看作一种社会意识形态，但从美学上来考察图腾意识对人们审美和审丑影响的工作，还很少有人去做。这不能不说是个遗憾。当我们从神秘莫测的图腾文化中分离出美学的这一部分，我们就会看到在图腾美学中，人类美丑观念是如何起源的，它对中国人的审美观产生了多么大的影响。

2. 图腾艺术

当原始人把图腾观念用一定的物质材料通过形象来表现时，就形成了图腾艺术。当然，艺术的领域和特征都是一个值得争论的问题。也许只是我们今天的艺术观念，在接受美学的意义上才称其为艺术，在当时的人看来，这些用形象来表现图腾观念的作品如果用来代表氏族的标志和族徽，或者诸如文身、黥面等行为，就含有艺术的性质了，这是为了与神秘的图腾神相沟通的符号，含有神秘的力量。

关于艺术的起源，影响比较大的有劳动说、模仿说、巫术说和游戏说。关于最早的艺术类型是什么，众说纷纭，有工具说、建筑说、文身说、装饰说等。这的确是一个值得认真探讨的问题，我们无意参加其争论，但我们认为图腾观念与人类的艺术创造存在一定的联系。因为原始人在图腾观念的驱使下绘出、雕刻出氏族的图腾形象，他们装饰在房屋、帐篷、旗帜、立柱、器物上的图腾形象，或者文身、黥面等行为，就含有艺术性了。当然他们创造这些艺术，不是为了让我们今天欣赏，而是含有巫术的意义，一般应有某种灵感的作用。因为原始人认为，戴上有图腾标记的冠饰，就可以在打仗时得到祖灵的力量，使自己变得强大而使对方变弱；在彩陶上装饰图腾的形象，彩陶就是祖灵的贮身之所，对它祭祀，就可得到图腾神的保护。这是从信仰上来看，但是图腾活动的操作过程以及用外在的图腾来表现原始人的信仰，这本身就具备了艺术活动的特质，其中包含着人类最初审美意识的萌芽。

图腾艺术的种类是多种多样的，根据其形式，可以划分为图腾绘画、图腾雕刻、图腾装饰、图腾舞蹈、图腾音乐等。

图腾绘画是指原始人为了表达图腾感情在洞穴岩壁、住所房屋、陶器用品、工具武器上描绘的图腾形象。如仰韶文化中的“人面鱼纹”“鹳鱼石斧图”，庙底沟类型中的鸟纹，马家窑文化类型陶器上的鸟纹和蛙纹，阴山、沧源、花山等地岩画上的半人半兽的动物等。杜尔克姆说：“作为图腾存在的图画，比图腾实物的存在更为神圣。”[1]这种绘画有的是具象写实的，有的则是幻想神秘、抽象象征的。

图腾雕刻是指原始人用陶土、木、石、玉、骨等雕刻表现图腾信仰的造型艺术。如《拾遗记》所记“刻玉为鸠，置于表端”，就有图腾柱的性质。在出土文物中青海柳湾的人像彩陶壶，赤峰西水泉陶塑半身女像，辽宁喀左东山嘴陶塑女像，大汶口文化与龙山文化的陶鬶、玄武提梁壶，仰韶文化大地湾遗址出土的彩陶人头陶瓶，四坝文化玉门火烧沟出土的彩陶人形罐，以及后来的象牙、玉石雕刻的图腾物等，都是图腾艺术的表现（图 2 - 45）。

图腾装饰是指原始人为了把自身同化于图腾而进行的自身纹饰，或辫结毛发，或切痕黥纹，或涂抹文身，或穿鼻凿齿等。我国古越人即有文身习俗。《汉书·地理志》载：越人“文身断发，以避蛟龙之害”。《淮南子·原道训》：“九嶷之南，陆事寡而水事众，于是民人被发文身，以像鳞虫。”高诱注曰：“文身，刻画其体，内墨其中，为蛟龙之状。以入水，蛟龙不害也，故曰以像鳞虫也。”闻一多据此认为：“‘断发文身’是一种图腾主义的原始宗教行为……他们断发文身以象龙，是因为龙是他们的图腾。”[2]

再如凿齿。《淮南子·墬形训》载：“凡海外三十六国……自西南至东南方……（有）凿齿民。”高诱注：“凿齿民，吐一齿出口下，长三尺也。”在大汶口新石器遗址中发现大汶口文化有凿齿的风俗。《楚辞·大招》有：“靥辅奇牙，宜笑嗎只。”其中奇牙，畸牙也，大约是在凿齿处装饰动物的獠牙以获取图腾

[1] 岑家梧：《图腾艺术史》，学林出版社，1986 年，第 99 页。
[2] 闻一多：《从人首蛇身像谈到龙与图腾》，《人文科学学报》，1942 年第 2 期。

的力量。我国古越人也有毁齿习俗，莫俊卿认为，这“是处于对某种动物的图腾信仰，使人身图腾化”[1]。

图腾舞蹈大约有一种巫术的作用，在举行巫术仪式时，往往部落的人穿戴着象征图腾的冠饰、面具或服饰、文身，以同化图腾神。在中国古代巫以舞蹈来与神秘的祖灵“无”相沟通。《竹书纪年·帝舜元年》：“即帝位……击石拊石，以歌九韶，百兽率舞。”百兽率舞，便是原始人模仿图腾形象与图腾动作而进行的图腾舞蹈。《尚书·益稷》记载“击石拊石，百兽率舞”“鸟兽跄跄”“凤凰来仪”，可以想象人们随着石磬的节奏，跳起模拟各种鸟兽的舞蹈。在云南沧源岩画上，有许多引人注目的头戴羽饰的人物形象正在高举手臂，叉腿挺立，做振翅高飞的鸟儿之舞。在距今约 5000 年的陶盆上，也有五人手拉手跳舞的形象，人头上有饰物，后有尾饰(或为男性生殖器的饰物)，正是表现了集体仪式的生命之舞。

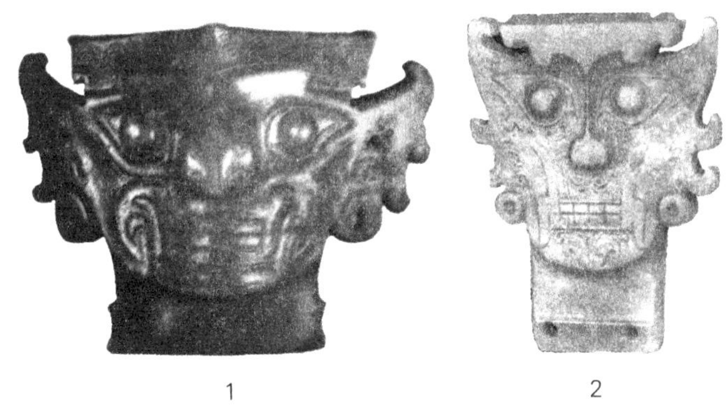

图 2-45　玉雕神怪图像

1. 流失海外的鬼神玉面(现藏大英博物馆)

2. 西周早期用玉(陕西岐山凤雏村甲组宫室基址 T25 出土)

图腾音乐是模拟图腾的声音，或在举行图腾舞蹈时伴随动作而做的有节奏韵律的喊叫。《吕氏春秋·古乐篇》记有“葛天氏之乐”：“三人操牛尾，投足以歌八阕：一曰载民，二曰玄鸟，三曰逐草木，四曰奋五谷，五曰敬天常，六曰

[1] 莫俊卿：《古代越人的拔牙习俗》，《百越民族史论集》，中国社会科学出版社，1982 年，第 318 页。

达帝功,七曰依地德,八曰总禽兽之极。”“玄鸟”本为商族的图腾,这显然带有图腾崇拜的宗教祭祀活动的色彩。

3. 图腾美学

图腾意识是人类最初的完形的意识形态,它是马克思所讲的“实践-精神”地掌握世界的一种方式。图腾崇拜是一种原始宗教,同时又是一种原始艺术。其中包含着科学意识和宇宙意识的萌芽。它不表现客观的现实,却是原始人精神的现实,它是人类自身本质力量萌发时的产物。它企图表现人在精神上战胜外在的自然,是人化自然的最初形式。在图腾实践中,激发出人的旺盛的生命意志,是人类寻根求知的表现,是人类智慧的原型,是科学和社会组织的最初形态。图腾是人的生命本质力量的幻化形式,是原始人在自身智力水平上幻想的产物,是人对自身生命本身的体验和表达。图腾崇拜使人摆脱了个体的无能为力,找到了一个祖灵的、集体的避难所,同时又反射出自身生命的本质力量,从而显示了人的精神能力。图腾崇拜的美学意义就在于原始人在幻想中与图腾化为一体,而获得了超越动物的生存意义。人来源于图腾,死后又归于图腾,这样人类就找到了生命的起点和归宿。这样图腾美就成了在“神性外观中幻化出来的生命本质力量的象征形式”〔1〕。

在汉字中,“美”字从“羊”从“大”,大当为“人”形,其字的含义是人带着羊的图腾面具。也有人释为人带着羽毛装饰。这个字正表现了美的观念与图腾形象有一定的关系,当人把自己装饰为图腾形象时,便感到生命有了安全感,获得了来自图腾神的力量,在举行图腾祭祀活动,诸如舞蹈、绘画、雕刻时,这种同化为图腾的形象就是美,因为这种同化对原始人的生存有十分重要的意义,因此它又与善是同义的。我们知道,古代中国西部有羌人集团,以“羊人”为美,大约就是羌人集团在华夏文明建立中起过重要的作用,随着他们走向历史舞台而把自身的同化图腾形象视为美。

---

〔1〕 郑元者:《图腾美学与现代人类》,学林出版社,1992 年,第 121 页。

从图腾美感来看，图腾涉及想象、幻觉、情感、象征等多方面的心理因素。当原始人看到鸟儿飞得那么自由，鱼儿游得那么自在，当他们受到自然灾害，诸如洪水暴雨、猛禽凶兽的伤害时，在想象中便会有一种倾慕之情，在幻觉中便会产生一种同化动物与植物的情感倾向，久而久之便形成了图腾意识。这种意识靠一种象征的方式表达出来，这种象征，来源于巫术观念中的“相似律”和“互渗律”。它是人把人自身的精神能力外化到自然事物上去，采用拟人化手法的结果。图腾美感与图腾艺术相互作用，促进了人对图腾美的敏锐感觉。在集体的图腾仪式中，图腾信仰依靠图腾艺术而激发出人类狂热的图腾美感体验，这是一种同化图腾神灵的愉悦感、得到图腾保护的安全感、获得神力的振奋感，同时又与面对神灵而产生的崇拜感、指向超现实领域的怪异感相混融。其心理基础既有生存需求的骚扰，也有神秘崇拜的浑噩；有具象感知的取向，也有审美情绪的发泄。这是一种美感，同时又不是，一切都包含在混沌的生的欲求之中了。

图 2-46　汉画像中的羊图腾遗迹(东汉)
(墓门上方中间部分装饰羊图像，表示吉祥的意义，图像内容来源于古代的羊图腾信仰，原石现藏徐州汉画像石艺术馆)

图腾崇拜既是一种美，同时也是一种丑，对立的两极都包含在混融的原始意识之中。美与丑只是一纸之隔，丑就在美的旁边，并伴随着美一起产生。

从“实践-精神地掌握世界”来看，为了实践而在精神上掌握世界，一开始就有着异化的可能。当人类摇摇晃晃从动物界走出来时，其精神就产生了偏差。想想看吧，人竟然把自己的祖先看作动物或植物，并顶礼膜拜之，还有比这再怪诞不经的吗？看看史前艺术，那真是一个丑怪纷呈的世界，我们的祖先都是一些神兽结合的怪异形象，或者是人兽同体的怪物，这是因为图腾崇拜带有一种原始宗教的性质，而宗教实际上不过是人的本质的异化，人把自己的精神、能力、智慧，都外化到本来不存在的精灵上去了，这无异于人失去了自身。史前艺术之所以给我们怪诞的感觉，就是因为它幻想出了一个超自然的形象体系，因此原始图腾崇拜便演化出神秘的神话故事、神鬼显灵的传闻、妖怪作祟的迷信、祭天祭祖的礼仪、驱邪赶鬼的巫术、五体投地的皈依、杀人祭祖的血腥、念念有词的祝祷……

马克思说：“宗教是还没有获得自身或已经再度丧失自身的人的自我意识和自我感觉。”[1]在图腾崇拜中，在人类生命感受之外，原始人尚没有意识到自己的主体性便又丧失了自己的主体性，他们看不到自身的力量，而把自身的力量都归于彼岸之神的幻影之上。恩格斯在《反杜林论》中讲：“一切宗教都不过是支配着人们日常生活的外部力量在人们头脑中的幻想的反映，在这种反映中，人间的力量采取了超人间的力量的形式。”[2]用幻想的超人间力量的形式来表现人对现实的认识和感觉，那必然导致艺术中怪诞的产生，摩尔根在《古代社会》中谈到宗教时说：“宗教涉及想象和感情方面的东西太多，因此也就涉及相当多的不可确知的事物，使得一切原始宗教都显得很怪诞，并在某种程度上成为不可理解的问题。”[3]当然图腾崇拜又不仅仅是宗教，它包含着我们前面分析的美学内容，但也不能否定它丑怪的方面。正是失去了人的本质的这一方面，阻碍了人的全面发展，便成了丑恶的部分。

---

〔1〕 马克思：《〈黑格尔法哲学批判〉导言》。

〔2〕《马克思恩格斯选集》第3卷，人民出版社，1995年，第666—667页。

〔3〕［美］摩尔根：《古代社会》上册，商务印书馆，1987年，第5页。

4. 丑的起源

学术界对美的起源已作了许多探讨,但对丑的起源还没有作过深入的发掘。丑的起源是指丑的最初的意义,以后形成的美学范畴的丑,便是从这最初的意义生发出来的。根据辩证法的矛盾律,事物无不有对立的两个方面,就像有了上便有了下,有了东便有了西,有了好就有了坏,有了善就有了恶,有了真就有了假,有了美也就有了丑。

我们对丑的起源进行研究,便会惊奇地看到,正像"美"的原始意义是人戴着图腾冠饰(羊)为美的形象一样,丑的原始意义也是人戴着图腾面具的形象。

今天我们称为"丑"的,在古文字中作"醜"。《说文》载:"醜,可恶也,从鬼酉声。"司马迁《报任安书》言:"行莫醜于辱先。"《释名·释言》说:"醜,臭也,如物臭秽也。"可见汉时丑已经指丑恶的事物了。丑又指容貌丑陋,《楚辞·九章·橘颂》曰:"姱而不醜兮。"注:"醜,恶也。"《后汉书·梁鸿传》载:"同县孟氏有女,状肥醜而黑。"《庄子·天运》曰:"西施病心,而颦其里,其里之醜

图 2-47　汉画像中的面具舞蹈(东汉)
(图像表现的是戴着面具的乐舞图,原石现藏徐州汉画像石艺术馆,作者摄)

人，见而美之。”这都是从审美角度来看的，不是丑的最原始的意义。《荀子·宥坐篇》曰：“记醜而博。”杨倞注曰：“醜，谓怪异之事。”这当是丑的较为原始的意义。但丑字的最初意义当指图腾形象，指戴着图腾面具而产生的一种恐惧、畏惧感。

醜字从鬼，酉是其声符。《集韵》：“醜，古作媿。”王国维认为：“鬼方之名，《易》《诗》作‘鬼’，然古金文作䰩，或作魌……皆为古文畏字。”[1]这个字的起源与古代的“鬼方”有关。王国维对“醜”字的起源有个推论，他说：

> 我国古时有一强梁之外族，其族西自汧、陇，环中国而北，东及太行常山间，中间或分或合，时入侵暴中国，其俗尚武力，而文化之度不及诸夏远甚。又本无文字，或虽有而不与中国同。是以中国之称之也，随世异名，因地殊号。至于后世，或且以醜名加之。其见于商周间者，曰鬼方，曰混夷，曰獯鬻。其在宗周之季，则曰玁狁。入春秋后，则始谓之戎，继号曰狄……鬼方……乃其本名……鬼方之方……亦为中国所附加……[2]

原来在中国古代，有一以“鬼”字作为国名、族名，或以国名为姓的方国——“鬼方”。《周易·既济》有：“高宗伐鬼方，三年克之。”《竹书纪年》载：“武丁三十二祀，伐鬼方，次于荆。”下又云：“三十四祀，王师克鬼方，氐羌来宾。”《后汉书·章帝纪》载：“克伐鬼方，开道西域。”《西羌传》载：“武丁征西戎鬼方，三年乃克。”据此学者们认为，鬼方指西戎，或指在青海省，或指在山西中部和陕西北部，或指在周时荆楚之地。在殷周之前，鬼方或与华夏为友好之邦国，有通婚关系。《大戴礼记·帝系》：“陆终氏娶于鬼方氏。鬼方氏之妹，谓之女隤氏。”吕思勉认为隤字疑即隗字，鬼贵同音，春秋时狄人以之为姓。《诗经》里有：“覃及鬼方。”吕思勉认为这里的“鬼方”即指“艽野”“九国”。

---

〔1〕 据王国维：《观堂集林·鬼方昆夷玁狁考》，中华书局，1984 年，第 588 页。
〔2〕 据王国维：《观堂集林·鬼方昆夷玁狁考》，中华书局，1984 年，第 583 页。

《礼记·文王世子》载:“西方有九国焉。”《史记·殷本纪》以西伯昌、九侯、鄂侯为三公。《礼记·明堂位》载:“脯鬼侯以享鄂侯。”《正义》曰:“鬼侯,《周本纪》作九侯。”[1]《列子》称相马者九方皋,九方当即鬼方,以国为氏。[2] 古籍中又有一鬼鸟,称为“鬼车”,即“九头鸟”。鬼、九古可通。

鬼字,甲骨文、金文作 、 ,《说文》:“鬼,人所归为鬼,从儿,甶象鬼头,从厶,鬼阴气贼害,故从厶。”但从甲骨文看,鬼为或立或跑及头部戴田形之人的侧面形象。《甲骨文简明词典》说:“鬼,从人,疑整体象形,上部所从不明。但不从厶,甲骨文多用作方国之名。”[3]因此,许慎说的甶“象鬼头”,即是解开鬼字之意的关键。但鬼是不存在的,甶当为原始人戴的图腾面具。据康殷研究,古文鬼、黑、翼等字,都是表现殷周人的假面舞的形象。[4] 翼本作 ,过去释魌, 即是假面,即所谓魌头。翼为人戴图腾面具的正面形象,鬼则为侧面形象,因为图腾面具多以黑涂画之,故又有黑字。今贵州等地仍存在的傩戏面具,即是古代鬼方戴图腾面具而举行巫术仪式的活化石。从鬼方之人最初以自己戴图腾面具为国名、族名来看,鬼字本不应带有丑意,而与羌人戴羊冠饰的意义应该是相仿的,它可以促进部落的生命力,故而是美的。但在与华夏人的争斗中鬼方被“克之”,成功者为王,失败者为贼。羌人以后成为华夏族的一部分,故他们便以同化图腾神的形象作为美,而把鬼方人同化其图腾神的形象视为丑,因而其面具便成了鬼头,使华夏人望而生畏。“三年克之”经历的艰难困苦的战斗,使华夏人终不忘鬼方图腾祖先的作祟,便以鬼方的国名、族名称谓那些害人的精怪为鬼。精怪作祟,对人有害,故称其为丑恶,形象怪异又称为丑怪。所以古代志怪之书,又多称为志异。鬼金文中又从戈,并且是鬼方的特定鬼字,可见鬼方之人的确是个好战的民族部落。可想象鬼方之人戴着“黄金四目”的魌头、操着兵戈入侵华夏之地时的情景,真是可畏之甚。

---

〔1〕 吕思勉:《中国民族史·鬼方考》,中国大百科全书出版社,1987年,第221—223页。
〔2〕 萧兵:《魌堆·鬼车·九头鸟》,载《楚辞新探》,天津古籍出版社,1988年,第543页。
〔3〕 赵诚:《甲骨文简明词典——卜辞分类读本》,中华书局,1988年,第140页。
〔4〕 参见康殷:《古文字形发微·释鬼、黑、翼》,北京出版社,1990年。

图 2-48　汉画像中的伏羲女娲图像(东汉,安徽萧县出土)
(原石现藏萧县博物馆)

因为在图腾观念中含有图腾精灵的内涵,以后便演化为鬼的信仰,到祖先崇拜盛行之时,也就是鬼魂信仰之时,人们把死亡之后的灵魂称为鬼神。《说文》曰:“人归为鬼。”《礼记·祭法》曰:“大凡生于天地之间者皆曰命。其万物死皆曰折。人死曰鬼。”古人相信鬼神有超自然的能力,并对人的行为进行监视和赏罚,所以古人多崇拜之。他们相信逝去的祖先神就生活在氏族中,古人在赏罚之前,必祭祀、祷告。由于社会上对立的冲突,有敌意者的灵魂就被视为了恶鬼,人们也要通过宗教活动来加以防范,于是人们便幻想出各种鬼怪、丑怪。从审美的角度看,与善神的沟通以获得保护,就是美的;恶神出来作怪,危害人类的利益和生存,就是丑的。

因此,美与丑的观念都是从图腾崇拜中发展出来的,图腾意识使人类美丑的观念不断精细化,渐渐成了人类审美的两大范畴。美与丑的互动效应,指向了一个超现实的神秘的领域。正是在那一个原始人感到有着无限深渊般力量的神秘领域内，美与丑合二而一，又一分为二。比如说图腾文身或黥面，当原始人那笨钝的燧石刀切开即将成丁的男人或女人的皮肤时，伴随着的是一种对图腾的神圣性带来的崇高感的喜悦和振奋，同时又是毁形的血的残酷，是痛苦和怪异。因其痛苦，才激发了人的坚强；因其怪异，才有符咒的效力。人们企求的是借助图腾神灵的神力来驱除灾祸，或威吓敌对势力。这在现代人看来是有些怪诞，但原始人正是用一种亦美亦丑的怪诞，来沟通图腾神力，以保证自己的生命力。

三、 青铜时代的丑怪

夏铸九鼎虽然是传说中的故事，有关夏与中国文明的起源的问题都在讨论争辩中，但从考古材料和古文献中，也透露出夏朝时的审美观。那是一个怪物纷呈、令人恐怖的时代。

根据考古资料，中国古代青铜器上的装饰纹样，始于二里头文化期，一些学者指出二里头文化应属于夏文化。二里头发现的两件兵器，其中有一戈装饰有变形的动物纹。如果从二里头发现的陶器上有龙及兽面纹，玉器上饰多叠层的兽面纹来看，当时青铜器上装饰一些怪兽也是很正常的。以后，这一兽面纹就成了中国青铜器装饰的主体。实际上，这种怪异的兽面纹还可以追溯到山东龙山文化的陶器和玉器上。这种兽面纹的特点是兽面的双目均有一个圆圈为中点，旁边围以多条抛物线与眉部相连，成为两圈似蚌壳形的目眶，但两个兽面的构图不同，一个有冠，一个没有冠，在玉器上表现为两个有蚌壳状面颊的怪人头。〔1〕

青铜器上的兽面纹及其他怪异的形象，其渊源可以追溯到荒古的图腾时代，且不止一种文化保存了它的迹象。对这些怪异图纹的说法，在青铜时代就已经产生了，这正是我们分析青铜器中怪异的第一手资料。

青铜器的图像引起我们的讨论，是那个时代技术与艺术结合的结果。青铜器因为材料的原因才流传下来进入我们的视野。考古材料证明，在汉以

---

〔1〕 马承源主编：《中国青铜器》，上海古籍出版社，1988 年，第 317 页。

前，除了青铜器以外，图像还出现在其他一些材料制造的器物上，如玉石雕刻、骨器纹样、象牙雕刻、石雕、织绣及漆画等。甚至可以想象出当时大量的木器上的绘画与刻画纹样，只因木器不易保存，所以流传下来很少。

（一）“铸鼎象物”的审美观

中国文化中不少怪异的图像可以追溯到神话巫术的时代，当时这些图像或抽象符号就已存在着原型的意义了。

“铸鼎象物”的审美观，已被文化学者和美学研究者从历史档案中挖掘出来，得到理论的阐释（见图 3-1）。哈佛大学人类学系张光直教授曾对中国三代（夏、商、周）器物上的图像资料进行研究，以此来阐释中国古代文明的特征。他认为“中国古代文明是所谓萨满式（Shamanistic，即巫觋式）的文明”，在这个文明中，文字和艺术都成为宗教的附属品，成为天人沟通的工具。按萨满式的文化，世界被分为天与地、人与神、生与死。上天和祖先是知识和权

图 3-1　铸鼎象物图

力的源泉，天地之间的沟通必须以特定的人物和工具为中介，这就是巫与巫术。统治者只要掌握了文艺和艺术品，就占有了与上天和祖先交通的权利，也就取得了话语权，话语权就是政治权力的表现。中国古代的图像艺术，只有在这个大的结构模式中才能得到合理的解释。

文字的宗教功能，已被发掘出的商周卜辞所证明。在传说中，当仓颉作书时曾引起“天雨粟，鬼夜哭”。文字确实可以保存统治人类世界的秘密，因此才变得如此神圣。关于图像的这种功能就值得深入探讨了。张光直认为，商周青铜器上的动物纹样，绝不是毫无意义的纯粹装饰，而是沟通天地的必备之物。[1] 传说中有夏铸九鼎之说，九鼎就成为国家权力的象征。所以周大夫王孙满对企图问鼎中原的楚人说：“鼎之轻重，未可问也！”（《左传·宣公三年》）汉画像中有“泗水捞鼎”的图像，反映了这种观念（见图 3-2）。《史记·秦始皇本纪》说：“始皇还过彭城，斋戒祷祠，欲出周鼎泗水，使千人没水求之，弗得。”《水经注·泗水注》：“周显王四十二年，九鼎沦没泗渊。秦始皇时，而鼎见于斯水。始皇自以德合三代，大喜，使数千人没水求之不得。所谓鼎伏也。亦云，系而行之，未出，龙啮断其系……”秦始皇泗水捞鼎，隐含着一个权力转移的象征观念。《墨子·耕柱》篇说：“九鼎既成，迁于三国。夏后氏

图 3-2 “泗水捞鼎”汉画像石（东汉晚期，1990 年山东邹城郭里乡高李村出土）
（见《中国画像石全集 2》）

---

[1] [美]张光直：《商周青铜器上的动物纹样》，载《考古与文物》，1981 年第 2 期；《中国青铜时代》，生活·读书·新知三联书店，1983 年，第 313 页；《美术、神话与祭祀》，辽宁教育出版社，1988 年，第 43 页。

失之，殷人受之；殷人失之，周人受之。”“问鼎”也就成了后世夺取国家权力的象征。

青铜器纹饰象征功能的档案资料，我们可以追溯到《左传》宣公三年（公元前606年）的记载，这一年楚庄王伐陆浑的军队到了雒，在周的疆域检阅军队，炫耀武力。周定王使王孙满慰劳楚庄王，庄王向他询问鼎之大小轻重。王孙满说：

> 在德不在鼎。昔夏之方有德也，远方图物，贡金九牧，铸鼎象物，百物而为之备，使民知神奸。故民入川泽、山林，不逢不若，魑魅罔两，莫能逢之。用能协于上下，以承天休。[1]

这段话也许带有周人的观点，但在一定程度上反映了青铜时代铸神怪图像于鼎，以发挥其文化象征功能的审美特征。可以推测，夏王朝已经建立了比较发达的中央集权，他们运用源于图腾社会的神话思维方式来进行统治，于是叫所辖的九州各氏族方国把他们所信仰的神怪描绘下来，分别把其图画或铸造在鼎器上，借以观览，使人们知道什么是助人的神，什么是害人的怪，如魑魅魍魉之类。由此便能与天地相沟通，使人承受天的福祉。[2]

其中的“远方图物”值得研究。我们知道，在没有文字以前，人类有过图物的阶段，中国文字本来就源于图画。我们在中国原始彩陶艺术的图案中，可以看到这种“图物”的表现。中国的彩陶图纹，是中国新石器时代初民审美意识形态的形象表征。那个时代的巫术信仰、图腾崇拜与神话传说，都以一种抽象纹饰和符号的方式表达出来。我曾企图把仰韶文化彩陶中的“人面鱼纹”与鲧禹治水的神话联系起来，把马家窑、柳湾、姜寨等地彩陶中的蛙纹与女娲的神话传说联系起来，把东部沿海地区的鸟形器造型及纹饰与东夷部落的鸟图腾崇拜联系起来考察，希望能确定彩陶纹的内涵。

---

〔1〕《十三经注疏（整理本）·春秋左传正义》，北京大学出版社，2000年，第693—694页。
〔2〕朱存明：《灵感思维与原始文化》，学林出版社，1995年，第204—205页。

近年关于彩陶象征文化的揭秘引起了学术界的进一步重视，发表了一些成果。[1] 但从图像志与图像学的角度，对彩陶象征符号的进一步阐释还需要加强。实际上，我们对人类史前史的研究，因为没有文字记载，唯一有效的方式就是对当时的器物与图像进行阐释。这种阐释当然要根据文字材料，但文字记载和图像表现是有极大不同的。彩陶的一些图像，有的发展为商周的“族徽文字”，有的已经含有文字的意义。于省吾、唐兰、裘锡圭、高明、李学勤等诸名家都论及彩陶与玉石器上的图像符号已是“图画文字”了。[2] 据传中国古代的典籍《山海经》成书于夏代，却是根据《山海图》所做的文字说明部分。于是我们可以推论夏统一后，曾有一种以山、水的自然划分为祭祀和纳贡系统的政治制度，让各氏族方国以图绘的形式把各自的神灵信仰上报中央。夏的统治者则铸九鼎，以象征九州，各鼎上当有各方国神灵的图像。

黑格尔在他的《美学》中，就把人类最早的艺术看成是象征型的。从表现形式上讲，中国彩陶纹样和青铜纹饰也是象征型的。虽然汉代文字已经发达，人们的许多观念可以用文字传达，但文字的普及并不能代替图像的表现。图像比起文字来，更加原始，更加接近人生命的本质，表现的是人智慧的原发过程。基于视觉的图像和基于语言的文字是两个系统，各有不同的功能，发挥着不同的作用。如沂南汉画像石中的物像就把语言无法描述清楚的神怪通过图像呈现出来了。从文化象征的角度看，那些虚拟的动物，如龙、凤、饕餮等，必然是象征性的，虽然有时我们不好确定其象征的内涵究竟是什么，但却可以确定其是象征性的。那些几何纹样，比起具象的动物就更难理解，纹样是图案和符号，对其能指与所指的理解，都是一个尚待开发的领域，但有一点是可以肯定的，愈是图案的、符号的，就愈是象征性的。那些现实中存在的

---

〔1〕 2000 年，上海文化出版社出版了由李学勤序、林少雄主编的“中国彩陶文化解密丛书”一套四本：1. 林少雄：《人文晨曦：中国彩陶的文化读解》；2. 程金城：《远古神韵：中国彩陶艺术论纲》；3. 户晓辉：《地母之歌：中国彩陶与岩画的生死母题》；4. 蒋书庆：《破译天书：远古彩陶花纹揭秘》。

〔2〕 见《论新出大汶口文化陶器符号》载《李学勤集——追溯・考据・古文明》，黑龙江教育出版社，1989 年。李学勤：《余杭安溪玉璧与有关符号的分析》，见《比较考古学随笔》，广西师范大学出版社，1997 年，第 157 页。

动物，一旦被作为一种抽象符号或图纹装饰到青铜器上，恐怕也就不仅指代动物本身，而且指代其象征的内涵。因为这些动物或被作为图腾神，或被作为通神的工具而存在。如龙、凤肯定是汉族早期文化的图腾物。[1] 再如羊，在古代也是作为羌人的图腾物而被崇拜的。中国人美的观念、善的观念以及吉祥的观念，都与羊神崇拜有关，汉画中保留着这种观念。在汉字中，凡与羊有关的字，都与美善有一定的联系，便构成了汉民族审美观念的另一原型。汉画像中普遍存在的龙、凤、麟、龟等奇禽异兽的象征文化的内涵，是汉民族文化在长期历史发展过程中的产物。古代的氏族部落可以灭亡，古代的国家政权可以衰落，古代的朝代可以更迭，但许多民族深层的象征文化的原型则是不变的。它正是一个民族文化存在的基础。一个民族文化的象征基础的变化是极缓慢的，一旦民族象征传统进入"集体无意识"领域，它就成了民族精神的结构形式。

图3-3　沂南汉墓中室八角柱　神怪

图3-4　玉蟠龙饰（战国早期，1978年湖北随州擂鼓墩曾侯乙墓出土）

（湖北省博物馆藏，选自《中国玉器全集》）

〔1〕请参考以下著作：王大有：《龙凤文化源流》，北京工艺美术出版社，1987年；刘志雄、杨静荣：《龙与中国文化》，人民出版社，1992年；王维堤：《龙凤文化》，上海古籍出版社，2000年。

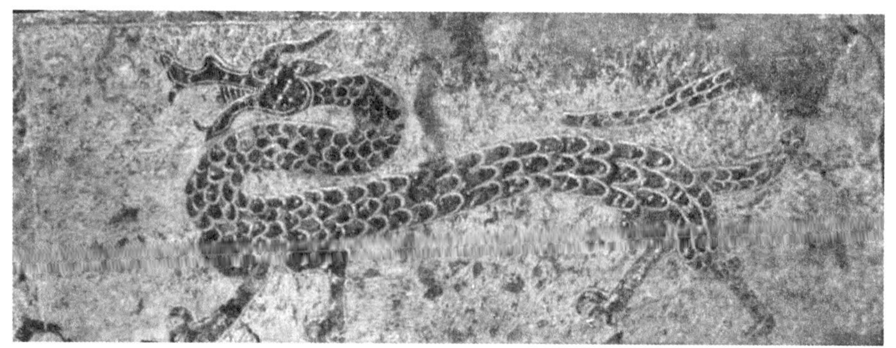

图3-5　汉画像石中的龙图像(东汉)
(徐州汉画像石艺术馆藏,作者摄)

图3-6　汉画像石中的翼兽图像(圆雕,汉代)
(作者摄)

图3-7　汉画像石中的羊图像(东汉)
(徐州汉画像石艺术馆藏,作者摄)

1. “百物”与“神怪”

“远方图物”“铸鼎象物”中的“物”指什么,学术界有不同的看法。有人认为,“物”指物象,“泛指人类通过感官可以感知的一切种类的客观实体”,因此“象物”就是模拟物象铸之于鼎。张光直认为,它不能解释为“物品”,而应作“牺牲之物”或“助巫觋通天地之动物”解。这个解释是建立在两点事实之上:一是我们所见的古代彝器上“全是动物”而没有“物品”;其二,“铸鼎象物”的目的是“协于上下,以承天休”,青铜器上的动物纹样正有助于这个目的。国内的研究者一般认为九鼎所象之“物”,“当然包括自然的物象,或说来源于客观物象,但就其刻画、铸造的形象看,是属于人心营构的虚像”[1]。敏泽认为“‘象物’者,并非简单地模拟客观自然存在之物……而是包含着超现实物质存在的幻想之物在内的,例如上帝、鬼、神,以至夔龙、饕餮等等”[2]。饶宗颐认为,图铸象物,谓“诸谲诡异状者通曰物”,此“物”即畏兽是矣。此类动物,若螭龙、饕餮之类,均是畏兽、天狩。[3]《周礼》一书中,保留了一些“物”字的早期用法,主要指的是画于旗帜类礼器上的物象徽号。《周礼·春官·司常》曰:

> 掌九旗之物名,各有属,以待国事。日月为常,交龙为旂,通帛为旜,杂帛为物,熊虎为旗,鸟隼为旟,龟蛇为旐,全羽为旞,析羽为旌。及国之大阅,赞司马,颁旗物:王建大常,诸侯建旂,孤卿建旜,大夫、士建物,师都建旗,州里建旟,县鄙建旐,道车载旞,斿

图3-8　桥钮四螭龙镜(春秋)

---

〔1〕王兴华编:《中国美学论稿》,南开大学出版社,1993年,第21页。
〔2〕敏泽:《中国美学思想史》第一卷,齐鲁书社,1987年,第32页。
〔3〕饶宗颐:《澄心论萃》,上海文艺出版社,1996年,第266页。

车载旌。皆画其象焉，官府各象其事，州里各象其名，家各象其号。凡祭祀，各建其旗，会同、宾客，亦如之。〔1〕

另外《山海经》《诗经》《仪礼》等古籍中，也多保留“物”字的古义，此不一一引证。

“百物”既然指古代人意象中的魑魅魍魉等“畏兽”，并要把这些神怪以“图物”的形式铸在鼎器等器物上，由于神怪只是人信仰的产物，是人心造的幻觉，是隐秘而不可见的，便只有用象征的形式才可以呈现。这就是为什么原始艺术必然是“象征型”的根源。

从文化人类学对原始人世界观的研究中我们知道，原始人信仰“万物有灵”。任何物品中都有灵的存在，因此远古人的意象中，就不存在纯粹的毫无灵性的“物质”。纯粹“物”的概念是科学产生后逐渐发生的。当西方自然科学的发达使自然逐渐“祛魅”以后，纯粹的“物”的概念才得以普及。按文化人类学的这种看法，“百物”就不是指“天地万物”，而是指“百物之神”。《国语·楚语下》：“明王圣人制议百物以辅相国家。”《郑语》云：“伯夷能礼于神，以佐尧者也；伯益能议百物，以佐舜者也，其后皆不失祀，未有兴者。”《周礼·春官·大宗伯》有“祭四方百物”，同书《地官·鼓人》：“凡祭祀百物之神，鼓‘兵舞’‘帗舞’者。”因此，百物便不是指“物品”，而是指百物之精，即怪物、精物、神物、灵物等。章炳麟《太炎文录·说物》云：“诸谲诡异状者通曰物：‘夏之方有德也，铸鼎象物。’物者，罔两螭魅。《春官》以神仕者，致地示物魅；太史公曰‘学者多言无鬼神，然言有物’是也。”〔2〕

容庚先生在《商周彝器通考》中，研究了这种青铜礼器的造型和装饰。他所列的动物纹有：

饕餮纹、蕉叶饕餮纹、夔纹、两头夔纹、三角夔纹、两尾龙纹、蟠龙纹、

〔1〕（清）孙诒让：《周礼正义》第八册，中华书局，1987年，第2200—2222页。
〔2〕《章太炎全集·太炎文录初编》，上海人民出版社，2014年，第31页。

龙纹、虬纹、犀纹、鸮纹、兔纹、蝉纹、蚕纹、龟纹、鱼纹、鸟纹、凤纹、象纹、鹿纹、蟠夔纹、仰叶夔纹、蛙藻纹等等。[1]

安阳殷墟出土铜器中常见的动物纹样未被容氏列出的还有牛、羊、虎、熊、马和猪。[2] 这些动物可以分为两类：一是自然界存在的动物，如犀、鸮、兔、蚕、蝉、龟、鱼、鸟、象、鹿、蛙、牛、羊、熊、马和猪等；一是自然界中根本没有的，但从文献中可以找到的神灵指称，如饕餮、夔、龙、虬。除了动物纹外，还有几何纹样，如云雷纹、织物纹、乳丁纹、直线纹、圆圈纹、环带纹（盘云纹）、窃曲纹、瓦纹、重环纹、鳞纹……[3]

春秋战国时，“历史的轴心期”[4]来临。中国人的思想观念经历了一场奇迹般的变化。殷商的神权统治，渐被周人的礼法观念所代替。诸子百家兴起，思想空前活跃，人的观念觉醒。“铸鼎象物”的“物象”也随之变化。主要表现为各种怪兽的图形相对减少，狰狞恐怖的色彩冲淡，直至最后人物逐渐占主导地位。马承源说：“人物画像是用写实的手法描绘出当时贵族的社会生活和勇猛作战的场面，这类纹饰在青铜器上出现较晚，已经初步摆脱了规律化的对称图案，而是用流畅的线条，结合绘画和雕刻手法，描绘出各种动景。如宴乐、弋射、采桑、狩猎等活动，还有徒兵搏斗、攻城、水战等战争场面。这些用绘画形式表现的画像，是以后绘画艺术的先驱。”[5]但我们仔细研究了战国时期的青铜器人物画像后发

图 3-9　青铜器上的“狩猎纹”

〔1〕 容庚：《商周彝器通考》，载《燕京学报专刊》，第 17 期。
〔2〕 马承源主编：《中国青铜器》，上海古籍出版社，1988 年，第 327 页。
〔3〕 王家树：《中国工艺美术史》，文化艺术出版社，1994 年，第 66 页。
〔4〕 [德]雅斯贝斯：《历史的起源与目标》，华夏出版社，1989 年，第 7 页。
〔5〕 马承源主编：《中国青铜器》，上海古籍出版社，1988 年，第 336 页。

现，除了马先生所提到的上述日常生活的图纹外，还有许多祭礼仪式的宗教图像、狩猎图像，也许是为了向祖先神献祭，所以不能排除含有人物画像的图像场面的宗教象征意义。如河南辉县出土的战国刻纹铜奁上的“狩猎纹”、河南辉县琉璃阁出土的战国铜壶上的纹饰、河南辉县赵固村出土的战国刻纹铜鉴的“燕乐狩猎纹”、山西长治分水岭出土的战国刻纹铜匜上的祭祀图纹等。[1] 江苏淮阴高庄战国墓出土的青铜礼器上的装饰纹，其中有许多巫师弄蛇的图案，[2]显然与巫师的宗教仪式有关。[3]《左传》说：“国之大事，在祀与戎。”青铜图饰，很形象地表现了这种观念。

我们把这些战国时期的青铜刻画纹与汉画像进行比较，就会惊喜地发

图 3－10　狩猎比武图（安徽宿州出土）
（作者收藏拓片）

图 3－11　胡汉战争图（山东苍山向城镇前姚村出土汉画像拓片）

---

〔1〕 吴山编：《中国历代装饰纹样 2》，人民美术出版社，1988 年，第 34、40、46、52 页。
〔2〕 淮阴博物馆：《淮阴高庄战国墓》，《考古学报》，1988 年第 2 期。
〔3〕 吴荣曾：《先秦两汉史研究・战国汉代的操蛇神怪及有关神话迷信的变异》，中华书局，1995 年，第 347—361 页。

图 3-12　车马出行图(东汉,局部,山东苍山出土)
(作者摄于苍山文化馆院内)

现其相同之处。从内容上看,都有人的生活描绘,如狩猎图、车马图、攻战图、祭祀图等。从手法上来看,都是刻画在器物的表面,或为阴线刻,或为阴刻、阳刻。要知道青铜器的制作要有陶范,在不同的区域,会刻画上不同内容的图像。

从图像整体上看,含有一种宇宙象征主义的观念。愈往上,愈接近天、神、仙的观念,一些天象、奇异的神物、带羽翼的奇禽异兽都在图像的上部。愈往下,愈接近大地、人世、鬼神的观念,世俗的图像就多一些。图像的上下排列,是宇宙的象征。我们有理由推测,刻有图像的青铜器,大都不是实用之物,而是宗庙礼器,其图像的象征功能是明显的。

众所周知,"鼎"是象征权力的,然而鼎是陈设于庙内的。《春秋》桓公二年:"夏四月,取郜大鼎于宋。戊申,纳于大庙。"可见鼎不过是庙中之物,从根本上讲,宫庙才是权力的标志。宫庙的造型与图画,也往往有象征的意义。在商代,地上的建筑,甚至地下的墓室,往往是宇宙的象征。[1] 古代关于"明

〔1〕[美]艾兰:《龟之谜——商代神话、祭祀、艺术和宇宙观研究》第四章,四川人民出版社,1992 年。

堂”的设置即如此。“铸鼎象物,使民知神奸这一思想,后来逐步发展为起教化训诫作用的壁画。”〔1〕

江绍原认为百物是指百物之精——魅,“百物”“万物”又名“精物”“鬼物”。《汉书·艺文志》“杂占家”有《人鬼精物六畜变怪》二十一卷,又有《执不祥劾鬼物》八卷。《汉书·郊祀志》:“高祖初起,杀大蛇。有物曰:‘蛇,白帝子,而杀者赤帝子也。’”颜师古曰:“物,谓鬼神也。”〔2〕可见汉时物仍可指精怪之类。

因物可指神鬼之精,故神怪又可称神物、怪物、鬼物。《礼记·祭法》曰:“山林川谷丘陵,能出云,为风雨,见怪物,皆曰神。”郑注:“怪物,云气非常见者也。”这没有得确解,要得确解须参看《山海经》。《论衡》卷二十二《订鬼篇》:“一曰鬼者,老物之精也。”因此鬼又称“鬼物”。

魑魅魍魉大约就是“百物”中的几种怪物。杜预注《左传》把魑魅看作两种怪物。魑古又作螭,杜说:“‘螭’,山神,兽形;‘魅’,怪物;‘罔两’,水神。”同书文公十八年还有:“螭魅,山林异气所生,为人害者。”服注也以为二物:“螭,山神兽;魅,怪物;魍魉,木石之怪。”“螭,山神,兽形,或曰如虎而啖虎;或曰魅,人面兽身而四足,好惑人,山林异气所生,为人害。”《周礼·周官·春官》分别释为“天神、地示、人鬼、物魅”。

魅在古代典籍中常与魑合称为“魑魅”。魑又作螭、离。《说文》:“离,山神。兽形。从禽头……离,猛兽也。”《说文》:“‘螭’若龙而黄,北方谓之地蝼……或云无角曰螭。”螭古读若罗,若蚩,它常与蛟并称为“蛟螭”。司马相如《上林赋》:“蛟龙赤螭。”《吕氏春秋·举难》高诱注:“螭,龙之别名也。”螭又成了水神。何新认为,从螭又读蚩来看:“古代关于蚩尤、貙豸的神话,其实都是与‘螭龙’的传说联系在一起的。”它的实质是扬子鳄的别名。〔3〕我认为螭与蚩尤神话有关,未必就是指扬子鳄。

从魑魅又从鬼来看,这两个字指物的精灵是正确的,但指的是什么精灵

〔1〕王兴华编:《中国美学论稿》,南开大学出版社,1993年,第21页。
〔2〕参见江绍原:《中国古代旅行之研究》,商务印书馆,1935年,第8页注3。
〔3〕何新:《龙:神话与真相》,上海人民出版社,1989年,第58页。

呢？那就是我们上文分析的，类似鬼方的图腾祖先像之精灵。这些部落被打败了，人们担心他们的图腾祖灵作祟，在山里或水里作怪，故铸之于鼎以叫人们去辨认。章太炎在《文始》中谈到鬼时说：

> 《说文》，甶，鬼头也，象形。《唐韵》作敷勿切，声与魅近。魅，老精物也。然禺及虞中猛兽头悉作甶，疑本兽头之通名……鬼疑亦是怪兽。甶声入喉，即孳乳为鬼，鬼夔同音，当本一物，夔即魖也（古怪兽与人鬼不甚分别，故离魅蝄蜽，则鬼神禽兽通言之矣……）……鬼又孳乳为畏，恶也，鬼头而虎爪，可畏也。为傀，伟也。变异为怪，异也。[1]（见图3-13）

图3-13 夔

（明·胡文焕图本，选自《古本山海经图说》）

章氏此说分析了从鬼到怪异的孳乳过程，是很正确的，特别是他指出鬼的本义是一种怪兽，但由于他没有现代人类学的知识，故不知鬼乃是从图腾祖先崇拜的精灵信仰中转化而来。

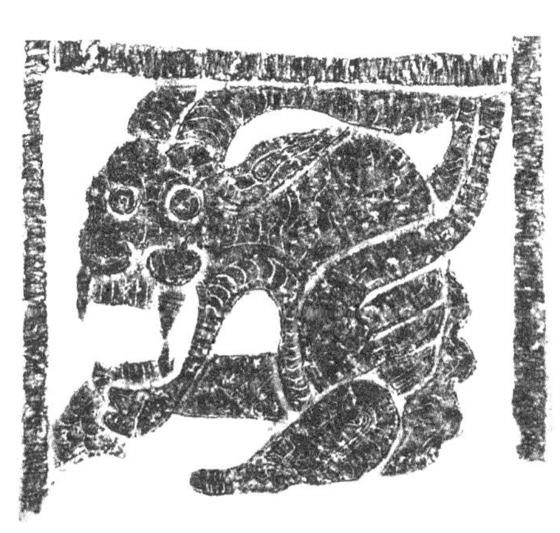

图3-14 羵羊（画像石，东汉）

（原石藏徐州汉画像石艺术馆）

"罔两"一词，在古籍中也说法不一，或指山精，有人则认为就是夔。除了上列《左传》中的"故民入山林川泽，不逢不若，魑魅罔两，莫能逢之"外，《国语·鲁语下》孔子语曰："木石之怪曰夔、罔两，水之怪曰龙、罔象，土之怪曰羵羊。"韦昭注曰："木石，谓山也。或云夔一足……罔两，山精，效人声而迷惑人者也。"贾逵注又不同："罔两、罔

〔1〕《章太炎全集·文始》，上海人民出版社，2014年，第224—225页。

象，言有夔龙之形而无实体。”《史记·孔子世家》首句作：“木石之怪夔、罔阆。”《索引》曰：“《家语》作蝄蜽。”《说文》曰：“蝄蜽，山川之精物也。淮南王说：‘蝄蜽，状如三岁小儿，赤黑色，赤目长耳，美发。’”《庄子》内外各篇中也有“罔两”“罔象”。《齐物论》曰：“罔两问景(影)。”《达生篇》曰：“水有罔象。”《淮南子》也有：“水生罔象。”高诱注：“水之精也。”

江绍原说：“诸说无论怎样相歧，有一点却无疑问：汉和汉前的人相信山林川泽、木石水土，有种种兽形、半人半兽形、小人形或全人形的‘精’，这些精为一般人的骇怪祸患之原，然至人能役使之。”此说甚确。他又认为，诸精之名，起于何地，何所取义，原指何种形状与何物之精，哪些是一名之变，哪些由专门变为类名，哪些被人误用，只有用文字声韵之学、古物图饰之学和民间俗信之学进行研究，才有可能得到确定的解答。[1]

经过江绍原用功甚勤的考证，他得出了一个结论：

“魍魉”“罔象”“彷徨”(三名各有不止一个写法)有时确是兽形或者人形的精灵之名；

“魍魉”“罔象”“羵羊”“彷徨”(各有其他写法)又是一些形状古怪而且不常见的动物之名；然这些动物似乎只是幻想的存在物，故此条实已包含在上条之中；

“罔两”“方皇”，又是人影之名；

“方相”确是一个戴了“鬼脸”而像鬼的人官之名；

“罔两”“罔象”“罔养”“彷徨”(也各有其他写法)又是人们精神恍惚不知所措(俗谓之“失魂落魄”)之状词。

古人自以为出行不论远近，随时随处有为超自然物所乘之可能。这些超自然物，或在山林川泽，或在木石水火，或在道途丘墓，或在馆舍庙堂。他们大抵不出自然精灵与人鬼两大类；其中较大较有力者，有时被称为“神”。他们的能力和活动区域并不一般大。他们所要求于行人的

---

〔1〕参见江绍原：《中国古代旅行之研究》，商务印书馆，1935年，第9页注4。

也不完全同。人鬼有时幻成畜类的形貌，禽兽也能幻为男女老少的人形。然精鬼始终是兽形、异兽形、半人半兽形，或小人形的，也不在少数。他们来时或发出一种特殊的叫声、响声、哭声，或有异光，或起一阵风，或竟带来狂飙疾雨。食人、扑人、以物射人者而外，另一些善于使人目眩神移，失足迷路，梦魇遗精；或仗其特别可怕的形状，令行人一见而毛骨悚然，魂不附体；或竟化为美女少妇丈夫老人官长，以近行人之身而售其奸。魂鬼外尚有尸鬼，精灵外尚有自身便是活的和有意志的自然物（岩石、大树……）……又有些所谓鬼、神，或“怪”，虽然是或被想象为实质的生物动物，有“罔两”“罔象”等类名所具之意义（恍惚窈冥）以及物精人魂两者皆得名“鬼”或“神”之另一事实，却能令我们知道自然精灵和人鬼往往只是非物质或至少近于非物质的。[1]

这个看法，虽然没揭示“罔两”是怎样起源的，但对先秦至汉以后的鬼神信仰的影响，则叙其大概。

根据现代人类学的看法，这种魑魅魍魉的迷信，应起源于人的“万物有灵观”中的精灵信仰，随着社会的发展，那些自然灾害、被打败的部落氏族的祭祀神，都可能成为神怪。夏铸九鼎就是把这些“百物”的形象铸刻在鼎上，以发挥它的社会效用。从现在存世的青铜装饰看，果然是百怪皆有。

（二）怪物饕餮源流

在青铜器所铸的“百物”中，以饕餮一物最为出名。考之文物和文献，饕餮直如一巨大的怪物，在中国文化中时隐时现，它瞪着两眼，张着血盆大口，好像随时都会从黑暗深处出现，人们不知饕餮为何物，却处处感到它的存在。现代不少学者运用民族学、民俗学、神话学、语言学、宗教学、艺术学的各种手

〔1〕 参见江绍原：《中国古代旅行之研究》，商务印书馆，1935年，第98页、第75—76页。

图 3－15 饕餮食人卣
（现藏法国巴黎博物馆，选自《中国纹样全集·新石器时代和商、西周、春秋卷》）

法，企图解开饕餮之谜，但却歧见互存，意见相悖。饕餮无疑是一巨大的丑怪，但现代人却能从中感到一种“狞厉”的美。它是代表了怪神之丑恶，还是表现了善兽之祥瑞？（见图 3－15）

饕餮之名本于《吕氏春秋·先识览》：“周鼎著饕餮，有首无身，食人未咽，害及其身，以言报更也。”宋人将青铜器上表现兽的头部或以兽的头部为主的纹饰都称饕餮纹。它表现的是各种各样动物或幻想中的怪物头部的正视图案。

宋以后，对青铜器上兽面纹用饕餮来命名的情况连绵不断，影响至今。现在认为，饕餮是一种兽的正面形象，有些两侧各有一身，有曲有直，也有的无身而有腿。可归纳为五种类型：

第一类，有廓具象型。它的头面、身尾等所有部分均有明确的轮廓，有单层的，纹、地与器表相平；有复层的，形象部分浮出器表一定高度，呈阶台状，并在嘴边、角尖等处作不同的翘曲。多数以器物扉棱作为鼻梁，两眼球再作一层半球状凸起。（见图 3－16－1）

第二类，无廓分解型。这类没有整体轮廓，各局部器官按应在位置散列，并浮出器面呈弧面凸起，空地部分填满云雷纹，其他与前者接近。这一类多无身。这种形式可能是受当时骨牙器、漆木器镶嵌工艺的影响。（见图 3－16－2）

以上两类乃是代表殷墟青铜器主要特征的复层纹饰（又称“三叠层”饰纹或“三层花”），它们多处于器物较宽阔而显眼的位置，构成装饰的主纹。

第三类，细线云雷纹型。中心以一条竖棱或器物的扉棱、把手为鼻，两眼作半球状凸起，有的勾出眼睑轮廓，有的只具有眼球。其他地方均为细线云雷纹，靠云雷纹的大小和形状的不同，隐现出脸、身体等各部分的轮廓。（见图 3－16－3）

1

2

3

图 3 - 16　饕餮纹

第四类,宽线云纹型。除两个圆角方形眼明确外,其他部分均为云纹,整体形象接近几何化,较抽象。其云纹形状以两条较长的线将身体分成上、中、下三等分,形成上、中、下三排云钩,上排左右各两个表现角,下排各三个,靠近中间的一个表现鼻,靠外的各两个表现嘴,其他的不甚明显。

第五类,双体云纹型。中部头面处与第四类相似,身体部分向左右展开的两条粗线纹,上面的外端收拢成刀形,线段中间有云钩,下面的外端卷尾,线段中间有的为云钩,有的是腿和足,空地填细线云雷纹。

其中第三类可大可小,多饰于腹部,觚、爵使用较多。第四、五类多呈带状纹,饰于器物的颈、肩部。第五类还用于圈足。[1]

---

〔1〕 参见张孝光:《殷墟青铜器的装饰艺术》,载《殷墟青铜器》,考古学专刊乙种第二十四号,文物出版社,1985 年,第 108—110 页。

尽管一些研究者不同意用饕餮一名来称谓商周青铜器上的怪物颜面，而以兽面纹命名之。但我们认为这一名称既然已被约定俗成，便应继续沿用。许多美学家和艺术史家对饕餮的审美价值进行了研究。在欧洲、美国、日本等地，都有一些人类学家、文化工作者对饕餮的美感发表了自己的看法。

法兰西科学院院士雷奈·格鲁塞教授是一位博学多才的东方文化研究专家，他著有专门研究东方文化艺术的四卷本巨著《东方的文明》，其中第三册是《中国的文明》，在这本书中他对中国古铜器装饰题材中的"饕餮"进行了分析，他指出：

> 另一古典题材是"饕餮"。这是一个只有巨头而无显著身形的怪物，好似印度艺术中的"克尔提木卡"(Kirtimukha)，或哥伦布以前中美洲的某些怪物。在周代铜器表面上，我们将看到，遍布"饕餮"的各部器官——图钉般凸出的眼睛、中间突起鼻梁以及几何螺旋纹的双角——仿佛这怪物从器物中潜出，略现形踪，一瞥即逝。

他认为，"饕餮"的怪兽头在中国美术作品上广泛流行了逾20个世纪，它实际上就是由几何的"强有力线条表示的传统式的龙，露出吓人獠牙的大张着的龙口"。到了商周时代，这一"潜身匿迹于物体之中，仅许对其可怕的原型加以揣测或略得一瞥的怪物'饕餮'，即以此种形式存在下来"[1]。他认为不应到中国以外去寻找这种怪物的根源，它是中国天才的标记。正是商周时代，中国人的观念中存在着许许多多的精怪，人们生活在无处不在的威胁及潜伏暗藏的恐怖之中，人们在面对自己命运时处处遇到一种压倒一切的神秘力量，这一切靠艺术的方式表达出来了，这一表达的唯一目的，不是现实主义地再现真实的世界，而是去表现一个变动不定如浮云般的信仰世界。所以我们便看到"饕餮"有各种动物的器官，似乎有一种动物的模样，但那不是一个真正的野兽，因为它表现的只是那个时代经常萦绕在人心头的暗示，并使人

〔1〕［法］雷奈·格鲁塞：《中国的文明》，黄山书社，1991年，第12—13页。

心头的恐惧化为神物的形貌出现。

这种艺术的法则表现为：一方面以某些骇人的精怪暗示一种不可思议的观念，而又不肯赋予它们具体形象，致使消减其恐怖效果；另一方面则极力宣示天命的令人敬畏、王权的凶恶可怕，人在下面都被压倒碾碎，而同时这些权力又不充分暴露，使人能抵面相对。神秘及恐惧，两者即构成了这野蛮年代的全部灵感。

图3-17　青铜器中的饕餮图像
（作者摄于河南省博物馆）

苏联科学院东方学研究所高级研究员列·谢·瓦西里耶夫在其《中国文明的起源问题》一书中，也对商周装饰艺术中的动物和怪物，如鸟、蛇、龙、蝉、象、龟等进行研究，他认为，“在殷代浮雕中，作为主要图像起中心作用的，总是饕餮纹——一种双眼圆睁、大角丫杈的怪物，有时还带大嘴、大鼻和兽身（通常是龙）甚至人身”[1]。他认为饕餮应是殷人的至尊神上帝（殷人视为传说中的始祖）的画像。但他又认为，这种饕餮纹是古代中国人受到了埃及和苏美尔人同类图形影响的结果。他持中国文明西来说。

日本学者林巳奈夫有《所谓饕餮纹表现的是什么——根据同时代资料之

[1] [苏]列·谢·瓦西里耶夫：《中国文明的起源问题》，文物出版社，1989年，第325页。

论证》[1]一文，对饕餮纹的产生发展及在青铜器上的地位等，都进行了深入的研究。他也认为饕餮应是殷人的上帝的图像，而魑魅魍魉等乱神怪兽，都是饕餮的侍从或下臣。他对饕餮的分析极为精当，认为不应把所有兽面纹都视为饕餮，只有在兽面纹的兽头中上部饰有他称为“篦形饰”（见图3－18）的才是饕餮。他从龙山文化的鬼神像、良渚文化伴有前肢的鬼神面以及商代的玉饰等方面进行了论述。

图3－18　饕餮额上的篦形饰

在国内，不少美学家、艺术史家对饕餮的审美价值也进行了论述。李泽厚指出：“各种各样的饕餮纹样以及以它为主体的整个青铜器其他纹饰和造型，特征都在突出这种指向一种无限深渊的原始力量，突出在这种神秘威吓面前的畏怖、恐惧、残酷和凶狠……它们之所以具有威吓神秘的力量，不在于这些怪异动物形象本身有何威力，而在于以这些怪异形象为象征符号，指向

〔1〕 该文载樋口隆康主编：《中国考古学研究论文集》，东方书店，1990年，第135—199页。

了某种似乎是超世间的权威神力的观念。”[1]他正确地指出了饕餮图像可以使我们产生一种超世间的神力观念，饕餮的审美价值正是它可以把我们引向一种无限深渊的原始力量，它实际是一种原始祭祀礼仪的符号标记，呈现给现代人的是一种“神秘的威力和狞厉的美”。原始人无限的、原始的、还不能用概念语言来表达的原始宗教的情感、观念和理想，都被那些怪异形象的雄健线条、深沉凸出的铸造刻饰表现出来了。

著名青铜器研究专家马承源先生指出：“商和周初青铜器动物纹饰都是采取夸张而神秘的风格。即使是驯顺的牛、羊之类的图像，也多是塑造得狰狞可怕。这些动物纹饰巨睛凝视、阔口怒张，在静止状态中积聚着紧张的力，好像在一瞬间就会迸发出凶野的咆哮。在祭祀的烟火缭绕之中，这些青铜图像当然有助于造成一种严肃、静穆和神秘的气氛。奴隶主对此尚且做出一副恭恭敬敬的样子，当然更能以此来吓唬奴隶了。”[2]刘敦愿先生也认为：“进入青铜时代，商周奴隶主阶级的宗教与艺术，继承了史前时期的某些历史传统，加以利用改造之，为自己的神权统治服务，可能更附加了一些新的属性，情况虽然不详，估计无非是想说明‘聪明正直为神’，神也无所不在，监临下民，叫人恭敬严肃，小心畏惧，兽面纹之普遍见于鼎彝之类‘重器’之上，居于如此显著地位，反复出现，或者就是为了这个原因。”[3]

饕餮形象有一个由美到丑的转化过程。早在1979年，于民先生就著文对饕餮形象之审美特性进行了分析，他把饕餮作为正面的美的形象看待。在《春秋前审美观念的发展》一书中，他又进一步分析认为：“饕餮的基本特征是一个带角的综合性的兽头，并始终处于青铜器的显著位置，与其他纹饰结合在一起，整个给人以神秘敬畏的感觉。殷代青铜器上的这个饕餮形象，完全是一个正面的形象，而无‘周鼎著饕餮，有首无身，食人未咽，害及其身’的反面形象之感。”他认为饕餮是一定氏族图腾进一步演化的产物，它是由夔的形象演化而成，而夔是殷人的祖先神，是他们的古老的图腾；饕餮的狰狞，是殷

[1] 李泽厚：《美的历程》，文物出版社，1981年，第36—37页。
[2] 马承源主编：《中国古代青铜器》，上海人民出版社，1982年，第34—35页。
[3] 刘敦愿：《〈吕氏春秋〉“周鼎著饕餮”说质疑》，《考古与文物》，1982年第3期。

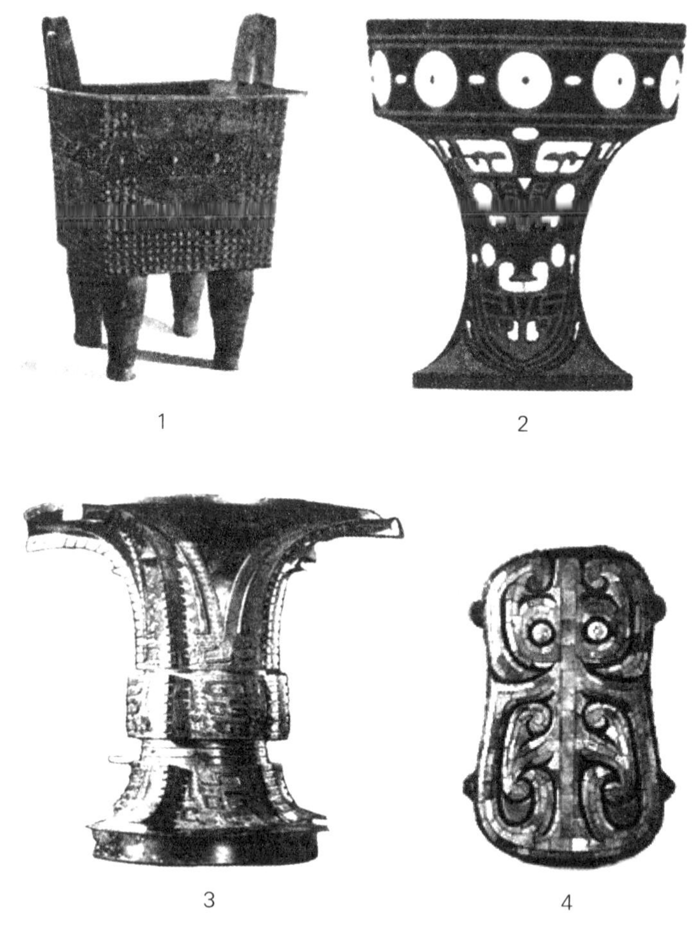

图 3-19　饕餮的各种类型

1. 商代饕餮、乳丁纹青铜方鼎
2. 西周饕餮纹漆豆复原图(蚌泡、蚌片镶嵌,北京房山琉璃河西周燕国墓地出土)
3. 商代饕餮、兽面、虎食人首纹司母戊大方鼎(河南安阳武官村北地陵墓东区出土)
4. 商代饕餮云纹铜牌饰(河南偃师二里头遗址出土)

代王权、神权发展的一定体现,是适应王权需要的结果。因而饕餮又是处在统治地位的奴隶主阶级的一种化身。到了西周的时代,饕餮的性质发生了转变,从西周的青铜器看,饕餮转入次要的地位,并变成了反面的丑恶的形象,这在《左传·文公十八年》记载的鲁太史克回答鲁宣公时说的一段话及《吕氏春秋·先识览》中都有反映。在周人的眼中饕餮成了四凶之一,成了"食人未咽，害及其身”的贪婪成性的不得善终的恶类。周人灭殷后，一再宣扬天命，说殷纣违背天帝的意志，昏暴贪婪造成了他们的毁灭，并告诫人们要接受教训，切勿贪得无厌，以免像殷人一样丧失社稷。这种观念在青铜器的艺术中，就出现了饕餮由恐吓之意转化为鉴戒之义。随着奴隶制进入后期，统治阶级由事神而转入德治，饕餮失去原先的功能，便下降到从属的地位，它的狰狞恐怖的特征也就不再成为正面的审美形象，而成为一种丑恶的象征了。

于民先生结合奴隶制的“血与火”的搏斗来探讨饕餮由美到丑的转化有一定的意义，但简单认为殷商时饕餮为美的形象，到了西周便转化为丑的形象是不够准确的。在我们看来，饕餮形象从史前形成之始，其内涵就包括美丑及相互转化的两个方面。作为一种图腾神或祖先神及保护神，它代表了人类企图认识自己及自身的来源的本质力量，但人类又幻想出一种超自然的神灵凌驾于自身之上，这便是人本性的丧失，前者使饕餮形象具有了美的价值，后者则使这种美本身便包含一种丑。对统治阶级来讲，饕餮的狰狞使他们获得来自超现实的神灵的权威，以恐吓奴隶，他们视饕餮为美；对奴隶们来讲，面对狰狞恐惧的饕餮使他们感到害怕，加深了他们的驯服意志，并从超现实的威慑中巩固了这种意志，这就是丑。对今天的人们来说，正是饕餮的亦美亦丑的巨大的历史文化内涵，使我们的审美意识发生偏差。由于逝去的历史已经久远，往古的观念已经成为烟云，只留下了饕餮神秘怪异的形象本身，当面对这一巨大的怪物时，我们的直觉已变得模糊不清，历史的积淀虽然形成了一定的心理结构，但正因为形成了结构，便失去了其真正的起源，我们只能依靠现代人的悟性，去描述这一巨大的怪物给我们的感觉。

要真正理解饕餮的美学价值，我们必须对其作文化人类学的追溯。根据我们的研究，古文献中饕餮指人名、族名、国名或兽名。

(1) 饕餮指人名。饕餮一名，最早见于《左传·文公十八年》：“缙云氏有不才子，贪于饮食，冒于货贿，侵欲崇侈，不可盈厌；聚敛积实，不知纪极；不分孤寡，不恤穷匮。天下之民以比三凶，谓之饕餮。”据《世本》记载：“缙云氏，姜姓也，炎帝之苗裔，当黄帝时，在缙云之官也。"[1]《说文解字》称："缙，帛赤色也。从糸，晋声。"缙云氏当崇拜赤云为图腾。《左传·昭公十七年》称黄帝以云名官。"黄帝之族，恐怕是由几个胞族组成一个部落，所以其中有属于一个胞族的五个氏族，是以云为图腾，他们以青云、缙云、白云、黑云、黄云为相互间的区别。"[2]服虔云："夏官为缙云氏。"夏天之云多赤色，故叫缙云氏。关于缙云氏的地望，《史记正义》云：缙云氏"今括州缙云县盖其所封也"。括州缙云县，即今浙江缙云县。近年有学者考证，"缙古当为晋，缙云氏初居地，当今山西晋水。太原的晋水，当为缙云氏的始居地"[3]。晋水源出太原西南悬瓮山，东流入汾河。汾水上中游正是古代姜戎分布之地。而晋南曲沃、翼城一带的滏水，古也叫晋水，附近有绛山，山下有绛水，春秋时晋国都城曾迁到绛水滨的绛邑。绛，《说文解字》也作"大赤"。绛山、绛水也皆作赤色，故名。这条晋水，当是缙云氏之后南迁而带来的地名。

(2) 饕餮指族名或国名。《书·尧典》："窜三苗于三危。"注曰："贪财曰饕，贪食曰餮。三苗，国名，缙云氏之后，为诸侯，号饕餮。"而《释文》引马融、王肃云："国名也。缙云氏之后，为诸侯，盖饕餮也。"又《左传·昭公九年》孔颖达疏："先儒皆以为……饕餮三苗也。"《吕氏春秋·恃君览》亦云："雁门之北，鹰隼、所鸷、须窥之国，饕餮、穷奇之地，叔逆之所，儋耳之居，多无君。"这里饕餮便被认为是三苗的一支，或称为国名，或指诸侯名。

(3) 饕餮为兽名。从饕餮的形象考证，不少人认为饕餮为一怪兽形。《左传·文公十八年》服虔引《神异经》曰："饕餮为兽名，身如牛，人面，目在腋下，食人。"《山海经·北山经》云："钩吾之山……有兽焉，其状如羊身，人面，其目在腋下，虎齿人爪，其音如婴儿，名曰狍鸮，是食人。"郭璞曰："为物贪惏，食人未尽，还害其身，像在夏鼎，《左传》所谓饕餮是也。"[4]这些说法都把饕餮看作一种兽类，它面目手足都具有人的形状，但虎齿，身像牛羊，有翼又不

[1] 《史记·五帝本纪》集解引贾逵说也如此。
[2] 参见翦伯赞：《中国史纲》，商务印书馆，2001 年。
[3] 何光岳：《南蛮源流史》，江西教育出版社，1988 年，第 88—89 页。
[4] 袁珂：《山海经校注》，上海古籍出版社，1980 年，第 82 页。

能飞，这正是怪异图腾神的形象描绘。故有“像在夏鼎”，《吕氏春秋·先识览》有“周鼎著饕餮”之说。

现代人对饕餮研究也有几种观点。自从北宋吕大临的《考古图》，以及王黼的《宣和博古图》等书把著录的青铜器上的兽面纹称为饕餮以来，在青铜器纹饰研究中，此名称一直沿用至今。《考古图》曰：“又癸鼎文作龙虎，中有兽面，盖饕餮之象。”许多考古学家、金石学家认为，这里的饕餮之象，即是《吕氏春秋》等书中的饕餮。

(1) 饕餮为兽面。中国现代考古学的奠基人之一李济 1964 年曾说，近三十年来，有两部研究青铜器花纹的著作为学术界所重视，一部是容庚的《商周彝器通考》，另一部是高本汉在《远东博物馆馆刊》23 期(1951 年)讲青铜器花纹的文章。容庚在论述花纹的一章中，把青铜器上的兽面纹分为饕餮纹和蕉叶饕餮纹两类，并分析了它们的 19 种形式。后来在《商周青铜器通论》一书中又归为 12 个形式。高本汉在 1937 年发表的《中国青铜器的新研究》一文中，把 1288 件传世的青铜器的纹饰分为三类，即饕餮面、分解饕餮、变形饕餮。1951 年高本汉又发表了《早期青铜器纹饰的规律》一文，进一步探讨了连体饕餮的形式及其各种变化的规律。

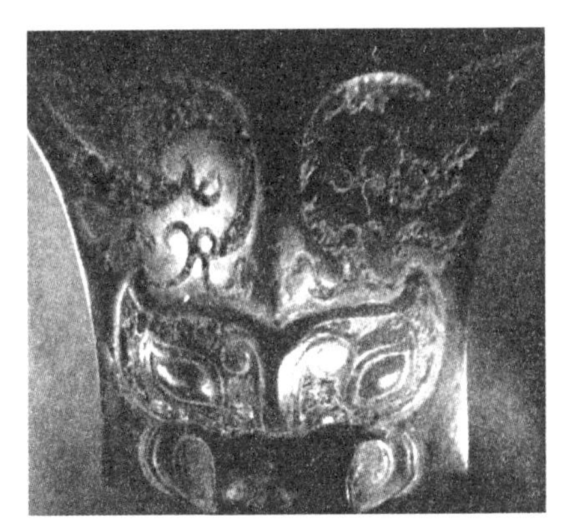

图 3-20　兽面形流盖
(选自《曾侯乙墓文物艺术》)

中国社会科学院考古研究所的陈公柔、张长寿在系统考察殷周青铜器上兽面纹的断代时，也不同意用饕餮这一传统名词，而称之为“兽面纹”。[1]

对青铜器上兽面纹即饕餮也存在一些异议。李济就不赞成用饕餮这个传统名称而称之为动物面。因为李济认为，高本汉和容庚把连体的兽面纹称为饕餮，这与《吕氏春秋》称饕餮有首无身的说法相抵触。因此他根据《山海

[1] 陈公柔、张长寿：《殷周青铜容器上兽面纹的断代研究》，载《考古学报》，1990 年第 2 期。

经》的记载而称之为“肥遗形”图案。[1]

张光直则把传统的饕餮纹称之为“动物纹”。[2] 马承源也称这种纹为“动物纹”，并指出：“兽面纹一概称为饕餮纹，乃是宋代金石学家观察不够缜密之故。”因此，他们不愿意再沿用这一名词。

图3-21 玉兽形玦(红山文化)
(辽宁省博物馆藏，选自《中国玉器全集》)

(2) 饕餮为何兽面？大多数研究者认为饕餮本为兽面或动物面纹无疑，但是为何兽面，则存在明显分歧。

孙作云认为：“饕餮所象之物为蛇，夔也为蛇，饕餮纹仅存蛇首，间亦有身。”并具体指出饕餮即蚩尤之图像，其先原为夏氏族之图腾标识，其后递降而为有辟邪意义之美术花纹。[3] 德国学者夏德在《中国古代史》中认为饕餮纹样为长毛猎犬或西藏獒犬。卫聚贤也认为饕餮是狗形之变化，为西南民族之图腾。[4] 丁山认为饕餮纹中的角当为羚羊之角，“饕餮纹是人面环角的羊头，名为‘枭羊’可也，名为‘苋羊’也可”[5]。何光岳则认为“大概是戴着猪头的头饰”[6]。

(3) 从原始风俗推演饕餮纹起源。一些人认为，饕餮为人头纹演化而来。郑师如在《饕餮考》一文中曾介绍蒋焕章疑饕餮纹原为人头纹。他进一

[1] 参见张光直、李光谟编：《李济考古学论文选集·殷墟出土青铜礼器之总检讨》，文物出版社，1990年，第745页。
[2] 张光直：《商周铜器装饰花纹中的动物纹样》，载《考古学报》，1981年第2期。
[3] 参见孙作云：《饕餮考——中国铜器花纹之图腾遗痕的研究》，载《中和月刊》第5卷，1944年第1期。
[4] 卫聚贤：《饕餮》，载《说文月刊》第3卷第1期。
[5] 丁山：《中国古代宗教与神话考》，上海文艺出版社据1961年龙门书局版影印，第294页。
[6] 何光岳：《南蛮源流史》，江西教育出版社，1988年版，第90页。

步说："饕餮纹初为人头纹当无疑义。"[1]他还引用了林惠祥著《台湾番族之原始文化》上所叙台湾番族之馘首（即猎头风俗）为证。这颇与《吕氏春秋》谓"食人未咽"之意合。古书上也有以头骨为酒器之资料。《战国策・赵策》云："赵襄子最怨知伯，而将其头以为饮器。"沈钦韩引《吕氏春秋》云："断其头以为觞。"汉时胡俗尚有此俗。日本学者滨田耕作也认为"饕餮纹系由人面转化而来的"[2]。日本的田边考次也认为"饕餮为表示大眼开口之人兽面"[3]。

图3－22　良渚文化兽面纹玉琮
（作者摄于杭州良渚文化博物馆）

（4）对饕餮的功能研究。一些学者对饕餮纹饰的功能进行了研究，认为："饕餮纹表现什么，一直是有争议的问题，但有一点大家是同意的，就是它含有某种神性，有着崇拜的意义。"[4]

杜廼松在《中国古代青铜器简说》中认为："在商周铜器上，最常见的纹饰是饕餮纹，俗称兽面纹。这种兽面纹变化很多，其基本形象是很像牛头、羊头

〔1〕郑师如：《饕餮考》，载《东方杂志》第28卷，1937年第7号。
〔2〕参见滨田耕作：《东亚考古学研究之中国古铜器研究》。
〔3〕参见《世界美术全集》，第二册解说，河南美术出版社，1996年，第37页。
〔4〕参见《李学勤集・古玉上的鹰和人首》，黑龙江教育出版社，1989年，第72页。

等动物颜面。推测这些用来祭祀或宴飨的青铜'礼器'上的兽面纹，可能与包括'牛、羊、豕'的'太牢'或'羊豕'的'少牢'有关……这些青铜礼器主要是在大典礼或祭祀时使用，可想而知，这是一种很严肃的场面，如果青铜器上的纹饰很庄严，就会增强祭祀的气氛，这样也就更显得奴隶主贵族对祖先或天帝的虔诚；同时也显示出奴隶主贵族的'尊严'和'威严'……具有恐怖感的青铜器纹饰所代表的意义，实际上是奴隶制国家巩固其反动统治的一个重要手段，借助于神鬼、上帝来恐吓和欺骗奴隶。"[1]

图 3-23　饕餮纹镜

对饕餮的研究，又有人提出饕餮即图腾的说法。此说主要从音义上得出。在美国的学者陈独烛认为："餮常读'铁'，但集韵又音'殄'，依谐声例，是应有之读法。'殄'，吾粤语保存 tim 音，准是以读饕餮，则广州读 t'omt'im，吾顺为 t'ott'im……所谓饕餮者……都与'图腾'定义合，是饕餮及 totem，直二而一者也。"[2]

如果说古印第安人为中国上古时华北人东迁的后代能成立的话[3]，"图腾即中国夏商时代饕餮的译音"[4]，似也可以成立。国外有些学者也注意到饕餮与图腾的内在联系。日本的田边考次说，饕餮"未知是否为中国人创作之怪物？今南洋土人屋前之图腾，其名其物，亦与饕餮相类似"。法国著名人类学家列维-斯特劳斯在分析了亚洲与美洲的"拆半表现"（详后分析）后指出，这种相同的表现手法，可能是"亚洲主题传播到极东地区的一个证据"。他认为："人们毫不犹豫地把古代中国青铜器上的饕餮面像看作面具。"[5]

---

〔1〕 参见杜廼松：《中国古代青铜器简说》，书目文献出版社，1984 年。
〔2〕 陈独烛：《饕餮考》，载《中华文化复兴月刊》第 19 卷，1980 年第 6 期。
〔3〕 参见朱存明：《环太平洋文化中的华夏文明与美洲文明》，载《徐州师范学院学报》，1990 年第 2 期。
〔4〕 何光岳：《南蛮源流史》，江西教育出版社，1988 年，第 97 页。
〔5〕 [法]列维-斯特劳斯：《结构人类学》，文化艺术出版社，1989 年，第 105 页。

陆懋德在《中国上古史》中认为："图腾名字出于北美，而北美与亚洲相通，约即中国之饕餮……殷商骨器、石器、铜器上之饕餮花纹，横目巨口，颇与美土人之图腾标记相似，此皆上古图腾之遗迹。"何光岳结合中国古籍及史前民族史的资料得出结论说："图腾是中华民族上古时代的一支原始氏族的称号，以后传播到四方，然后于近代又回流传入我国。图腾本系饕餮氏。"〔1〕如果美洲印第安土著人的"图腾"的音和义都是中国古代饕餮氏传播过去，到了几千年后又回流回我国，这真是人类文化史上的一件妙事。

饕餮是上帝吗？苏联著名汉学家列·谢·瓦西里耶夫认为："对于饕餮之谜，中国艺术史和宗教史的专家们作过多年讨论，但不知为什么谁也没有按逻辑推想到底，因而没有把饕餮同殷人的至尊神上帝（帝）相比。然而，许多考虑却有力地说明，饕餮纹恰恰是这个神（殷人视为传说中的始祖）的画像。"〔2〕因为在殷代的几乎任何器皿（不管它是青铜的还是石头的或白陶的）上（见图3-24）或其他祭祀用具上，中心母题都是饕餮纹——或正面，或侧面，或富于写实感，或极度图案化；如果注意到这一点，那么解决饕餮纹的意义问题就是揭示殷代浮雕装饰的母题和通往符号这整个复杂世界的钥匙。而如果是同意饕餮纹就是上帝的画像这一论据，许多事情就有头绪了。列·谢·瓦西里耶夫从逻辑上推论出饕餮之所以在殷代的各种器物上表现出来，正是因为它是殷人的帝。但他没有展开详细的论证。

图3-24　兽面纹钺（商代后期）
（清宫旧藏）

日本的林巳奈夫则分析了青铜器上饕餮纹和其他次要纹（如牛、羊、象、

〔1〕 何光岳：《南蛮源流史》，江西教育出版社，1988年，第87页。
〔2〕 [苏]列·谢·瓦西里耶夫：《中国文明的起源问题》，文物出版社，1989年，第325页。

鹿)等的关系后认为,饕餮是商人的“物”,“物”就是帝。其他动物纹处在次要地位,是方国的祖先神、图腾神。他又从河姆渡文化中的双鸟纹进行了追溯。最后得出结论,凡饕餮额上有“篦形饰”的就是帝。典型的篦形饰出现在殷代中期,直到西周后期仍在使用。这种篦形饰一旦加上眼、口等便成了饕餮,它是作为饕餮核心的象征性记号的。

林巳奈夫说:“饕餮被较大地装饰在青铜器上并享受等级很高的待遇,因之装饰有大饕餮的青铜器便是高等级的器物。这与那些在青铜器的一隅用带纹表现的鬼神和象征性的记号形成了鲜明的差别。可以认为后者是方国之‘物’,前者相对于后者是统治者的‘物’,即是帝。作为这个帝的图像的饕餮渊源于公元前5000年的河姆渡文化的太阳神图像,而后,在变化了的形象上又加上了脸,成为龙山文化的鬼神像,这种鬼神像又翻新成了殷代样式。作为太阳神生产力的象征——冒着火焰的形状,依照以倒梯形的篦形的形式被保持了下来,可以说就是在象征性意义上的传统也持续了下来。到了殷代这一形象中又加上了牡羊、水牛、虎等野生动物的因素。”[1]

意大利的汉学家安东尼奥·阿马萨里则与认为饕餮即上帝的观点相反,他认为,饕餮的形象极为古老,在公元前3000多年的龙山文化的一把石斧上就有它的形象。实际上,饕餮不是无身的,它有时也被表现为龙、虎、牛、鹿、鸟、羊等,甚至有时为人面。饕餮不是某一地区的,而是地上所有地方的人的吞食者。作为动物,它生活在地上,而不是生活在天上和地下,它的人脸又表明,它有着神的一些属性。[2]

这样问题就突显出来了,饕餮是上帝还是上帝的敌人?殷人有上帝的观念,殷墟卜辞中有帝或上帝的名称,这一点是没有人否认的,但学者们对帝的象形文字的看法却缺乏统一的认识。帝字在甲骨文、金文中可能相当于蒂,它由花的梗、根茎和木字组成,字的上部“一”表示天。第二种观点认为,帝字是用“⊢⊣”捆在一起的一捆木柴“朩”或一捆树枝、一捆茅草,或是用柴草扎

〔1〕 樋口隆康主编:《中国考古学研究论文集》,东方书店,1990年,第184页。
〔2〕 参见安东尼奥·阿马萨里:《中国古代文明——从商朝甲骨刻辞看中国史前史》,社会科学文献出版社,1990年,第64—65页。

制成的偶像，这相当于束。捆起来的木头或树枝燃烧，烟升上天空，相当于古代的“燎”祭。第三种观点认为，帝可能是一个祭坛——“示”，被木柴支持和包围着，上面放置供品和用来点燃的木柴。第四种观点认为，帝字中的“□”应释为“方”，象形文字“帝”是处在四方森林和大地中央的树木顶端最高位置的那个人的名称。

可见对帝字阐释的分歧是很大的。帝这个字，甲骨文、金文写作“□□□□□□”，可能与商字是同源的。金文中“□”，丁山释为“适”，康殷释为“禘”，实际上即商字。《说文解字》上有一金文商字作“□”，似乎可以看出其与饕餮纹的关系。帝和商，都从“辛”，辛在金文中写作“□□□”，颇与饕餮纹中的“篦形饰”形状相似。所有的帝下都从“□”，像木字的下半部分。也许帝最早是以木制的牌位作为其象征的，到了以金为兵的时代，便在青铜器怪物饕餮的头上刻上这一神圣的符号，以示对怪物的镇服，因此我认为饕餮即上帝的看法是错误的，饕餮纹中的篦形饰乃是表示上帝的符号也许说出了事实的真相。根据以上资料，作综合分析，可得如下结论。

饕餮本为人名，是黄帝胞祖缙云氏不才子，其地望最初在山西晋水。按当时的社会风俗，饕餮也指国名、族名，即以饕餮图像作为图腾面具和族徽。后饕餮与华夏族发生矛盾，舜便将其流放到四裔，成了三苗的一支。另有一些部落在以后的迁徙中云散各地，有的甚至到达了东南亚以及南北美洲，把“图腾”信仰传播到遥远的异域。由于饕餮族为积聚财物发动战争，便成了贪婪的象征。在原始思维中，其图像便含有神秘的巫术意义。在举行部落的祭祀、战争、娱乐、跳舞中，用以装扮自己与神相通，悦神避邪，使民知神奸。饕餮的宗教意义加强了对人兽的威慑作用。到了商周时，已把它符号化，并在饕餮的头正中，饰以商人观念中的上帝符码，使饕餮具有了一种抽象意义上的价值，其表现方式便可多种多样。泛化的结果是一些不同图腾的部落氏族均以此形象装饰“圣物”，如青铜礼器、玉器、骨器等，或把一些被打败或消灭的氏族的图腾作为“奸”铸于青铜器，以便于人们躲避。由于表现方法的差别，便使饕餮的组成方式千变万化，或为龙，为牛，为羊，为猪，为鸟，等等，其中不少是展示避邪怪兽之颜面，以寄托信仰而已。饕餮开始可能是一个正面的美的形象，不然何以作为人名和国族名，但由于其贪得无厌，发动战争，周以后便成为贪欲的代名词，成了丑恶的化身，形象也变得怪异起来，有的竟以怪兽食人为特征。

但由于古人缺少今人人类学、文化学、美学的知识，很难从知识谱系上认识饕餮的真正起源和意义，很难看清饕餮形象中所蕴含的美丑观念，现在我们从新的文化知识背景上来透视怪物饕餮的千古之谜，方才揭示出其真正的起源。但由于年代的久远、资料的匮乏，仍有许多问题待有识之士去探究。[1]

（三）一足之怪夔

夔是与饕餮、龙、凤齐名的怪物，在青铜所铸的“百物”中，有较多的表现。夔在古代典籍中，最主要的特征就是它有“一足”。自宋代以来的著录中，在青铜器上凡是表现一足的、类似爬虫的物象都称为夔（见图 3－25）。

图 3－25－1　夔纹铜镜

图 3－25－2　夔纹斧钺

商周青铜器上今称为夔的图像近似龙，有人称为夔龙，尾上卷，一足。其主要有下列形状：(1)张口，一角一足，尾上卷如钩，填以雷纹。(2)独角，口向下，身弯尾曲。(3)身作两歧，手法简洁，极度几何化。青铜器上的夔纹图像大体自仰韶文化、红山文化、大汶口文化、山东龙山文化到商周达到高峰，

〔1〕 参见朱存明：《饕餮源流小史》，载《文史知识》，1992 年第 10 期。

图 3-26　殷代或西周铜器上夔纹
（选自《中国纹样全集·新石器时代和商、西周、春秋卷》）

延续到秦汉与饕餮纹同时衰落下去。

夔的名称，历来为其作解的很多，最流行的观点即把夔说成一种独脚怪兽。

《说文解字》："夔，即魖也，如龙，一足，从夊，象有角、手，人面之形。"又认为夔像山魈，猴身，人面，会说话。汉代关于夔一足的说法，来源是极古老的。《国语·鲁语下》："丘闻之：木石之怪曰夔、罔两。"《韩非子·外储说左下》与《吕氏春秋·察传》都记有鲁哀公和孔子讨论夔一足的事。

> 鲁哀公问于孔子曰："吾闻古者有夔，一足，其果信有一足乎？"孔子对曰："不也，夔非一足也。夔者，忿戾恶心，人多不说喜也。虽然，其所以得免于人害者，以其信也。人皆曰：'独此一，足矣！'夔非一足也，一而足也。"哀公曰："审而是，固足矣。"
>
> 一曰：哀公问于孔子曰："吾闻夔一足，信乎？"曰："夔，人也，何故一足？彼其无他异，而独通于声。尧曰：'夔一而足矣。'使为乐正，故君子曰：'夔有一，足。'非一足也。"

从鲁哀公的话看，当时夔一足的传说是颇为流行的，连他都感到不可思议，故去问孔子，孔子则认为夔为人，怎么能只有一足呢？并从传说中的夔作乐的思想对其做了解释。考之青铜装饰，果然有一足怪物，孔子不理解夔一足本不是指客观的人或动物有一只脚，而是指一种文化观念造成的怪物为一足，便作了以上的解释。

《山海经·大荒东经》云：“东海中有流波山，入海七千里。其上有兽，状如牛，苍身而无角，一足，出入水则必风雨。其光如日月，其声如雷，其名为夔。黄帝得之，以其皮为鼓。”《庄子·秋水篇》云：“夔谓蚿曰，‘吾一足趻踔而行，予无如矣。’”李注曰：“黄帝在位，诸侯于东海流山得奇兽，其状如牛，苍色无角，一足能走，出入水即风雨，目光如日月，其音如雷，名曰夔。黄帝杀之，取皮以冒鼓，声闻五百里。”

《国语·鲁语下》韦昭注云：“夔一足，越人谓之山缫，或作猱……人面猴身，能言。”

从这些资料看，关于怪物夔的传说，在先秦就已杂乱无章了。或说为山神，但又居于水中；或曰如龙、如牛，其皮又可作鼓；或曰为山猱，其形为猴。

又一种说法称夔即鬼怪。《国语·鲁语下》曰：“木石之怪曰夔、罔两。”葛洪《抱朴子》说：“夔，山精，或如鼓，色赤，一足。”《汉书·扬雄传》孟康注：“木石之怪曰夔，如龙有角，人面。”《文选·东京赋》薛综注：“夔，木石之怪，如龙有角，鳞甲光如日月，见则其邑大旱。”

近人章炳麟认为鬼字即夔，他在《小学问答》中指出：

> 古言鬼者，其初非死人神灵之称。鬼宜即夔。《说文》言鬼头为甶，禺头与鬼头同。禺是母猴，何由象鬼？且鬼头何因可见？明鬼即是夔。……魖为秏鬼，亦是兽属，非神灵也。韦昭说夔为山缫，后世变作山魈，魈亦兽属，非神灵。……故鬼即夔字，引申为死人神灵之称。[1]

韦注《国语·鲁语下》曰：“木石，谓山猱也，或云，夔一足，越人谓之山缫，或作猱，富阳有之，人面猴身，能言。或云独足。”

《广异记》：“山魈者，岭南所在有之。独足，反踵，手足三歧。”

---

〔1〕《章太炎全集·小学答问》，上海人民出版社，2014 年，第 481 页。

《广韵》:“山魈出汀州,独足鬼也。”《正字通》曰:“澡别作魈。”

关于夔的原型为何物,何新认为是鳄鱼。他认为山魈即山蛟,山蛟即蛟龙,蛟龙即枭阳、枭羊,即饕餮。[1] 其实丁山早就认为夔为饕餮了。

柯扬认为:“(中国)除‘夔’这个神话形象产生较早,后来有各种变异外,其余不论其名称叫什么,大都是以灵长类动物狒狒为原型,增入若干想象成分而演变出来的怪异故事。”[2]

萧兵先生认为,这种山精、山魈便是《楚辞》中的山鬼的原型,实际上是猿猴。[3]

夔的历史真相究竟是什么?就像饕餮一样,也成了千古之谜。我认为夔本也是夔人的图腾,后来以图腾称国、称名,它也经历了由美到丑的转化过程。

夔曾创乐舞以通神怪,这在先秦典籍中有所透露。《尚书·舜典》曰:

> 帝曰:“夔!命汝典乐,教胄子。直而温,宽而栗,刚而无虐,简而无傲。诗言志,歌永言,声依永,律和声。八音克谐,无相夺伦,神人以和。”夔曰:“於!予击石拊石,百兽率舞。”[4]

《尚书·益稷》曰:

> 夔曰:“戛击鸣球,搏拊琴瑟以咏。”祖考来格,虞宾在位,群后德让。下管鼗鼓,合止柷敔,笙镛以间。鸟兽跄跄,箫韶九成,凤皇来仪。[5]

可见夔乃舜帝时的乐师,舜帝任命夔管理音乐,以教其子弟,使“神人以

---

〔1〕何新:《龙:神话与真相》,上海人民出版社,1989 年,第 186 页。

〔2〕柯扬:《中国的山魈和巴西的林神——中国与美洲印第安人古代文化近似的又一证据》,《民间文学论坛》,1984 年第 2 期。

〔3〕见萧兵:《夔枭阳·野人·巫山神女》,载《楚辞新探》,天津古籍出版社,1988 年,第 404 页。

〔4〕《尚书正义》,北京大学出版社,2000 年,第 93—94 页。

〔5〕《尚书正义》,北京大学出版社,2000 年,第 151—152 页。

图3-27　殷代初期青铜器　夔龙纹
（选自《中国纹样全集·新石器时代和商、西周、春秋卷》）

和”。夔能“戛击鸣球”“百兽率舞”，可见他本身即有巫师的职能，可以指挥一个庞大的图腾部族之人，各自戴着自己的图腾面具，在求“祖考来格”的祭仪上，用诗、歌、舞的音乐来达到交通神灵的目的。《吕氏春秋·察传》云：“舜欲以乐传教于天下，乃令重黎举夔于草莽之中而进之，舜以为乐正。”《说苑》《帝王世纪》都说“夔为乐正”。

夔擅长音乐，在古代图腾仪式上，能用三位一体的“诗、歌、舞”的形式来达到“神人以和”“祖考来格”“凤皇来仪”，这是原始的灵感思维的表现。夔可以通过指挥庞大的音乐汇奏，以交通祖灵的方式来获得神灵的保护，加强和巩固了各氏族或部落的联盟。所以夔和禹、皋陶、契、后稷、伯夷、彭祖等贤人，“自尧时而皆举”为大臣。当然这些人名不一定指一个人，而是以某一“物”为图腾的氏族的酋长，这些酋长都兼有巫师的功能，在祭仪上，他们都披戴自己图腾鸟兽的羽饰或面具，扮成各种祖先神的形状，而狂歌滥舞，以在“迷狂”的心态中去感受神的召唤。这颇与一些人类学家对印第安和澳大利亚及非洲的土著所作的研究一样，那些原始民族正是以装饰成图腾的形象，在图腾祭仪上以歌舞达到一种迷狂来交通祖灵以此获取祖先的保护和力量。

甲骨文里的夔，“像人头插羽毛，手拿牛尾巴，独脚跳跃的模样”〔1〕。吴泽认为商代青铜器上有夔字，“像一个人头上戴着角，手中执着牛尾而舞的样子，古代夔是乐师，因为像人操尾而舞之形，故转以名乐师也”〔2〕。

---

〔1〕 刘志琴：《中国歌舞探源》，载《学术月刊》，1980年第10期。
〔2〕 吴泽：《中国历史大系·古代史·殷代奴隶制社会》，棠棣出版社，1953年，第581页。

原始社会，巫师同时又是舞师。每逢祭祀，巫师都要跳舞，伴着音乐，装扮成图腾神灵。《国语·楚语下》观射父说："古者民神不杂，民之精爽不携贰者，而又能齐肃衷正，其智能上下比义，其圣能光远宣朗，其明能光照之，其聪能听彻之，如是则明神降之，在男曰觋，在女曰巫。"韦昭注曰："觋，见鬼者也，《周礼》男亦曰巫。"又说："家为巫史。"其注曰："巫主接神，史次位序。"巫者通神怪的方式就是用歌舞的表演仪式。《书·伊训》说："敢有恒舞于宫，酣歌于室，时谓巫风。"疏曰："巫以歌舞事神，故歌舞为巫觋之风俗也。"《墨子·非乐》引汤之《官刑》云："其恒舞于宫，是谓巫风。"巫风即舞风，舞为巫之擅长，本源一字，巫舞不分。卜辞舞字作"[illegible]"作"[illegible]"，象人两袖秉旄跳舞之状，后来变为小篆之"[illegible]"。大体上可以断定，夔作为巫师指挥的舞蹈是一种降神仪式，而歌的内容可能就是通鬼神的"咒语"，咒语即讲述古代神话，神话是沟通远古和现实的载体，是巫师获得神力的依据，在这种"恒舞"和"酣歌"中，在情感激奋的幻觉中，达到体验神灵来临的目的。

夔为巫师，精通音律舞蹈，封为专管宗教祭祀的音乐之官——"乐正"。

从"击石拊石，百兽率舞"反映的历史来看，在石器时代，原始人是以打击石头、石片的响声作为原始的音乐。从出土文物上看，在新石器时代末期就已发现以石片加工成的磬。青海大通上孙寨出土的新石器时代舞蹈纹彩盆内，就绘有每列五人，共三列的舞蹈图像。云南沧源崖画中有头插雉翎的舞人，还有内蒙古狼山岩画、甘肃黑山岩画、新疆霍城于沟和额敏卡伊卡爱山岩画、广西花山崖画等，都有原始社会的舞蹈图像（见图 3－28）。

相传伏羲的乐舞叫《扶来》，神农的乐舞叫《扶犁》，黄帝有《承云》《咸池》，少皞氏有《九渊》，颛顼有《六茎》。到了帝喾高辛氏时（有人认为帝喾即帝舜），乐舞又有了大的发展，有了《九韶》乐舞，已发展成为有组织的庞大的乐舞队伍。前引《尚书·益稷》就是其逼真的描述。从乐器看当时已有乐器鼙鼓、磬、吹苓、管、埙、篪、鼗、椎钟。

其中讲到"戛击鸣球"，过去多不可解。何为鸣球？原来，鸣球就是一种陶球，有数孔，球内空，中有二至四粒陶粒，产生在新石器时代晚期，黄河流域各新石器晚期遗址和墓葬中多有出土，长江流域也有出土。陶球是由陶哨、

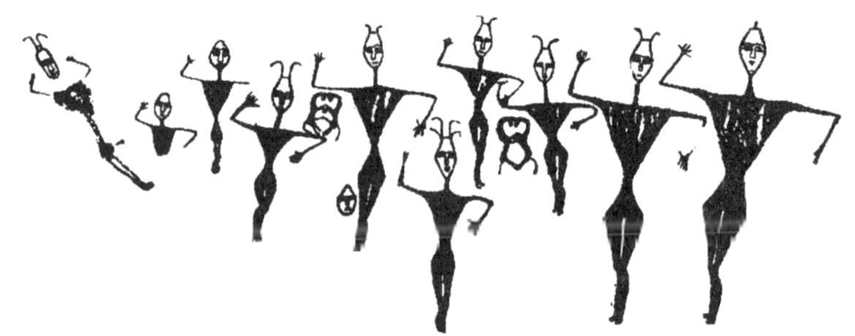

图 3-28　巫舞图(新疆呼图壁崖画摹本)

陶埙发展而来,古籍载伏羲“灼土为埙”。

浙江余姚河姆渡和陕西西安半坡遗址中出土有骨哨和陶哨,山西万泉荆村出土了陶埙,这都与《尚书》所载舜时夔作乐用多种乐器的记载相符。过去对出土的陶球不知有何用途,其实这应是一种巫术的乐器,在祭仪时,由人拿三球向上不断抛接,其中的陶粒相互碰撞陶壳发出有节奏的乐声。到殷商已发展为铜铃。《周礼·春官·巾车》云:“大祭祀,鸣铃以应鸡人。”汉代的杂技中有抛球的图像流传下来,当是从远古“戛击鸣球”发展而来。在今天的杂技表现中,仍有这一类表演。

《韶》乐在中国音乐史上有很重要的地位,孔颖达《尚书正义》认为其分为九成(即九段),故又称《九韶》,因此乐以箫为主,故又叫《箫韶》。《山海经·大荒西经》说夏后启从天上偷来了《九辩》和《九歌》,在大穆之野演出《九韶》。《离骚》也有“奏《九歌》而舞《韶》兮”,又“启《九辩》与《九歌》兮”。学者认为,《九歌》是《九韶》的音乐部分,《九辩》则是舞蹈部分。

到了春秋时,韶乐仍在齐鲁一带流行。《论语·八佾》讲到孔子在齐国听了韶乐,得意忘形,竟“三月不知肉味。曰:不图为乐之至于斯也”。又称赞“乐则韶舞”,达到了尽善尽美的地步。

因此我们可以说,像《韶》这样的乐舞,也是从图腾的乐舞中,从交通神灵的仪式中发展出来的,渐脱去宗教的色彩,而成了至善尽美的感官享受的形式。

根据以上古籍资料的分析，夔是一个十分古老的部落，他们擅长音乐，曾在舜时被封为乐正，到了夏禹继承舜担任夏部落的大联盟首领时，夔仍在夏朝中供职。谯周允南解云："禹治淮水，三至桐柏山，惊风迅雷，石号木鸣，土伯拥川，天老肃兵，功不能兴。禹怒，召集百灵，授命夔龙，桐柏千君长稽首请命。"可见在夏时，夔以龙的形象作为自己的图腾，它实际上是夏人的一支。

但就在夏建国初期，夔国曾被东夷后羿所灭。《左传·昭公二十八年》云：

> 昔有仍氏生女，黰黑而甚美，光可以鉴，名曰玄妻，乐正后夔取之，生伯封，实有豕心，贪惏无餍，忿纇无期，谓之封豕。有穷后羿灭之，夔是以不祀。

这是一场战争的隐约描绘，在战争中夔的儿子被后羿所击败，失去了祭祀图腾祖先神灵的权利，就相当于灭亡了国家。战争的起因是因为乐正夔娶了有仍氏的女子，一个戴着用黑漆描绘面具的氏族女子黰(类似于金文中的"黑"字)，他们生了一个有猪心、"贪惏无餍，忿纇无期"的封豕氏。是后羿灭了封豕氏而称其"贪惏无餍"呢？还是封豕氏去侵占别人的国土，掠夺别人的财产才被消灭呢？历史晦暗已不得而知。但这次夔国被灭，便使夔的形象成了丑恶的化身。因为夔与以"鬼面"国黰(与黑通)女子建立了婚姻关系，所以夔鬼即可通。不仅音近，而且意也通。夔由一个乐师，便成了山石之鬼魅。从留下来的资料看，说夔为山石之精怪者，都是后代的产物，是夔失国以后的事。夔的图腾形象是一足的猴，或鸟，或龙，也许是人戴着图腾神的面具，因为现实中凡是两足的，当在图腾族徽或甲骨文、金文中表现时，大都为"一足"，这是图像表现二腿物的必然现象，就像四腿物侧面表现只画二足一样。久而久之，在神话思维中，在人文精神的信仰中，夔由一个精通音乐的美的形象，随着社会战争中的失败而转化成了丑怪的形象。从商周所铸的怪物夔来看，它与饕餮一样，经历了同样的历史演变过程。两个部落的遭遇是一样的，以至于有不少人把两者混为一说，认为夔即饕餮。细考古代文献，参之青铜

图 3-29　殷代或西周铜器两头夔纹

（选自《中国纹样全集·新石器时代和商、西周、春秋卷》）

器装饰图腾的形象，两者还是有区别的。由于夔的画像是侧面的一足形象，致使已脱离图腾时代的人视其为怪物。以后便演化成山中的精怪魍魉，历代记载不衰。青铜器铸其形，以使民知神奸。夔由美向丑的转化在夏时大约就完成了，所以到商周甚至孔子都不可知其历史的真相，而把它看作"夔者，忿戾恶心，人多不喜"的丑恶形象了。实际上夔是中国音乐创造史上的伟大人物。

四、原始艺术中的拆半表现与审丑

美的事物和丑怪的事物，都必须以它的形象直观性呈现在我们的面前。一些怪物的起源，除了有内容的关系外，还有的与表现形式有关。在图腾信仰中把自己的祖先看成是某一动物，便有同化于图腾神的风俗，于是产生一些人兽杂糅的形象，表现在图像上及文献资料上，便会产生现在看来的怪物。在原始人的巫术思维条件下，由相信超自然的神灵的感应而导致的怪异行为，也会产生许多今天看来怪诞的事情。除此以外，一些艺术表现手法，也可能导致今天看来的丑怪的产生。如前面讲到的三足鸟，本是二足的鸟制成的鸟形器，因为二足不牢固，故把陶鸟雕塑或鸟形器制成三足（后一足为附加的支撑物），这样久而久之，便成了三足鸟。由于鸟与太阳是东夷部落的图腾，以鸟象征太阳，到了汉画中，便产生三足乌（鸟）蹲坐在太阳中的图像。除了山东大汶口文化出土的陶鬶、陕西华县太平庄墓出土的陶尊都作三足外，殷代铜尊往往也作三足。有些以鹰鸮形象做成的器具，往往把鸟的尾部做成足的样子，使其向下，与前两腿形成三个支撑点，以保持其稳定性。再如为什么夔一足呢？上文已分析，这是两足的动物或人在图像文字中侧面描绘作一足的讹化，在人们语言的不断传讹中，遂成一足怪物，

图 4－1　青铜器三足鸟型器

并附会上精怪的观念。

在神话的起源上，英国学者麦克斯·缪勒曾创立一种语言学说，认为神话产生于“语言弊病”。据说，原始人如古雅利安人，借助于隐喻性的代称或修饰语，凭借某些具体的征状，以表述抽象的概念。后来诸如此类隐喻性的代称或修饰语竟被人遗忘或渐趋模糊，于是伴随着上述词语的变易，神怪遂应运而生。[1] 麦克斯·缪勒的看法引起很大的反响，几乎是毁誉参半，我们不想争议这个问题，只是认为，语言的古今变化、最早的语言表述与现代人思维的差别，是神怪产生的一个原因；我们也认为，一些艺术表现手法，也可导致神怪的产生。

图4-2　一目玉人面(陕西神木石峁地区出土)
(现藏陕西省博物馆)

〔1〕[英]麦克斯·缪勒:《宗教的起源与发展》，上海人民出版社，1989年，第23—34页。

（一）何为拆半表现

如受到人类学家重视的艺术中拆半表现手法的运用，就可导致那些怪异的增肢或减肢怪物的起源，对这种方法进行研究，可以破译不少古代怪物之谜。

艺术中拆半表现技法的运用，是整个环太平洋文化的特征，它在古代中国、美国西北海岸、西伯利亚、新西兰，也许还有印度和波斯的艺术中存在过。对这种原始艺术进行比较研究的工作，过去曾有人进行过。美国著名人类学家弗朗兹·博厄斯和法国结构主义人类学家列维-斯特劳斯等人都发表过很有影响的著作。我们在此是为了讨论中国的丑怪，因此不可能对世界其他国家或地区的这种表现手法做全面论述，因为事情的复杂、资料的丰富，不是三言两语所能表述的。

图4-3　一头双身怪
（江苏师范大学博物馆汉画像石拓片）

列维-斯特劳斯说："西北海岸的艺术与古代中国艺术，所呈现的相似之处不可能不给人留下深刻的印象。"[1]当我们把美国西北海岸的艺术作为主要参照系来论述时，事情就变得简单了。弗朗兹·博厄斯曾对美洲西北太平洋沿岸的艺术做过系统研究，对拆半表现的技法做了精彩的论述。

早在19世纪末，博厄斯在《北美洲北太平洋沿岸印第安人的装饰艺术》中，在分析一种银手镯的装饰图案时指出："有些土著艺术家采用了以下的表现方法：表现的动物被从头到尾切成两半，只在鼻部和尾尖处汇合，形成一个可以容手通过的圆圈……"（见图4-4）从手镯纹样发展到平面绘制或雕刻动物并不很困难，而且可以使用同样的处理原则：有时动物是以劈成两半、当中相连的两个侧面来表现，有时表现为头部的正面和互相连接的身体的两个侧面。在上述例子中，动物形体是从嘴到尾尖全部切成两半，头尾两处保持完整，整个动物铺在一圈圆柱、圆锥或棱柱的面上。

图4-4　纳索河印第安人在手镯上表现熊的图案

倘若装饰面是接近于方形的，则不易采用这种方法。在这种情况下可以把坐姿的四脚动物照上述方法切开，然后把整个动物展开，鼻子和嘴保持完整，背上的中线贯穿左右两端。

博厄斯分析说，熊从背后到前身切成两半，只有在头部的正面保持完整，下颏也是分成两半的。黑色线条表示熊背，上面的细线代表熊身。钦西安人把这种图案称为"合熊"，好像图中表现的是两只熊。有些图案中切割动物身体的方法与上述情况相反，整只动物从胸到背切开，展开以后动物躯体的两半在后背的中线结合，这种图案见于海达人的刺纹。

---

〔1〕参见[法]列维-斯特劳斯：《结构人类学·亚洲与美洲艺术中的拆半表现》，文化艺术出版社，1989年。

博厄斯对美国西北海岸原始艺术的天才分析，启发了很多中国商周青铜器的研究者。他们发现了公元前1000年的商代的装饰纹样与美国西海岸的有许多相同之处，殷商青铜器上的兽面纹是拆半表现的艺术。

H. G. 克里尔指出："商代装饰艺术最突出的特征之一就是用平面或球面来表现动物的独特方法。仿佛有一个人抓住这只动物，把它纵长拆半分开，从尾端几乎一直到鼻尖，然后把这两半撕开，把这只平分为两半的动物面朝外地平放着，分开的两半只在鼻尖连接。"[1]他分析了安阳发掘出的一只青铜器：

> 在器面中间，是一幅没有下颌的拆半饕餮面像，第一幅面像的耳朵组成在它上面的第二幅面像。第二幅面像中的两个眼睛也可认为是由第一幅面像的两个耳朵所表示的两条小龙的眼睛。这两条小龙呈侧面，而且面对着面，一如在这器面上部的那些面像。后者也可看作一幅山羊正视图面像，双角由龙身来表示。盖子上的图案也可作同样的解释。（据 W. P. 耶茨：《安阳——回顾》）

图4-5　一头双身龙青铜器

克里尔分析说："饕餮的特征是它表现兽头的方式是好像将它分剖为二，将剖开的两半在两边放平，而在鼻子中央一线结合。下颌表现两次，每侧一次……我们如将两半合起来看，它们表现一个十分完整的饕餮，从前面看，其两眼、两耳、两角和下颌，表示两次。"[2]

---

〔1〕 H. G. 克里尔：《论商代青铜器的制造与装饰的起源》，转引自列维-斯特劳斯：《结构人类学》，文化艺术出版社，1989年，第85页。

〔2〕 H. G. Creel, *The Birth of China*, New York: F. Ungar, 1937, p. 115.

中国现代考古学的奠基人李济分析在平面上表现立体的形态时认为，最简易的方法就是："将立体的动物，分割为相等的两半，拼成平面。由这种新的纹样配列法更进一步地演变，就是将同一动物的身体各部分予以重复；或将甲动物的一部分配合于乙动物另一部分，或夸张其身体之一部而忽略他部，由此形成各种复杂的纹样。"[1]他还指出："把一个动物的两个侧面合成一个正面，中间再加(或不加)若干不同的联系，我们称它为联合动物。"他在专门讨论殷墟出土的觚形器的报告中，讨论其花纹制造方法时说："花纹的内容，若以腹饰论，除了一件标本由几何形纹组织的周带外，其余的都由'动物面'两个单位构成。""每个单位也代表动物侧面，但对称排列，两单位代表一动物正面。"[2]

张光直分析青铜器上的花纹说："铜器花纹的基本构成常常是环绕器物成为二方连续带，以铜器的角棱隔成若干单元，每个单元中有一个动物的侧面轮廓。如果一个单元中的兽头向左，则其左面邻接单元中的兽头通常向右，两个兽面面对面地接到一起，以角棱为兽面的中线。从中线上看，左右的兽形可说是一个兽形从中劈分为二再向左右展开，但也可以说是两个动物纹样在面中部接合在一起的结果。换言之，饕餮面和肥遗都可以说是两个动物在中间合并而成，也可以说是一个兽面或一只动物从当中劈为两半所造成的。"[3](见图 4－6)

对商周青铜器上各种动物的表现方式，在不少考古学家那儿都有类似的描述。

邵大地先生指出，在青铜装饰纹样中，有一种为"两尾龙纹：其状一首居中，两尾分列左右，有四足的，也有无足的"[4]。杜廼松先生认为："饕餮是幻想的神话动物，形象的基本特征是仅雕有动物的颜面，圆眼突出，常以浮雕

---

〔1〕 张光直、李光谟编：《李济考古学论文选集·安阳遗址出土之狩猎卜辞、动物遗骸与装饰纹样》，文物出版社，1990 年，第 885 页。

〔2〕 张光直、李光谟编：《李济考古学论文选集·殷墟出土青铜礼器之总检讨》，文物出版社，1990 年，第 743 页。

〔3〕 张光直：《商周青铜器上的动物纹样》，载《考古与文物》，1981 年第 2 期。

〔4〕 邵大地：《青铜器装饰纹样选》文字介绍部分，天津人民美术出版社，1984 年。

1

2

3

图4-6　拆半表现的兽面纹

1. 2. 兽面纹(选自《中国纹样全集·新石器时代和商、西周、春秋卷》)

3. 玉镂空兽面饰(故宫博物院藏,选自《中国玉器全集》)

出的扉棱为颜面的鼻,作卷曲的眉和耳。有的饕餮纹是用相对称的一对夔纹组成的,多以云雷纹为衬托。"[1]

张孝光先生认为,饕餮纹"是一种兽的正面形象,有些两侧各有一身,有曲有直,也有的无身而有腿"[2]。马承源先生认为:"兽面纹的特点是以鼻梁为中线,两侧作对称排列,上端第一道是角,角下有目,形象比较具体的兽面纹在目上还有眉,目的两侧有耳;多数兽面纹有曲张的爪,两侧有左右展开的体躯或兽尾;少数简略形式的没有兽的体部或尾部。所有兽面纹基本上是按一模式塑造的,只是在表现方法和技巧上,随着时代的发展而有所不同。"[3]中国社科院考古所的陈公柔、张长寿认为:"传统上所谓的饕餮纹,其特征是一个正面的兽头,有对称的双角、双眉、双耳以及鼻、口、颌等,有的还在两侧

〔1〕 杜廼松:《中国古代青铜器简说》,书目文献出版社,1984年,第118页。

〔2〕 参见张孝光:《殷墟青铜器的装饰艺术》,载《殷墟青铜器》,考古学专刊乙种第二十四号,文物出版社,1985年,第108页。

〔3〕 马承源主编:《中国青铜器》,上海古籍出版社,1988年,第325页。

有长条状的躯干、肢、爪和尾等。”[1]

对殷周青铜兽面纹的研究，诸家都认为是一种我们称为“拆半”的表现技法。这一点是没有什么疑问的。

图 4－7　商早期兽面纹鼎

一个动物如何拆半表现，这要看兽面纹装饰在什么地方。假如是装饰在一个比较窄长的地方，那么兽身就被拉长，以便形成一个环带状；如果是在比较方正、宽阔的地方，身体就变短，或者使身体向上或向下；当为了突出正面的兽面时，身体则被省略或只把身体分解后放在兽面的旁边。还有的把另一兽身对称地放在兽面的空当处。因此，一些金石学家根据《吕氏春秋》中的“有首无身，食人未咽”，把这种兽面称为饕餮。另外一些人不同意用这一名称，而宁可称之为兽面或动物面，或联合动物。

有人对青铜器上的兽面纹作了详细的分类，搞得比较繁杂，但如果我们对各种兽面纹再做归纳、抽象分析，可以说绝大部分兽面纹均为拆半表现的兽面或连体兽面。

---

〔1〕 陈公柔、张长寿：《殷周青铜容器上兽面纹的断代研究》，载《考古学报》，1990 年第 2 期。

（二）拆半表现的类型

中国的青铜器达到那样的完美程度，不得不使人认为它应有个长期的发展过程。其上的纹饰和表现手法，也应有个史前的发展过程。尽管有些学者已注意到青铜器与诸如木器、石器、陶器、玉器等的关系，但还没有人对其作为一种主要艺术手法进行历史发生学的追溯。但不知其历史发生过程总是一大缺憾。只有了解了其起源，才能认识其本质。我们应明确，“拆半”表现不仅是在青铜器的纹饰中，而且在其他器物的纹饰中也很常见。古人认为“国之大事，在祀与戎”〔1〕，作为祭祀之礼器的青铜器是国之重器，所以它的制造才达到那么精美的程度；另一方面，也许是一个偶然的因素，因所使用的物质材料的不同，才使青铜器成了它们的代表。实际上，我们从殷商的，甚至更早的考古文物中，也发现了拆半表现技法的存在。在殷墟中就曾发现过权杖、饰柄与石雕，其装饰手法与青铜器是一致的。

图4-8　商代夔纹爰簋
（香港大学美术馆藏）

〔1〕《左传·成公十三年》。

李济曾领导过殷墟的发掘工作，他分析了发掘出的青铜器，说："这些圆身的青铜容器大半是承袭史前陶器；而史前陶器的形制大半数仍保存在殷商时代的陶器中，其中有不少形制可以追溯到史前的黑陶及彩陶时代。"李济曾在小屯村进行发掘，在那儿"确实发现了方形木器的痕迹……进一步推论应当是方形青铜器，不仅在器形上，而且在纹饰上都来源于方形木器"。"在中国北部的青铜铸造之前，很可能早就广泛地存在着木刻工艺。"殷代"建筑的装饰，显然包括不少的石头雕刻的人像、神话动物一类的石雕以及刻画在墙壁上的花纹"。[1] 进而李济归纳了青铜器上装饰的三个特征："1. 保持陶器形状的圆形青铜器通常没有装饰。2. 一些青铜器依然采用仰韶、龙山陶器上相当简单的几何形图案为主要装饰。3. 安阳出土的青铜器，全身都布满了主要是动物图案的装饰。""事实使我们进一步得出如下结论：以动物为主题的花纹首先在木刻艺术发展起来，而木刻艺术在类似于16、17世纪的北美西北海岸的环境中才繁荣起来。"[2]

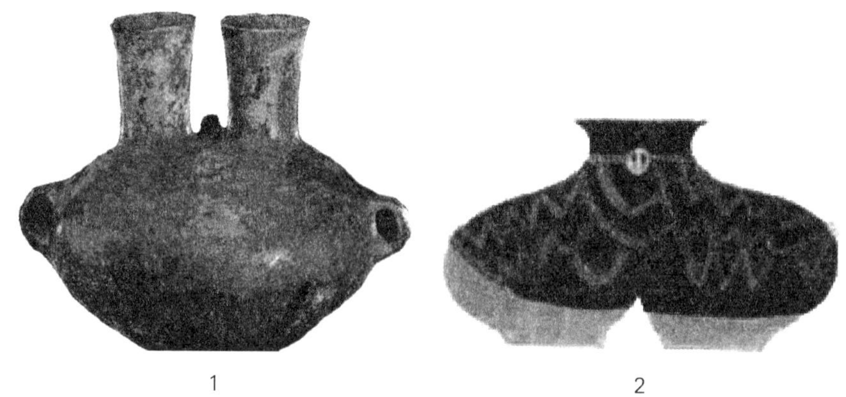

图4-9　原始器物上的双身表现

1. 双口壶（甘肃广河瓦罐嘴出土，选自《中国彩陶图谱》）
2. 双联壶（西藏昌都卡若遗址出土，选自《中国彩陶图谱》）

〔1〕张光直、李光谟编：《李济考古学论文选集·殷墟出土青铜礼器之总检讨》，文物出版社，1990年，第726、941、939、809页。

〔2〕张光直、李光谟编：《李济考古学论文选集·殷墟出土青铜礼器之总检讨》，文物出版社，1990年，第942页。

因此，青铜器上的兽面纹的表现方法，不仅在青铜器上存在，而且应该说，它确实也在当时的其他各类艺术中存在。虽然李济、李学勤、张光直等人都注意到这一点，但他们并没有进行具体的分析，也没有从美学的角度进行考察。下面我们就对此拆半方法进行探讨，并从中分析这种方法怎么导致了“一头双身”或“双头一身”等怪物的起源。

原始器物上的装饰纹样，历来是一个争论很大的问题，前面我们已从内容方面进行了分析。现在我们将分析这种怪异装饰纹样表现手法的审美意义，以及由这种表现手法的演变而可能造成的文化观念上的改变。

从 20 世纪 50 年代开始发现的“人面鱼纹”，不仅在西安半坡，而且在临潼姜寨村、宝鸡北首岭、汉中西乡何家湾等处也都有发现。其形式大同小异。（见图 4－10）

图 4－10　人面鱼纹的诸种图样

1—3. 半坡遗址陶器上的人面鱼纹图案

4—7. 临潼姜寨陶器上的人面鱼纹图案

8. 西乡何家湾陶盆上的人面鱼纹图案

9. 宝鸡北首岭陶器上的人面鱼纹图案

实际上，巫师面具形象应有个原型，这一原型就是鱼。人面鱼纹，应看作鱼纹拟人化的产物。巫师在举行原始宗教仪式时，戴着制作的面具，是其交通图腾神或祖先神的一部分。仰韶文化中人们制作的面具已不复存在，但绘在陶器上的装饰给我们透露了一定的信息。从中我们可以分析出“人面鱼纹”组成方式的演化轨迹。

图 4－11 中的图 1、2、3 为侧面表现的鱼。图 6、7 原绘在陶盆的外侧面，为横排式，可以看作一条鱼从一侧面拆开，然后在头部相连，然后平放在一平面上的产物。图 5 是一拆半表现的鱼，在头部的侧面相连，而使身体平行放置。这样似乎可以看到原鱼头部和“人面鱼纹”之间的关系了。当把这个图案拟人化，头部变为圆形（见图 4－11－10），原来拆半表现的鱼身，便简化为“人面鱼纹”的额部和额部上的冠状物。在大量人面鱼纹的嘴的左右，有边线带齿状的三角形饰物，应看作正面表现的鱼鳍。头上的冠状物，实际上是图案化了的鱼身。我们从图 4－11－11 便可看到这一点。图 12 是临潼出土的史家型葫芦瓶上的人面鱼纹图案，其头上的冠状物带有鳞片纹，当为两拆半表现鱼身的平面图。所有的所谓人面鱼纹，都不是表现人的形象，而是巫

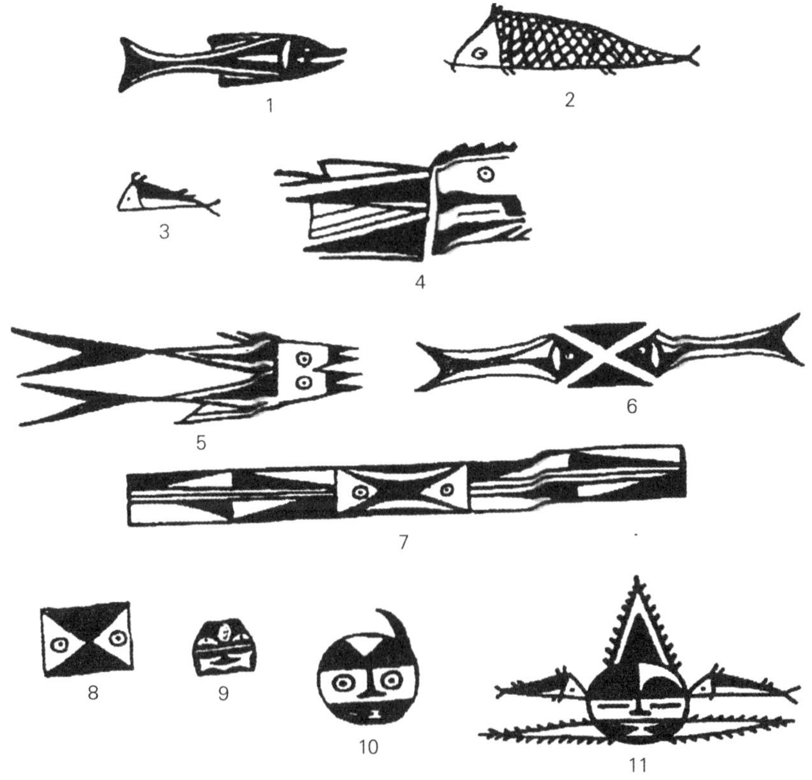

图 4－11　拆半表现鱼纹的演化图

师所使用的拟人化了的鱼的形象。当把鱼装饰在比较窄长的地方时，便出现了图 6、7 的样式，它可以看作一条鱼从尾部向头部剖开，然后拉平放在一平面上的产物。图 8 是一个拆半表现的鱼头，它可以看作两个侧面的鱼头，又组成一个正面的鱼头的形象，它与图 7 中鱼的头部的样式是一致的。再行抽象就可形成图 9、10 的样式。图 4 则向我们展现了从图 1、2、3 向图 7 以致向图 11 过渡的形式。可见拆半表现的手法，在中国已有六七千年的历史，在仰韶文化中就已成熟。而这一手法，到了公元 15 世纪才在美国西北海岸的雕刻艺术中成熟地表现出来。

我们把这些图进行详细研究，就可以看出都是源于一种表现正面形象的拆半表现技法。这种表现技法是横向排列的，它既表现了头的正面形象，又表现了身体的两个侧面，它适应了所装饰的器物的形体需要。

这种表现技法的不同，主要是由装饰的空间决定的。它与横排式在内容上不应有差别，只是由装饰物的形状和质地决定了其表现的方法。

我认为“人面鱼纹”上的三角冠状物应为鱼身。在异域我们也发现了类似的表现技法。荷鲁美斯在《志利魁省之古代艺术》一书中，详细比较了巴拿马海峡沿岸的印第安人的陶器图谱，发现其中的种种几何纹样实从鳄鱼形演变而来。他将这一纹样的演变情况列了一张表。我们看到，初时的鳄鱼纹样，只是背上有小点之三角形长带以表示鳞，口中以一列楔形代表牙齿。[1]

〔1〕 徐一青、张鹤仙：《信念的活史：文身世界》，四川人民出版社，1988 年，第 157 页。

实际上，我们比较人面鱼纹的不同表现，也可明白这一点。如有些人面鱼纹在左右耳部饰一上弯的线，有的线上还点上小点，而有的则换成了左右贯耳的鱼。所有的人面含鱼纹都没有画耳朵，只是在耳部以鱼饰之。这与《山海经》等古籍中记载的“珥两蛇”的意义是一致的。大概是可以听到图腾神灵的召唤，是“灵感”的一种形式。因为耳聪目明在原始人那儿都是指一种特殊的交通神灵的方式。前已引《国语·楚语下》观射父说的一段话，其中有“……其圣能光远宣朗，其明能光照之，其聪能听彻之，如是则明神降之，在男曰觋，在女曰巫”，便是此观点的注脚。正像澳大利亚的某些土著妇女声称她们能像听见一阵微风那样听见神的降落。秦家懿指出中国古代的圣人，本义是指那些通灵的人。“甲骨文里的‘圣’字由一只大耳朵和一张小口组成，可能意味着聆听（也许是指聆听神灵的话）和传播听到的话。……圣人可能是神的代表，也可能是人神交流的中介或是祖先的亡灵。”〔1〕孔子说自己“耳顺”，便有一种知天命的自信。而这种看法，可以得到来自“人面鱼纹”的形象证明。

拆半表现可以导致双头一身怪物的产生。海达人表现鸭子和渡鸦的图纹，由于拆半表现形成了看上去是双头的怪物。在仰韶文化的鱼纹中，已有用这种方法表现的怪鱼；在河姆渡文化中，在汉代画像石中，也有用这种方法表现的怪鸟（见图 4－12－1）。

实际上，参考博厄斯的论述，我们可以把这种双头怪鱼看作一条从头部用刀向尾部剖开，然后拉平放在同一平面上的产物。它和图 4－12－1 的拆半角度是相同的，拆半的鱼装饰在器物上，如果是头正中相连，就是一头双身式；如果在尾部相连，就是双头一身式；如果在头侧部相连，鱼身平行放置，就是一头双身环绕式。明确了双头怪鱼的表现方法，可以破千古以来一身双头怪物的起源之谜。

---

〔1〕 秦家懿、孔汉思：《中国宗教与基督教》，生活·读书·新知三联书店，1990 年，第 16—17 页。

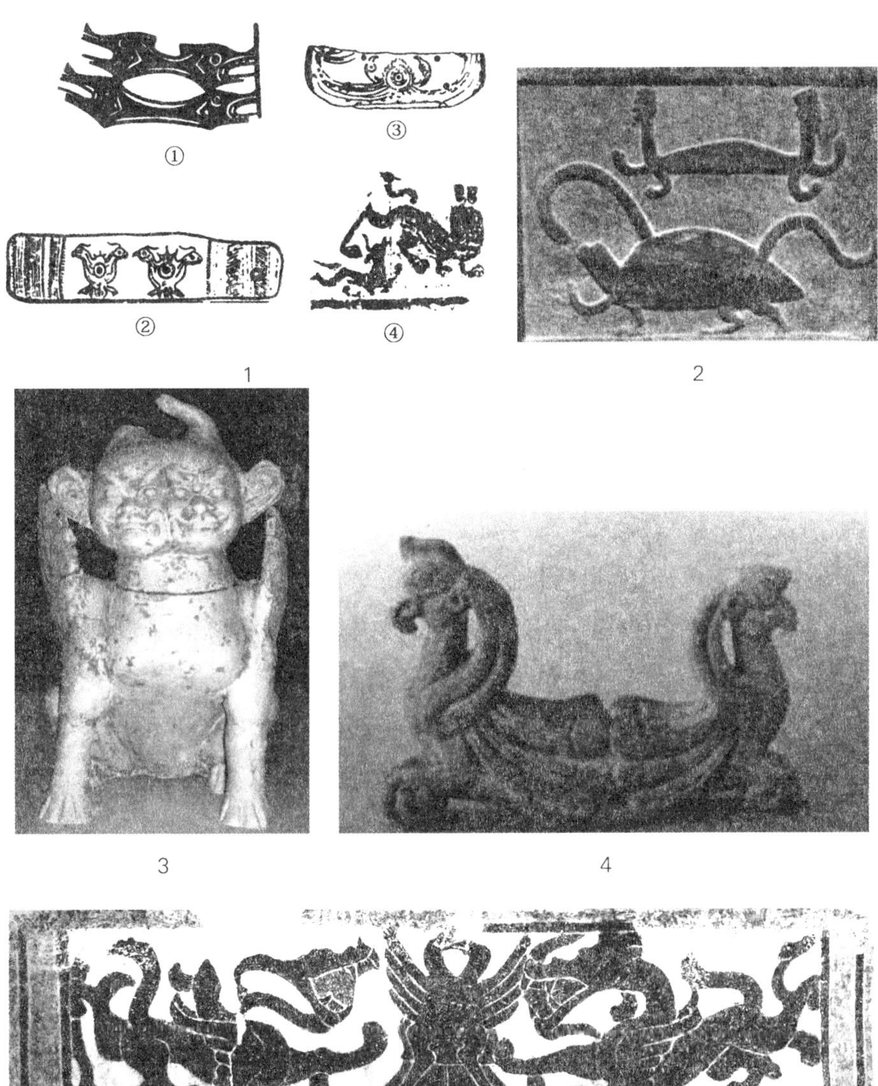

图4-12　中国古代的双头怪图案

1　仰韶文化双头鱼、河姆渡文化联体双鸟纹骨匕、河姆渡文化"双鸟朝凤"象牙雕刻蝶形器

2. 榆林地区汉画像石

3. 洛阳出土镇墓兽

4. 新疆出土双头鸟(作者摄)

5. 徐州汉画像石中的双头鹰

图 4－12－1 中图②是处于长江流域河姆渡文化遗址中出土的物品，上刻有两个双头一身的凤鸟。图③是一象牙雕刻的蝶形器，上刻有命名“双鸟朝凤”的图案。拿它的表现技法和海达人表现鸭子和渡鸦的技法看，它们是极其相似的。其内涵也是表现太阳神鸟的文化母题，但由于表现手法的怪异，引起了人们的极大好奇。从表现形式讲，它已开了饕餮表现技法的先河。

到了殷商时代，在青铜器的纹饰中，这种表现技法已达纯熟并有了更多的变化及组合形式。如图 4－13 所示。

图 4－13　殷商青铜器、玉器等上的两头怪装饰

图 4－13－2，左右各为一身双头的夔龙，从中间看，又是左右有首的夔龙组成的饕餮纹。图 4－13－1 则是图 4－13－2 的抽象化。图 4－13－3则显示了一身双头夔龙的头，一为侧视，一为正视。图 4－13－4 则为双侧视图。图 4－13－5、4－13－8 则把一龙一凤组合在一个身体上，显示了龙凤艺术到殷代已趋于融合的历史趋势。其余的则更趋抽象化。

从石器时代到青铜时代，石器、青铜器中出现许多双头一身的怪物，有此纹饰的器物多被命名为璜。如图 4－14。

郭沫若指出战国玉璜为“二首一身之龙形”[1]，杨建芳先生认为“璜两端

〔1〕 郭沫若：《金文丛考》，人民出版社，1954 年，第 44 页。

1

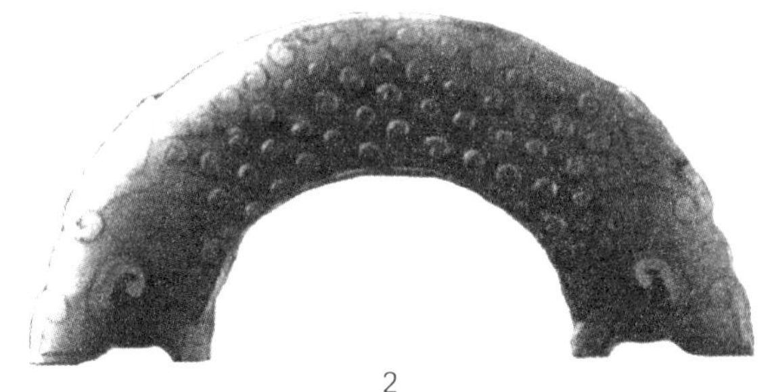

2

图 4－14　玉璜

1. 春秋晚期，1986 年江苏吴县严山出土，江苏吴县文物管理会藏
2. 战国中期，1950 年河南辉县固围村 1 号墓祭祀坑出土，中国历史博物馆藏

作龙首或兽首”〔1〕。在《山海经》里有左右有首的延维（委蛇），在甲骨、金文中有虹字，其如璜，字形为两首蛇虺。这种两首怪物与拆半表现技法一定存在着内在联系。一直到现在，在民间艺术中，仍存在这种表现技法。之前笔者在陕西咸阳农村搜集到一些布制玩具，其鸟为拆半表现，可以看作一只鸟被劈成两半，在胸部相连，然后平放在一平面内。其制作是先拿一块布对折，然后用剪刀剪出一鸟形，让布在鸟胸部相连，不剪断，然后展开，用针缝好，绣上精美的图案即成。这种技法在剪纸等艺术形式中极为常见，可见这种表现技法的历史是多么的悠久。

上面已讲到，李济等考古学家对宋代以来许多人把青铜器上的兽面纹称为饕餮持反对意见，他认为，许多兽面不是有首无身，而是有首有身，并且多是左右各为一对面相连的动物，两个对面相连的动物头又组成一个正面的兽

〔1〕 杨建芳：《中国史前五种玉器及其相关问题》，载《新亚学术集刊》，1983 年第 4 期（中国艺术专号）。

首。根据《山海经》的记载，他称这种兽面纹饰为“肥遗形”图案。

《山海经·北山经》载：

有蛇一首两身，名曰肥遗，见则其国大旱。

《山海经·北山经》又云：肥水“其中多肥遗之蛇”。《山海经·西山经》：“太华之山，削成而四方，其高五千仞，其广十里，鸟兽莫居。有蛇焉，名曰肥遗(蟦)，六足四翼，见则天下大旱。”可见肥遗为一蛇名，其特征就是出现变体，最主要的就是“一首两身”。

图4-15 清人所画一头双身的肥遗蛇

光绪二十一年刻本《山海经存》(作者汪绂)，肥遗插图为图4-15。这个插图运用了现代人的透视法画出了一头双身的蛇，实际上已失去了肥遗的原意。根据古代装饰纹样，肥遗应为一拆半表现的蛇。

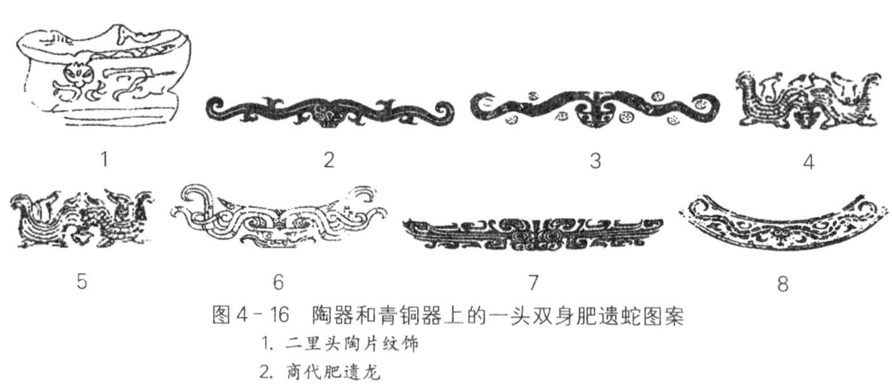

图4-16 陶器和青铜器上的一头双身肥遗蛇图案

1. 二里头陶片纹饰
2. 商代肥遗龙
3. 商代父乙方鼎纹饰
4. 5. 战国河北平山中山王墓出土器物纹饰
6. 广东广州汉代南越王赵眜墓出土玉璧纹饰
7. 安徽阜南出土商代龙虎尊纹饰
8. 商代青铜器纹饰

图 4 - 16 - 1，为在中原地区发现的属二里头文化的两块龙纹陶片，时代距今约 4000 年，其龙已表现为“一首双身”，当为早期的肥遗形纹饰。此陶片可以证明早在二里头文化中就已存在这种表现方法了。以后到了殷周时代就更加普遍了。我们从殷墟妇好墓出土的司母铜方壶的中间部位，可以看到装饰的高浮雕的一头双身的肥遗。这完全是为了装饰的需要才这样安排的。如图 4 - 16 - 2。

对动物的这种表现，不仅表现在龙上，在其他动物上也能见到。如商代一些青铜器上装饰的虎食人花纹(见图 4 - 17)。

图 4 - 17　安徽阜南出土龙虎尊花纹

图 4 - 17 为安徽阜南出土龙虎尊上的花纹，虎为拆半表现的典型代表。一只老虎被从尾部向头部劈开，身体被拉平放在左右，虎在头部相连，从头看为一正面的虎头，虎头下有一个全身布满花纹的人。

图 4 - 18 的装饰纹样也是拆半表现的结果，其内容和图 4 - 17 是一样的，只是拆半表现的方法不同。表现方式主要是图案所在的空间决定的。李学勤分析这种技法说：“上述各器上面的虎形，或双身或相对，是求取平衡的艺术手法。妇好钺的铭文，为求平衡，将‘好’字写成两个女相对，正证明了这一点。”在某种意义上讲，传统上所认为的饕餮纹，与肥遗图案是相同的。战

国时这种表现技法也存在，如图 4－19 是河南辉县出土属战国时的铜奁，图中间下方，为一人面双身怪兽，实际上是动物的拆半表现，并将头部拟人化的结果。

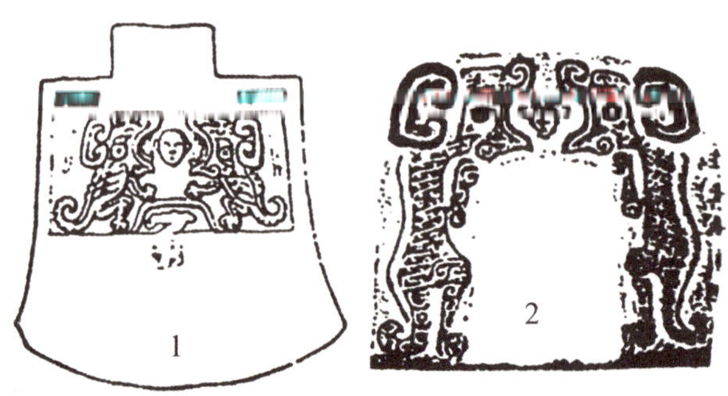

图 4－18 虎食人图纹

1. 殷墟五号墓出土妇好钺

2. 殷墟侯家庄出土大后母戊鼎耳上花纹

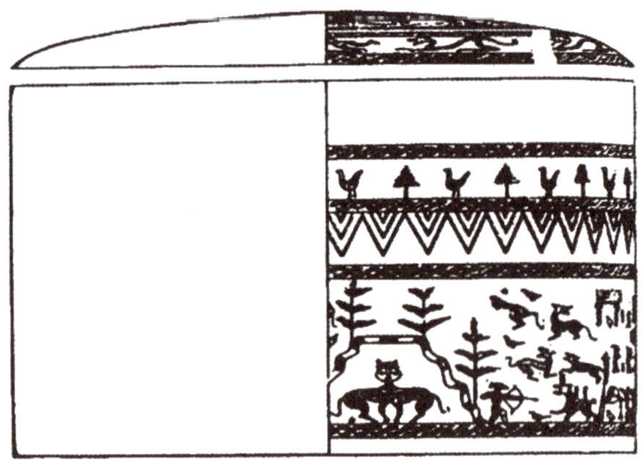

图 4－19 河南辉县出土战国铜奁

有些鸟类图饰，也是用这种方法表现的，如图 4－20－1，这是殷代铜卣上的鸮纹。

令人惊异的是这种表现方式在苏美尔人的纹样中就已经存在了（见图 4－20－2、3）。苏美尔人的一头双身的装饰图案和河南辉县出土战国铜奁上的一头双身图案比，两者有着同一种根源是显而易见的。苏美尔人与中国人之间有什么样的关系，很值得人类学家去思考。当然在证据不足的情况下，草率地做出结论还不如存疑更科学。

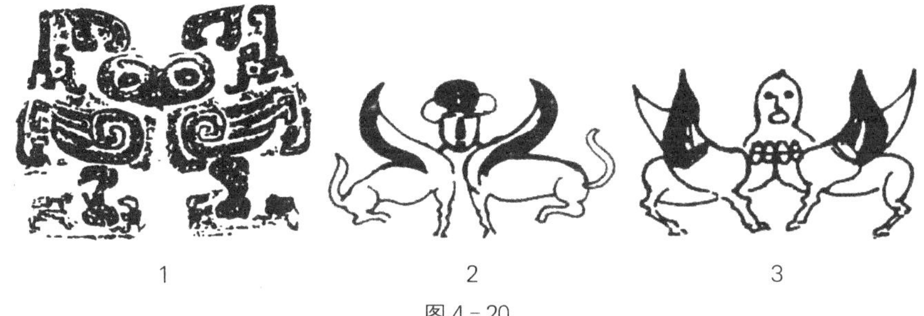

图 4－20

1. 殷代铜卣鸮纹
2.3. 苏美尔人的一头双身图案
（选自［英］E. H. 贡布里希《秩序感——装饰艺术的心理学研究》）

（三）拆半表现的起源

博厄斯不仅指出了北美洲西北海岸艺术中存在的拆半表现，而且企图说明这种表现技法的起源。他从艺术表现的具体材料出发，认为拆半表现原则逐渐出现在从角形物体到圆形物体、从圆形物体到平面的转换过程中。例如一个方盒有四个侧面，要在这四个侧面上表现立体的动物，最好的办法就是"使方盒的四个侧面适应动物的四面——前面与右侧、后面与左侧。而在圆镯中不存在这种明确的分界线，因此艺术地连接这四个方面就极为困难，但两个侧面并不存在这种困难，……设想动物从头到尾分为两部分，使这两半只在鼻尖和尾梢上相连。手穿过这个洞，于是动物就绕着手腕。采取这种姿势，动物可在手镯上表现出来，……从手镯转到平面上的动物绘画或雕刻，也就不难了"[1]。在从圆形到平面的转换过程中，其把联结的尾部拆开，然后使现在处于游离状态下的两半身体在齐脸的平面上往左右前方拉平。博厄

〔1〕［美］弗朗兹·博厄斯：《原始艺术》，上海文艺出版社，1989 年，第 208 页。

斯的分析是具体的、启发人的。列维-斯特劳斯则从他的结构主义人类学的原则出发，结合原始文化中的图腾信仰、面具文化、文身黥面等社会功能分析古埃库鲁艺术、毛利艺术，认为“拆半表现看来是两个文化重视文身的结果”[1]。因为要在脸部画出图腾形象或装饰图案，其最基本的技法就是把脸看成是由两个毗连的侧面来表示。他分析了毛利人的图腾柱和中国的一件罗浮宫收藏的青铜器——它看上去像是一根雕刻柱子的缩制品，认为“其造型与风格表现仅仅是人体形态模仿的具体表达”。

列维-斯特劳斯遇到的困难在于人的文面是否早于器物上的装饰。并没有资料可以证明人类的装饰是从文面开始的。文面可以是拆半表现的，但并不是拆半表现的根源，也许恰恰相反，人的文面是在一定的宗教神话的背景下开始的，在文面以前也许人类早就在洞穴岩壁或陶器木器上涂画了。博厄斯的研究力避抽象空洞的泛论，紧密联系北美洲西北海岸的艺术，但对中国艺术来说，他没有涉及，这的确是一大遗憾。

图4-21　汉画像石中的拆半表现(东汉时期，上面一层刻画的虎，为一头双身)
(原石藏于徐州汉画像石艺术馆)

结合中国古代艺术，我们将从审美发生、艺术表现和原始思维三个方面来探求一下拆半表现的可能起源。

---

〔1〕［法］列维-斯特劳斯：《结构人类学》，文化艺术出版社，1989年，第81页。

(1) 拆半表现与对称。无论是狰狞的饕餮或双身的肥遗，无论是神秘的图腾柱或怪异的面具，其表现技法皆为拆半的，最大特征就是它的对称性。对称性的追求是一个恒常的课题。追溯拆半表现技法的起源，从审美心理发生学上，就追溯到了对称美的产生。

博厄斯指出："自古至今，一切民族的艺术品中均可看到许多特征，其中之一即是对称。即使在最简单的装饰艺术的造型里，也可以看到对称的形态。"[1]美国当代著名美学家阿恩海姆对原始艺术研究后认为："原始艺术阶段，其构图都是由简单规则的格式塔组成。总的看来，原始艺术都是平板的或二度的，而不是立体的或三度的；多运用直线和规则的曲线(如圆的和螺旋形的)而很少见到倾斜的线和不规则的曲线，普遍都具有对称性、重复性和节奏性特征等等。"[2]

在古代民族中，苏美尔人是喜爱严格的左右对称性或纹章学的对称性。出土于公元前约 2700 年的银瓶上就显示出一个展开翼的正面的狮头鹰，它的每个爪子紧握着一只呈现侧面形状的牡鹿，牡鹿又遭到一只狮子的正面攻击(见图 4－22－1)。在图 4－22－2 中，牡鹿换成了山羊。巴比伦的柱形印章石上的图案也遵循纹章学对称性的规则。在马拉松时代建造的苏撒的大流士的宫殿上，有上了瓷釉的斯芬克斯(狮身人面像)，也具对称性。在希腊特洛伊的迈锡尼狮门上的图案、史前秘鲁的图案，为了保持对称，蛇均为左右有首，一身两头(见图 4－23)。甚至在拜占庭的艺术中绘画也大都是对称的。

1

2

图 4－22　苏美尔人史前艺术中的对称构图

---

〔1〕［美］弗朗兹·博厄斯：《原始艺术》，上海文艺出版社，1989 年，第 23 页。

〔2〕［美］阿恩海姆：《视觉思维》，中国社会科学出版社，1984 年，第 11 页。

图4-23 秘鲁的图案([美]弗朗兹·博厄斯《原始艺术》原图27)

无疑对称和美学是紧密相连的。德国著名科学家H.魏尔在其专著《对称》一书中指出:“对称性,不管你是按广义还是按狭义来定义其含意,总是一种多少世代以来人们试图用以领悟和创造秩序美和完善性的观念。”[1]阿恩海姆则认为:“在原始人心目中,原始艺术呈现出了规则、对称、简洁的图形,就等于在迷乱中创造了秩序,在混沌中创造了世界,在黑暗中创造了光明。”[2]“既然对称是简约的完形或好的形的一个主要性质,它就毫无疑问地主导着一切原始艺术和一切装饰艺术。”[3]但随着艺术的发展,对称性在艺术中越来越少见了,当人们对社会秩序有了科学把握,对称则成了呆板或僵死的表现;艺术一旦脱离了原始期,严格的对称便逐渐消失了,渐渐被平衡所代替。

魏尔进一步分析道:“人们也许会问,对称性的美学价值是否依赖于它的生命价值;究竟是艺术家发现了大自然按照某种固有规律赋予它的创造物以对称性,然后把大自然以不完善形式表现出来的这种对称性加以模制与改善呢?还是对称性的美学价值有一个独立的根源?我倾向于柏拉图的想法,即数学观念是两者的共同根源:制约着大自然的数学规律是自然界中的对称性的根源,而创造性艺术家心灵中对数学观念的直观的领会,则是艺术中对称性的根源。不过我准备承认,在艺术中,人体外形的左右对称性这个事实是一种附加的刺激因素。”[4]博厄斯也表示了类似的看法:“对称造型的使用

---

〔1〕[德]H.魏尔:《对称》,商务印书馆,1986年,第5页。
〔2〕[美]阿恩海姆:《视觉思维》,中国社会科学出版社,1984年,第11页。
〔3〕[美]阿恩海姆:《视觉思维》,中国社会科学出版社,1984年,第12页。
〔4〕[德]H.魏尔:《对称》,商务印书馆,1986年,第6页。

何以如此广泛，其原因很难探索。人体的生理结构决定了手臂的对称运动。左右两臂很自然地以对称的方式运动，这种运动的方式不仅对称而且富有节奏。我想，可以把这种现象认为是产生对称现象的重要因素，其重要性不亚于人类或动物躯体的对称。问题不在于人们是否用左右两只手同时进行绘画，而在于左右两侧动作的感觉造成了人类的对称感。”[1]

自然界万事万物，大如星系小到树叶，都是以对称的面目出现的，禽兽鸟虫及我们的人体，都是对称的。对称无疑是进化历史上的奇异现象，其必然有数学的根据。艺术中的对称是这种自然力和自然中生命力的必然显现，是人适应自然的一种必然反映。当人类社会从无序的状态走向有序的时代以后，在人类早期的原始艺术中普遍存在一种对称的艺术就毫不奇怪了。拆半表现的审美根源就深深扎根于大自然的生命力的结构模式中。

(2) 拆半表现与原始透视法。绘画就是要在一个平面的二维空间表现处在三维空间的立体事物。在今天科学发展的时代，这一表现靠透视来完成。西方人崇尚科学理性，因此他们创造了焦点透视，使人们从窗户框里看到的景色，可以在一块画面上呈现。在中国古代的国画中，多用散点透视，它好像一个人不是从一个窗框里去看世界，而是把许多角度的观测组合在一个画面上。在人们懂得科学透视法以前，应有个原始透视法，这种方法在原始艺术及儿童绘画中采用过，并且曾产生深远的影响，而且随着西方现代派艺术的兴起，这一影响也许要更加久远。

图 4 - 24 画的是一个方形的池塘以及周围的树木。其中图 1 是用焦点透视法画出的，图 2 是用埃及画(代表了原始艺术的一个方面)的技法画出的。在埃及人看来，图 1 是错误的，它看上去极其混乱，池塘成了不规则的四边形，树的高低也不一样，有些树跑到水里去了。树和地平面的交角也是倾斜的，现实中的池塘完全不是这样的。一个西方画家听了上述评论后认为埃及人所画的池塘只有从飞机上往下看时，才是那个样子，因为池塘周围的树

[1] [美]弗朗兹·博厄斯:《原始艺术》，上海文艺出版社，1989 年，第 24 页。

图 4－24　埃及人原始透视法说明图

看上去都像是躺在地上似的〔1〕，这是怪异的。

在最早的绘画还没有从装饰艺术中分离的时候，要在平面上表现空间的形象，曾采用图 4－24 所示的表现法。如在原始洞穴壁画和岩画中，表现动物多采用正侧面的描写。图 4－25－1 表现两匹马拉的车，其马为侧面描写，为了形式美而一个面向左，另一面向右；车是俯视的，轮子则是侧视的；图 2、3 为两个动物的侧视图，它们在吻部相连，很像拆半表现艺术，它们又可以看作两匹马、两只羊；图 5 则为两个侧面表现的动物在四蹄处相连；图 4 是五人的圈舞，均在平面上表现。

图 4－25　岩画中拆半表现的人与动物（选自盖山林编《阴山岩画》）

〔1〕［美］阿恩海姆：《视觉思维》，中国社会科学出版社，1984 年，第 135 页。

文字是从绘画文字演变过来的，在图画文字中，也留下了人类的这种古老的表现方法，如在商周的象形文字甲骨文、徽号文字中，动物也是这样来表现的。甲骨文、金文中的车字，最能代表这种表现方法（见图 4-26-1）。

徐中舒在论古文字装饰风格时讲到：“甲骨文凡关于禽兽的象形字，多作侧视形，只能显其 面，因此四足的兽，只画其两足。”〔1〕在青铜器纹饰中，车马也是这样表现的（见图 4-26-2）。其中如果是两匹马拉的车，每匹马都是用正侧视来表现的，并使马背相对。如果是四匹马就是一边各两匹，仍是背部相对。无疑，战国时期青铜器上的这种表现技法，是更加远古时代遗留下来的技法。

图 4-26
1. 古文字中的“车”字（车子作俯视，轮子作侧视）
2. 战国青铜器中的车马纹饰

当原始社会的“艺术家”们在图腾面具上、在纹面中或在装饰器物时，有时不得不表现动物的正面形象，这样就导致了他们把动物拆半表现的技法。从原始思维来讲，仅画一个正面的形象是不能代表这个动物的，因为动物还有身体，虽然它从正面看是被遮掩起来，变了形，但原始人记忆最清晰的仍是最能表现特征的侧面像。这样真正的艺术家们便创造了“拆半表现法”。这在当时的人看来，一头双身或双头一身根本不是什么怪物，只是一种自然的表现技法而已。如在一个偏平的长条地带表现一条龙、一条蛇，他们就会创

〔1〕 徐中舒：《夏文化论文选集》，中州古籍出版社，1985 年，第 4 页。

造出肥遗形的图案。蛇的头正面描写，而把身体拆半向两面拉开。对称的美学原则，在深层制约着他们的创作。特别是殷周时代，青铜礼器在生活中、精神世界中有举足轻重的地位，它是国之重器，是权力的象征，其要求的是秩序和规则、对人的威慑和镇服，所以装饰便带有极严密的规则。代表上帝、祖先、图腾或威力的"饕餮"面，便成了这一切的象征。这样我们的分析就和博厄斯及列维-斯特劳斯的分析联系了起来，我们只是把讨论的背景放得更加广阔。装饰纹样还有更加复杂的一种，这是在拆半表现的基础上演化出更加复杂的一种表现手法。博厄斯曾分析夸扣特尔人住房正面绘的虎鲸的图案，他说："画中切割虎鲸的方法也很复杂，先是从虎鲸后背到正面整个劈开。头部的两个侧像按上述的方法连在一起，嘴两边的纹样代表鳃，表明这是一只水生动物。按上述的方法，虎鲸的背鳍应在身体的两边，但这里被切下来，放在了头部两侧像的两边。侧鳍在身体的两面，各有一点同身体相连。尾巴的两半向外扭转，形成一条直线。这种做法是为了适应长方形的门。"[1]

图 4－27　青铜器拆半表现的怪物

在殷周的青铜器装饰中，这种复杂的拆半表现手法也能见到，如图 4－27。李济认为这不是现实动物的写真，而是由肥遗形的神话动物演变出来的。

---

〔1〕[美]弗朗兹·博厄斯：《原始艺术》，上海文艺出版社，1989 年，第 222 页。

列维-斯特劳斯很欣赏莱昂哈德·亚当对这两种艺术方法的概括,并引用了他的结论:(1)认真的风格仿效;(2)程式化或象征手法,通过强化特征或增加重要属性来表现;(3)用"拆半表现"来描绘身体;(4)细节错位,任意脱离整体;(5)用一个人的两个侧面来表现他的正视图;(6)极精致的对称美,它通常还利用非对称的细节;(7)细节不合逻辑地转变成新因素;(8)理智的而不是直觉表现。

(四)拆半表现的审美特征

过去我们几乎对拆半表现没有予以应有的注意,更没有人从更广阔的文化学上来研究它的意义。一些敏锐的学者只是指出了殷周的青铜装饰中存在"拆半表现",没再去追根求源。根据我们以上的分析,可以看到拆半表现代表了人类艺术创造的一个历史阶段,它有着悠久的历史传统。研究拆半表现,我们可以从一个侧面透视原始人审美观念的起源。历史逝去永不复返,它仅留给我们一个残缺不全的文物世界。文物中的装饰图案向我们透露了那个神秘世界的人们的精神领域。因此,结合艺术表现,似乎可以从另一个角度去破译千古神怪之谜,揭示丑怪起源的基础,补古代文献记载之不足,进而了解哲学中阴阳化育、一分为二、合二而一观念的形成,为文化传播提供文化基因研究。

拆半表现研究对原始艺术的研究给予了许多启示。如前所述,《山海经》等古籍中所记载的一些怪物,如肥遗、双头怪鱼、双头鸟、双头蛇等,并不是现实中存在的事物,而是源于一种艺术表现手法。在科学中,这种怪物、异兽、奇禽是很难正常生存下来的,但在神话观念中,这些变形动物又是存在的;神话不要求客观的真实为其存在的基础,恰恰相反,神话往往以那些夸张的、怪异的、荒诞的异样幻想事物作为自己的存在样式,这正是神话时代人们精神产品的现实。现实并不是物质的实体,而是带有人的精神外化的、带有人情绪的实体。一些人之所以要在客观世界找出多首的怪物,完全是受传统哲学观点影响太深的缘故。实际上神异的观念、怪异的丑类、灾变的妖孽，更多是属于人文精神的领域，它只是人们想象力的产物。

在神话的起源上，维科的见解极为深刻，他认为每一借喻或换喻就其起源而论，均可成为“小小的神话”。麦克斯·缪勒曾提出神话产生的语讹说，并分析了由语言的讹变产生的神话。在中国有训诂学，在西方有解释学，现在仍有一些人企图通过语言的训诂来解释神话。我认为，除了语言以外，一些艺术表现方式也可导致一些神话怪物的产生。艺术技法要受一定时代精神的影响，但艺术技法一旦获得独立的存在价值，也可能导致神话观念的改变。

图 4-28　龙鱼豕纹玉佩(西汉)
(扬州市博物馆藏，选自《中国文物精华大辞典·金银玉石卷》)

在神话的时代，艺术方式可能吸收神话的成分，独立的艺术技巧也可能导致某些怪物的产生。假如一首双身的肥遗就是表现正面的蛇，那么以后演化为怪物肥遗就展示了这一发展过程。双头怪物的起源也是如此，在现实中不可能有两头一身的怪鱼，但在仰韶文化的陶器上我们看到它的图像，当原始人的某种文化观念把鱼拆半后装饰在陶器上时，这种怪物就被创造出来，成了原始人文化精神的现实，成了带有原始人情绪、恐惧及崇拜的第二个世界，人精神化了的世界。

如果以上分析是正确的，那么它就有了方法论的意义。恩斯特·卡西尔指出：

> 神话式概念并不是从现成的“存在”世界中采撷而来的，它们并不是从确定的、经验的、实际的存在中蒸发出来，像一片炫目的雾气那样飘浮在实际世界之上的幻想产品。……原初的“经验”本身即浸泡在神话的意象之中，并为神话氛围所笼罩。……由此可见，所有那些以为通过探究经验领域、通过探究客体世界便可以找到神话起源的理论，所有那些以为神话是从客体中产生，并在客体中发展和传播的理论，都必定是片面的、不充分的。〔1〕

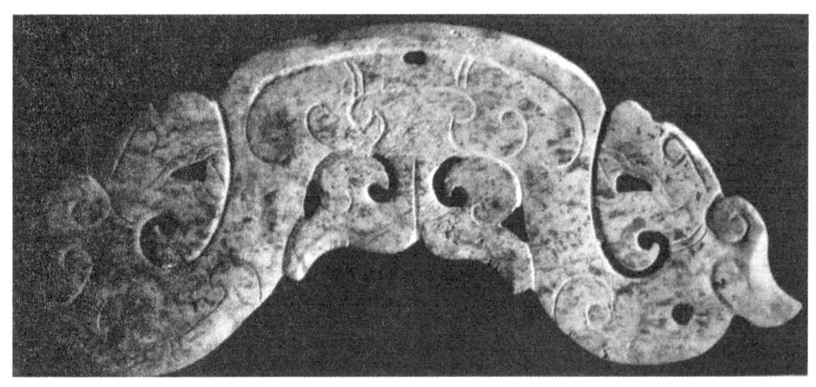

图 4-29 龙纹璜形玉佩(西汉)
(广州西汉南越王墓博物馆藏，选自《中国文物精华大辞典·金银玉石卷》)

这样就使我们研究问题、思考怪物的角度有所改变，我们不再仅仅从客观上来探讨怪异事物的起源，而是把客观的灾异与人的人文观念结合在一起，更多地从人的精神、思维、意识，以及人认识客观怪异的主体性上来找原因。仍以《山海经》为例，其中记载了许多增肢和减肢的怪物，过去成了荒诞

〔1〕[德]恩斯特·卡西尔：《语言与神话》，生活·读书·新知三联书店，1988 年，第 37—38 页。

不经的东西，没有人去认真思考这些怪物的起源，或者仅仅从原则性上讲一下是原始人原始巫术、图腾观念的反映，或者根本摈弃而不言。从我的观点看，这些增肢和减肢妖怪，大都是当时在原始思维状态下，图腾信仰等等在当时人的智力范围内通过一定的技巧表现的必然结果。在没有文字以前，人们更多用图画表现自己的思维，三维客观世界中的事物在平面上表现所产生的讹变，也许就是诸多增肢减肢怪物起源的基础。当有了文字，用文字去描述这些图像的时候，就会出现《山海经》中的那些怪物。有关《山海经》与山海图的争论，向我们隐约显示了远古的这一事实；"夏铸九鼎""铸鼎象物""远方图物"等古籍上的记载，也向我们表明了中国历史在夏朝刚刚开始的时候，这已经形成了一种制度，其起源也就更加久远。从更早的陶器上我们看到了一些图腾族徽和装饰图案，正表现了这种怪物是从原始图画的讹变中产生出来的，在原始的岩画和洞穴壁画中我们能看到这些怪物。

图 4－30　汉画像中的多头怪(东汉晚期，1970 年山东济宁喻屯镇城南张村出土汉画像)
(作者摄)

何观洲先生在《〈山海经〉在科学上之批判及作者之时代考》一文中曾对《山海经》的一些增肢或减肢怪物做过统计。这些增肢减肢或不相类器官相互合并在一起的动物等，就可称为妖怪。妖怪的形状往往是千奇百怪的，妖怪的定义古往今来也歧义纷呈。其中影响比较大，又为一般人常引用的是

18 世纪法国比封伯爵的极简单的定义，他把妖怪分为三类：第一类是器官过多而形成的妖怪；第二类是器官欠缺而形成的妖怪；第三类是各器官颠倒或错置形成的妖怪。按比封的定义，我们列举出的《山海经》中或增肢，或减肢，或把不同类的动物的器官结合在一起，或把动物的器官与人的头或人的身结合在一起，无疑都是妖怪了。如猼訑，状如羊，九尾四耳，其目在背；肥遗，如蛇，一首两身，这都属于第一类妖怪。嚣，如夸父，四翼，一目，犬尾；毕方，如鹤，一足，赤文青质而白喙，这些都属于第二类妖怪。其他如瞿如，如䴔而白首，三足，人面；孰湖，马身而鸟翼，人面蛇尾，这都是属第三类的妖怪。

图 4－31　汉画像中的翼马（东汉，四川新津崖墓出土）
（选自《中国画像石全集》第 7 册）

尽管在中国妖怪信仰历史悠久、源远流长，古代多的是搜神志怪的书，但真正从科学观点研究妖怪的著作还很少见，许多谈妖怪的书是把它作为一种关乎信仰的真实事情来议论的。

在日本倒有不少人在研究妖怪，并且有人企图建立一门妖怪学。其中在日本明治后半期出版发行的井上圆了的巨著《妖怪学》最为著名。但他所使用的“妖怪”一词，指由于文化的限制，人们难以科学解释的事物与现象。他把人们未知的事物都看作妖怪学研究的范围，把人们认识的客观与主观难解的事物及现象都看作妖怪。作为启蒙主义者的井上圆了是以排除“愚民”的“迷误”为至高无上的目标而写此大作的，这样不免犯了把妖怪扩大化的毛病，以致受到日本另一位民俗学家柳田国男的揶揄，因为他越是要把妖怪泛化、精细化，就越失去妖怪的真实形象。[1] 柳田国男写了本《妖怪谈义》，对妖怪也谈了他的看法：

> 任何人都能明确感到，在鬼怪和幽灵之间有着明显的不同。第一，前者的出入场所大抵是固定的，避免从该场所周围通过，就可免于遇鬼。幽灵则与此相反，虽传说其无足，却是一步步地向你走来。被它看到后，哪怕逃到百里之外，也会被赶上。这是鬼怪决不曾有的。第二，鬼怪不似幽灵那样不问对象，以大多数普通人为目标，它是要选择特定目标的。

柳田国男不是从妖怪的形体着眼，而是从民俗中的妖怪信仰立论，他是想以认真、彻底的态度来讲述怪物故事。我们从《山海经》中所记妖怪与人的关系上可以看到这种意象中的妖怪。如“猼訑”条后有“佩之不畏”的说法。从中可以看到当时人们很害怕妖怪作怪，但若携带有个人“灵珠卡”或护身符的东西，则可以逃避妖怪的危害。猼訑既然可以佩戴在身上，当不是指客观的动物，而是一种刻画有猼訑的图腾神的佩饰。当然猼訑本可以指一种自然中的动物，但当把它刻画在木制的或石制的佩饰上时，就会产生变异，那么作为佩饰中刻画的猼訑应是什么样子呢？以“如羊”看，它是一种似羊的动物，“九尾”指“纠尾”，因为“九”在古代通“纠”。在青铜器的装饰纹样中，有许多“纠尾”的禽兽，而从来没见到有九条尾巴的图像，凡九头、九尾皆如此，这正是后人以数之九误释古代“纠尾”“纠头”的又一最

---

〔1〕 参见井上圆了的《妖怪学》的理论部分，《妖怪学讲义录（总论）》由蔡元培先生译成中文，1920 年前后由上海商务印书馆印行，取名为《妖怪学》，有 1992 年上海文艺出版社据第 7 版影印本。

佳例证。从“四耳”看，应指两个头，它们身体在尾部相交，这正是一种拆半表现技法中似羊动物的形象描绘，所以本来是极合情理的，但在长期的演变中，本义逐渐失去，在人们的意象中便真正成了一种怪物，并且人们开始以真正怪诞的形象来制造它。在希腊神话中，有半人半马的怪物。在埃及金字塔前，至今仍伏卧着那人首狮身的“斯芬克斯”，这与中国《山海经》中反映的妖怪是处在人类同一神话历史时代的产物。日本的中野美代子女士对中国的妖怪也颇感兴趣，1983 年出版了《中国的妖怪》一书。她从中山国出土文物在日本的展览中汲取了灵感，通过考察魑魅魍魉及其他怪物后认为，尽管妖怪的定义纷乱，但仍可把妖怪定义为：“超越人类、动物、植物，有时包括矿物等的现实形态和生存形态的，表现人类观念之中的东西。再解释一句，所谓‘超越现实形态和生态’，是由于要与不同时期的规范相对应。可怕、丑陋的形态，如‘独眼’‘无头人’等，在东方西方都属于常见的妖怪，它相对于有双目、有头的普通正常人来说，是破坏了人体谐调的存

图 4－32　西王母图像（山东滕州大郭村出土）
（作者摄）

在，因而可以说它是规范的存在。”[1]我们高兴地看到中野美代子女士已经从美学的角度来思考妖怪的形象了，认为那种和正常的人体相异的，增肢或减肢、毁形损体的表现于人类观念中的形象就是妖怪。它给人的审美感觉是丑陋的，因为它不符合和谐的人体的要求。

一只狐狸，当它以其自身的形态出现时，它不过是一只普通的狐狸，当它化身为一个美丽的女子时，也和普通的人没什么两样。但这时的狐狸已经“从生存形态上超越了现实”，因此仍然是妖怪，中国古代人又称之为精怪、妖精。

在没有文字之前，源于把立体的形象表现在平面上——包括拆半表现的艺术手法——的绘画装饰的形式，有可能对古代妖怪的产生起到了重要作用，除了图腾信仰、巫术观念等方面的原因，这种独立的形式也是形成怪物的原因之一。确定了这一点，对我们下面的分析将起到重要的规范作用。对一些具体丑怪的分析，我们将在下章展开。

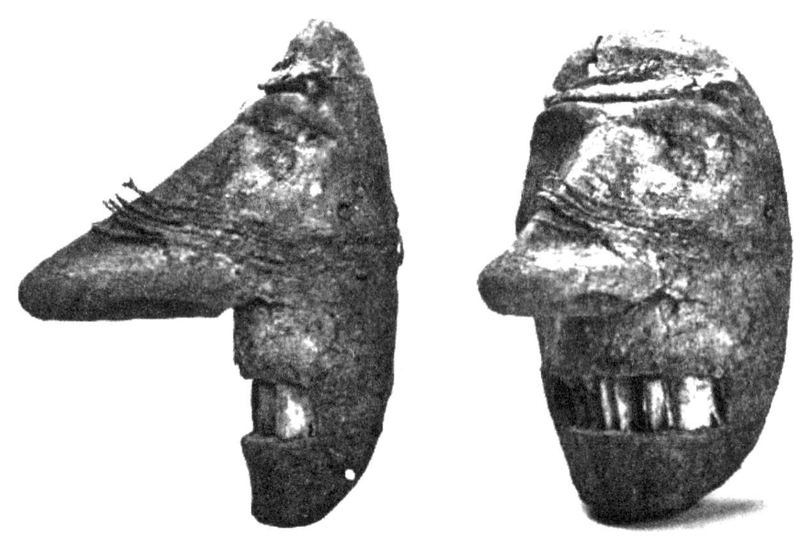

图4-33　木雕胡人形象(新疆出土)
(作者摄于新疆文物展览)

[1]　[日]中野美代子：《中国的妖怪》，黄河文艺出版社，1989年，第13页。

五、《山海经》等古籍记载的怪异

人类发明了文字，文字有记事的功能，当人类把自己对外部世界的认识用一系列的符号记下来时，这是多么伟大的创造。靠这种符号的记忆，使人类再也不要仅仅靠讲述神话和传说来传播已逝去的远古时代的史迹与知识了。

文字记载下的东西按一定的程序编排在一起，就形成了书。靠书，人类的文化和创造便可以一代一代保存下去。

远古时代在发明文字时，人类还处在图腾社会或这一信仰正逐渐消退的时期，那时人们还处在原始思维阶段，巫术和神话的观点充斥人类的精神领域，主宰了人类社会生活的方方面面。因此，人类最早用文字记载下来的材料都充满着神异色彩。从全世界流传下来的最早的书来看，大都是各民族的“圣书”。这些书记载了每个民族的最久远的神话传说、古老的神怪异物，还记载了各民族产生演化的历史进程，以及他们最古老的道德、法律和科技。由于时代的演进，现在看来这些书都有些怪诞的色彩。

在古埃及有著名的文献《亡灵书》，这是一种写在草纸上的神话咒语文集。在苏美尔人的泥板上，人们已整理出《吉尔伽美什》等民族史诗，它歌颂的是半神、超人的英雄。在印度有由古代祭司所编成的《吠陀本集》，收集了古代印度人的“神圣的知识”，它的内容多为颂神的诗歌和驱魔的咒语。《吠陀本集》以后又有《摩诃婆罗多》和《罗摩衍那》两部“圣典”，其中的神话传说对印度人的生活产生过无法估量的影响。古希伯来人则有《旧约》，这是犹太教的多卷“先知书”，是举世知名的宗教经典，也是古代神话、传说的集大成之作。古希腊的神话传说记录在赫希俄德的《神谱》和相传为荷马所作的两大史诗《伊利亚特》和《奥德赛》中。古代波斯有拜火教的经典《阿维斯塔》，它对神祇和天使进行歌颂，也包含驱魔术等巫术思想。日本有《古事记》，北欧有《埃达》和《萨迦》，世界上许多古老的民族都有这类圣书。

从中国来看，文字的发明创造也有一种神话的功能，传说“仓颉作书而天雨粟、鬼夜哭”[1]。从现在已发掘的甲骨文卜卦辞看，文字最早也是用来通神的一种工具，而中国最早的古书，如以《山海经》为代表的古籍中，都记载了史前图腾社会的一些神异的事物，今天看来是颇为怪异的。

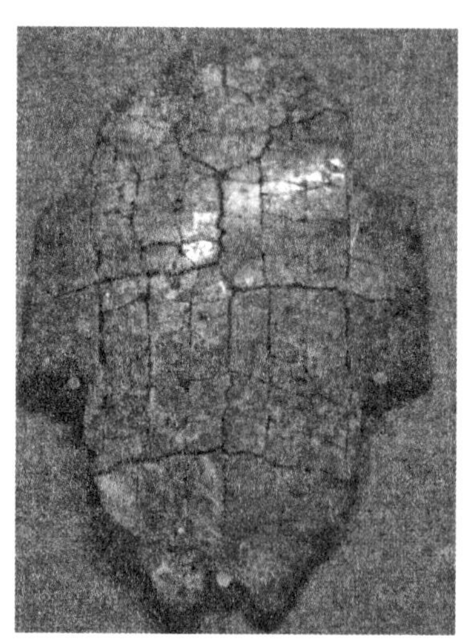

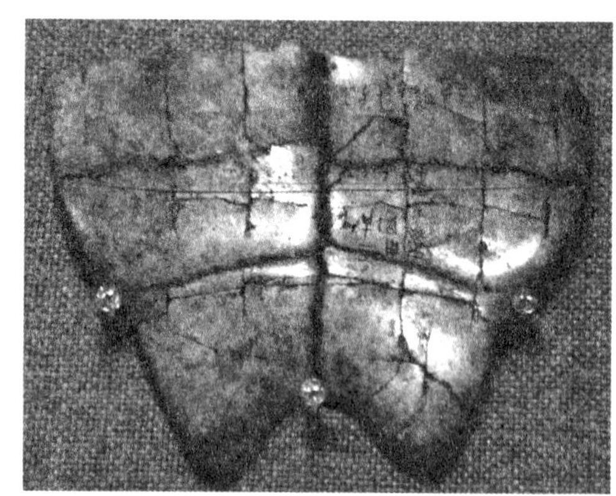

图5－1　甲骨文腹甲(河南郑州出土)
(作者摄于河南省博物院)

《山海经》历来以它怪诞的色彩、神秘的内容和朴野的风格而著称于世，但人们对它的认识却仁者见仁，智者见智。《山海经》虽然记载了中国氏族社会时期的一些来自图腾、神话、巫术信仰的怪异，但它却没有其他民

[1]《淮南子・本经训》。

族圣书的地位，最多只为博物学家视为“博闻”之趣，或作为地理书对待。中国的圣书为儒家经典，但那已非宗教性质的了。

（一）《山海经》是一部什么样的书

《山海经》今存十八卷，晋人郭璞注。《隋书·经籍志》地理类小序称：“汉初，萧何得秦图书，故知天下要害，后又得《山海经》。”这说明《山海经》出于先秦。然先秦古籍未有提及《山海经》者，其书首见于《史记·大宛列传》：“至《禹本纪》《山海经》所有怪物，余不敢言之也。”可见司马迁已经看到此书，但何时何人所作他未言及。

西汉末年刘向子刘歆在《上〈山海经〉表》中首次对《山海经》之成书及作者做了说明，认为此书出于唐虞之际，伯益所作，多为搜奇志怪之举。他说：

> 《山海经》者，出于唐虞之际。昔洪水洋溢，漫衍中国，民人失据，崎岖于丘陵，巢于树木。鲧既无功，而帝尧使禹继之。禹乘四载，随山刊木，定高山大川。益与伯翳主驱禽兽，命山川，类草木，别水土。四岳佐之，以周四方，逮人迹之所希至，及舟舆之所罕到。内别五方之山，外分八方之海，纪其珍宝奇物、异方之所生、水土草木禽兽昆虫麟凤之所止、祯祥之所隐，及四海之外绝域之国、殊类之人。禹别九州，任土作贡；而益等类物善恶，著《山海经》。

益作《山海经》的观点至此流传开来。按《史记·秦本纪》云：“大费与禹平水土……佐舜调驯鸟兽……是为柏翳。”《尚书·舜典》云，帝舜使益主草木鸟兽。《孟子·滕文公上》云：“舜使益掌火，益烈山泽而焚之，禽兽逃匿。”《国语·郑语》云：“伯翳能议百物以佐舜者也。”《汉书·地理志》云：“伯益知禽兽。”因此《史记·秦本纪》司马贞《索隐》谓“伯翳与伯益是一人不疑”，刘歆也认为益与伯翳为二人是不对的。

东汉赵晔在《吴越春秋·越王无余外传第六》中说：

> （禹）乘四载以行川，始于霍山，徊集五岳……遂巡行四渎，与益、夔共谋。行到名山大泽，召其神而问之山川脉理、金玉所有、鸟兽昆虫之类，及八方之民俗、殊国异域、土地里数，使益疏而记之，故名曰《山海经》。

东汉王充在《论衡·别通篇》中说：

> 禹、益并治洪水，禹主治水，益主记异物。海外山表，无远不至，以所闻见，作《山海经》。

但另有禹作《山海经》说。郭璞《注〈山海经〉叙》虽未明言撰者为何人，但云“此书跨世七代，历载三千”，又云“夏后之迹靡刊于将来，八荒之事有闻于后裔”，由晋上溯七代，正是夏，因此又有人把《山海经》的著作权归为禹。

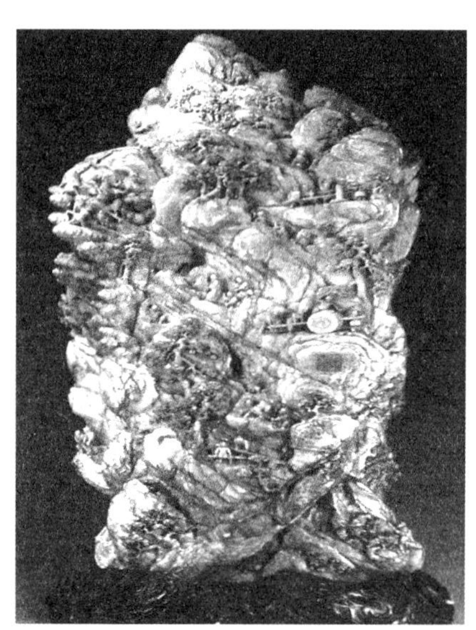

图5-2　密勒塔山玉大禹治水图
（选自《中国文物精华大辞典·金银玉石卷》）

《博物志》卷六云：“太古书今见存，有《神农经》《山海经》，或云禹所作。”

《水经注》卷十《浊漳水注》云：“禹著《山经》。”卷三十九《庐江水注》亦称：“《山海经》创之大禹，记录远矣。”

《隋书·经籍志》云：“后又得《山海经》，相传以为夏禹所记。”

明人杨慎认为《山海经》成书于

夏代，他结合《左传》“铸鼎象物”的美学思想进行考察，提出了自己独特的见解：

《左传》曰：“昔夏氏之方有德也，远方图物，贡金九牧，铸鼎象物，百物而为之备，使民知神奸，入山林不逢不若，魑魅魍魉，莫能逢之。”此《山海经》之所由始也。神禹既锡玄圭以成水功……收九牧之金，以铸鼎。鼎之象则取远方之图，山之奇、水之奇、草之奇、木之奇、禽之奇、兽之奇，说其形，著其生，别其性，分其类。其神奇殊汇、骇世惊听者，或见或闻，或恒有或时有，或不必有，皆一一书焉。盖其经而可守者，具在《禹贡》；奇而不法者，则备在九鼎……九鼎之图，其传固出于终古，孔甲之流也，谓之曰《山海图》，其文则谓之《山海经》。至秦而九鼎亡，独图与经存。

杨慎的观点结合了夏代的实际情况，从早期社会功用和思想信仰上来立论是很有眼光的，因此得到清人毕沅、阮元，近人余嘉锡等人的赞同。

毕沅说：“《山海经》有古图……十三篇中，《海外经》《海内经》所说之图，当是禹鼎也。”

阮元曰：“《左传》称禹铸鼎象物……今《山海经》或其遗象欤？”

余嘉锡曰：“《山海经》本因九鼎图而作。”〔1〕九鼎今不传，夏铸九鼎是传说还是史实尚有待考订。从我们对彩陶纹饰和商周青铜上所铸怪物已进行的考证论述看，此说还是比较可信的。只是当时还没有文化人类学的观点，故一些问题没有讲清楚，所以引起后人的许多怀疑。

晋代陶渊明《读〈山海经〉》诗云：

泛览《周王传》，流观《山海图》。

〔1〕 余嘉锡：《四库提要辨证》卷十八小说家类卷三，中华书局，2012年，第1121页。

《山海经》原有图当是不成问题的。但晋代陶渊明观看的《山海图》是古图还是汉流传的图，或是晋人所作的图，则不可知。

丁福保《陶渊明诗旧注》：

> 毕沅曰：《山海经》有古图，有汉所传图。十三篇中，《海内》《海外》所说之图，当是禹鼎也。《大荒经》已下五篇，当是汉时所传之图也。汉时所传，亦有《山海经图》，颇与古异。刘秀又依之为说，即郭璞、张骏见而作注者也。

郭璞曾见过《山海图》，这在他注的《山海经》中有透露。如《海外南经》"羽人"下郭注说："画似仙人也。"这与现存汉画像中的羽人图像是相一致的。汉画如此，战国时的铜器或漆器上已有类似的图像，如"人首鸟身""鸟头人身""仙人有翼"。《论衡・无形篇》说："图仙人之形，体生毛，臂变为翼，行于云则年增矣，千岁不死。此虚图也。世有虚语，亦有虚图。"（见图5－3）可知郭璞所见《山海经图》不会晚于汉代。《西山经》有"嚻"，郭注："亦在畏兽画中，似猕猴投掷也。"从"亦"字看，前此尚有畏兽画像。隔得很远又有"駮"，郭注："亦在畏兽画中。"《北山经》有可以御凶的"孟槐"，郭注："辟凶邪气也。亦在畏兽画中也。"《大荒北经》复有"强良"，郭注又说："亦在畏兽画中。"这几种怪兽，相隔很远，却被画在同一组畏兽画中，这说明《山海经》有部分图像可能是以类分组的；分组的方式不受卷次和经文的序列限制，图像采用组合式、拼凑式，不会太多，也非按经文顺序插图。造成这种状况的原因，应该是当时书籍的制作方法造成的。因为当时的书不可能有现在这样的印刷条

图5－3　铜羽人（汉代，西安西关南小巷出土）
（作者摄）

件，可以随文插图，那时图的制作大概要靠手工去画，故只好把画的图集中放在一起，附于书后或书前。从郭璞的描述看，他看的也不是最古的“铸鼎”式的图，而是汉人所传的图。但正是这些所传的图，因离图腾社会相去已远，远古的风俗多不可知，故由图画而产生错讹，以讹传讹，更失其原来的面目。因此，参以文字和考古文物上的图绘纹样去探求《山海图》的原始母题，就成了一项重要的任务。这样可以恢复远古历史的真实面貌。

图5-4　战国铜壶纹饰鸟头人身像（河南辉县琉璃阁出土）
（选自《中国纹样全集·新石器时代和商、西周、春秋卷》）

从《山海经》的规模、记述的内容及成书的情况看，《山海经》应为最早的国家编修的图书。

中国国家的建立一般认为是在夏代，这在古籍中多有记载，夏代是否有信史这在学术界多有争论，从现在的考古学来看，夏代的存在似乎已不是问题了。传说中禹、益作《山海经》，都与中国国家的建立是联系在一起的。

中华民族的祖先，在一开始建立国家时，为了了解各地风物，以巩固统治，便组织力量搜集周围世界的资料，编纂成书，藏之宫廷，以备所用。从《左传》记载的情况来看，在文字还不发达的时代，是采用“图物”的方式向中央机关汇报各“远方”的情况的。这些情况包括各地的山川河海、金玉药石以及图腾神怪，夏的国家便将其分类编纂，合成书籍，将有些怪物铸于鼎上，以发挥使民知“神奸”的功效。《山海经》则藏于官府，百姓不得见。

编纂《山海经》者，应为巫史之类的人物，因为他们是按国家的规定来专门负责这类工作的。巫史是当时掌握这些图册的知识分子兼官吏。夏代的文献虽不可见，但殷周时代的文献曲折反映了这种史实。如孔子在《论语·为政》中曾说道：“殷因于夏礼，所损益可知也；周因于殷礼，所损益可知也。”《周礼》当是根据夏商周的政治制度所写的一本书。根据《周礼》的记载：“小史掌邦国之志”，外史“掌四方之志”。可见当时有不同的史来分别负责了解国内和周围地区的情况。不但了解，还要绘出地图，写出文字来。因此又有：“职方氏掌天下之图，以掌天下之地，辨其邦国、都鄙、四夷、八蛮、七闽、九貉、五戎、六狄之人民，与其财用九谷、六畜之数要。周知其利害，乃辨九州之国，使同贯利。”可见当时是有职方氏专门掌握“天下之图”的。目的是让统治者了解各地人民及风俗，“周知其利害”。哪些是对人有利的，哪些是有害的，这有害的就包括“百物”中的魑魅魍魉。这些怪物包括已被夏所消灭或征服的一些氏族部落的图腾神。夏人本属羌戎〔1〕，汉人是西汉以后的名称，因此便以“羊人”组成的图腾形象为美，“羊”便成了吉祥的象征。而夏人称被征服了的氏族图腾形象为“鬼”，为醜（丑），为魑魅魍魉。这影响到汉字的创造，凡带羊的字，大都与美善有关；凡带鬼的字，大都是丑恶怪异之类。《周礼·夏官·怀方氏》又载，“怀方氏，掌来远方之民，致方贡，致远物”；“形方氏，掌制邦国之地域，而正其封疆，无有华离之地，使小国事大国，大国比小国”；“训方氏，掌道四方之政事，与其上下之志，诵四方之传道”。可见周代承夏殷之礼而愈加精细。

《山海经》应成书于夏代，但也不是一下子就编成的。在当时交通十分不发达的情况下，要搜集那么多资料然后整理润色成书也不是易事。从《山海经》的内容看，大部分记载的是氏族社会末期的事，同时也有周秦汉

---

〔1〕 说见刘尧汉：《中国文明源头新探——道家与彝族虎宇宙观》，云南人民出版社，1985年，第32页。

晋的内容，有些学者因此怀疑《山海经》的古老性是不对的。因为在《山海经》的流传过程中，历朝历代也有所增益。从周秦汉晋的内容极少来看，应为后代所羼。资料证明，《山海经》草创于禹、益，成书于夏代，完善于春秋战国，以后历经汉魏晋，又陆续有增加应是不成问题的。

官藏《山海经》在中国历史古籍中也偶有记录，现钩沉于后。

《史记·萧相国世家》："沛公至咸阳，诸将皆争走金帛财物之府分之，(萧)何独先入收秦丞相御史律令图书藏之。沛公为汉王，以何为丞相。项王与诸侯屠烧咸阳而去。汉王所以具知天下厄塞、户口多少、强弱之处、民所疾苦者，以何具得秦图书也。"从这段记载推论，秦焚书，但一些书还是在保护之列的，这一部分书大概是包括《山海经》之类的地理书。

《海内西经》郭璞注云："汉宣帝使人上郡发盘石，石室中得一人，跣踝被发，反缚，械一足，以问群臣，莫能知。刘子政按此言对之，宣帝大惊。于是时人争学《山海经》矣。"刘子政怎么能独知其事呢？主要是他供职秘府，曾参加搜集遗书并负责校勘整理，由此可知，西汉国家也是藏有《山海经》的。

《后汉书·王景传》："景少学易，遂广窥众书，又好天文术数之事……时有荐景能理水者，显宗诏……作浚仪渠……永平十二年，议修汴渠，乃引见景。问以理水形便，景陈其利害，应对敏给。帝善之。又以尝修浚仪，功业有成，乃赐景《山海经》《河渠书》《禹贡图》及钱帛衣物。"王景是两汉有名的治水专家，因治水有功，才得到皇帝赏赐的一部《山海经》，可见《山海经》在汉时宫廷中有藏本。

东晋郭璞曾著有《山海经注》及《穆天子传注》《尔雅注》《方言注》等，主要也是由于他历任著作郎、尚书郎，有机会看到这些国家收藏的图书。

战国前，政治往往与巫术思想相合，政治领袖往往也是氏族的宗教人，他们靠垄断文化资源如图书文字等来神化自己的统治，士的阶层还没形成，平民无读书的可能。战国后，情况有所变化，但一般的百姓也无力收藏繁重的竹简和昂贵的帛书。到了魏晋时代，随着社会的发展，印书材料的改变,《山海经》才由宫廷走向社会,但由于时代的变迁、观念的改变、历代的增删、流传中的错简,《山海经》真正成了一本“古今语怪之祖”了。

(二)《山海经》是图腾社会的史志

关于《山海经》的时代,前已述《山海经》成书于夏代,夏代正是中国原始社会向文明社会过渡并接近完成的时期,这一历史大变革的社会内容,通过《山海经》而曲折地反映出来了。从《山经》所述地区反映的情况看,其大部分地区已完成了氏族社会向文明社会的过渡,但在夏代统一的中央政权下,还大量保存着氏族的标志,它们以图腾族徽的形式保存下来。从各地区的神又有区域的共性来看,各氏族也在渐失去其氏族的个性而逐渐走向民族的大融合。但一些夏代势力还不及的地区,或处在遥远海外的一些氏族,则还保持各氏族图腾的个性。具有共性的图腾比较抽象,往往采用合并图腾神的方式,它已不是一个氏族,而是某一地区的象征。具有个性的图腾,比较原始具体,它往往就是氏族的名称。

若夏代果真有让地方氏族图绘各地图腾神灵、物产习俗送到宫廷以备索查的制度,那么《山海经》中记载了各地那么多似人非人、似怪非怪的图腾形象就是很自然的了。

有些人认为《山海经》本是外国人的作品,或者广涉南亚、西亚、东欧、北美的奇景怪物[1],我认为这里有夸大其词的内容,但仍然是可以研究的。《山经》部分反映的当是包含着今天中国国土的范围。它记录了当时某些地区的图腾神。《山经》共分二十六经,也就是说当时把地域分为二十六份,分别记之。

下面对《山经》所述各区域的图腾神略作简要介绍[2]。

---

〔1〕 参见萧兵:《〈山海经〉:四方民俗文化的交汇——兼论〈山海经〉由东方早期方士整理而成》,载《山海经新探》,四川省社会科学院出版社,1986年,第128页。

〔2〕 参见伊藤清司:《〈山海经〉中的鬼神世界》,中国民间文艺出版社,1990年,部分章节。

《南山经》之首其神状皆鸟身而龙首：

凡鹊山之首，自招摇之山以至箕尾之山，凡十山，二千九百五十里。其神状皆鸟身而龙首，其祠之礼：毛用一璋玉瘗，糈用稌米，一璧，稻米、白菅为席。

徐显之著《山海经探原》[1]认为南山经之首鹊山，当指南岭以北湖南、江西境内的情况。这一带所供奉的神像都是鸟身龙首。就是说这一带人所崇奉的图腾是鸟和龙的混合物，也就是鸟图腾和龙图腾长期融合的产物，这与鄱阳湖、洞庭湖以北，长江以南地区先民的图腾一致。我国古代东南沿海先民，靠东的以鸟为图腾，靠南的以龙为图腾。《南次三经》云："自天虞之山以至南禺之山，凡一十四山，六千五百三十里。其神皆龙身而人面。"北方大别山南部地区的先民，逐渐形成以鸟为共同的图腾。《中次八经》云："自景山至琴鼓之山，凡二十三山，二千八百九十里。其神状皆鸟身而人面。"《南山经》之首和其北的《中次十二经》地区，正处在《南次三经》地区之北、《中次八经》地区之南，其图腾是南北两个地区先民融合的象征。

这种图腾崇拜与一定的巫术仪式是紧密联系在一起的，而且有详细的具体的规定，用什么祭品，用多少，用什么东西盛，放在什么地方都是确定的，这是较早的宗教仪式的记录。

《南次二经》其神状皆龙身而鸟首：

凡《南次二经》之首，自柜山至于漆吴之山，凡十七山，七千二百里。其神状皆龙身而鸟首。其祠：毛用一璧瘗，糈用稌。

《南次二经》诸山，指的是今江西东北、安徽南部和浙江的情况。这里的

---

〔1〕 徐显之：《山海经探原》，武汉出版社，1991年，第4页。

图5-5　鸟首人身彩石羽神(商代晚期,1989年江西新干大洋洲乡商代墓出土)
(江西省博物馆藏,选自《中国玉器全集》)

图腾神像为龙身鸟首。古代南方沿海先民为避蛟龙之害,有同化于图腾神的风俗,前论及文身黥面时已提及,故不赘述。古代东部夷人以鸟为图腾也见前述。古代东夷人的祖先少皞氏便以鸟名官。古代埃及有鸟头人身神,今太平洋伊斯特岛也存有人身鸟首的古代鸟民的图像,战国青铜器上也刻有鸟民的图像,世界范围内的鸟头人身像有何关系,仍是需要认真探索的。(见图5-5)

《南次三经》其神皆龙身而人面:

凡《南次三经》之首,自天虞之山以至南禺之山,凡一十四山,六千五百三十里。其神皆龙身而人面。其祠皆一白狗祈,糈用稌。

图5-6　玉雕人首龙形佩(西周)
(故宫博物院藏,选自《中国玉器全集》)

《西次二经》神皆人面而马身或人面牛身：

> 凡《西次二经》之首，自钤山至于莱山，凡十七山，四千一百四十里。其十神者，皆人面而马身。其七神皆人面牛身，四足而一臂，操杖以行，是为飞兽之神。

《西次二经》地区，主要包括陕西渭水以北地区一直向西延伸到宁夏南部、甘肃东部。这一带有十七座山，四千一百四十里，其地区有十座山区域的神是人面马身，七座山区域的神是人面牛身。

图5-7　西山七神

图5-8　《山海经》中的西山神像
（清·汪绂图，选自《古本山海经图说》）

《西次三经》其神状皆羊身人面：

> 凡《西次三经》之首，崇吾之山至于翼望之山，凡二十三山，六千七百四十四里。其神状皆羊身人面。

这里反映的是以羊为图腾的盛产牧畜的地方。古羌人以牧羊为生，故以羊为图腾。近年在新疆地区，发现不少以羊为内容的古代岩画。这一带地区，在《山海经》时代还保存着各个氏族或部落独特形态的图腾，至少有十处。

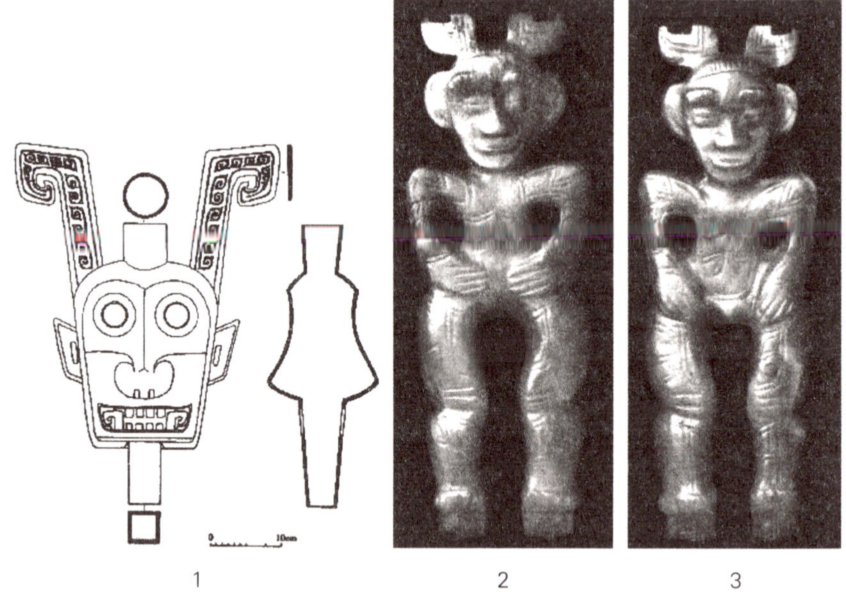

图5-9 人面羊身神

1. 羊角神(西周中期,新干大洋洲乡出土青铜兽面)

2.3. 玉阴阳人(1976年妇好墓出土,中国社会科学院考古研究所藏,选自《中国玉器全集》)

钟山,其子曰鼓,其状如人面而龙身。是与钦䲹杀葆江于昆仑之阳,帝乃戮之……

图5-10 龙身人面神(钟山子鼓)

钟山是今新疆天山偏西的部分，西北的伊犁河，常在汛期发洪水，居住在这里的原始人便以龙为图腾。这个氏族曾被别的氏族所征服，他们的首领被处死，同族的人怀念他，便在祖灵信仰中使他化为鸟等猛禽。

> 槐江之山……实惟帝之平圃，神英招司之。其状马身而人面，虎文而鸟翼……有天神焉，其状如牛，而八足二首马尾。（见图 5 - 11）

图 5 - 11 《山海经》中的神英招与天神
（清·汪绂图，选自《古本山海经图说》）

槐江之山的氏族，是以马为图腾的，同时又增加其他一些动物的特征。这样就使自己的图腾有了人的智慧、虎的勇猛、鸟类飞翔的能力。鬼是古代西方的一大氏族，在恒山有他们聚族而居的部落，他们以牛为图腾。从牛“八足两首”来看，应为两头牛。图 5 - 11 是从清汪绂《山海经存》插图中选录来的，此书出于清光绪二十一年，代表了清朝人对此神的理解。但这一插图是错误的。我认为此图原型应为左右有首而处于交配状态的牛，或为拆半表现的牛。

> 昆仑之丘，是实惟帝之下都，神陆吾司之。其神状虎身而九尾，人面

而虎爪(见图 5－12)。是神也,司天之九部及帝之囿时。

图 5－12　九尾神陆吾的形象
(作者收藏拓片)

昆仑之丘,指的是帕米尔高原。这里的原始人常与猛兽作斗争,故以虎作为氏族的图腾。前已述,在彩陶人面像中已看到人装扮为虎的形象。现在一些人解释“虎身而九尾”为九个氏族部落,我认为这是错误的,九尾也应为

图 5－13　九头怪鸟(东汉,陕北榆林地区出土)
(作者摄)

交尾状的描写，即尾纠交在一起(详后)，含有生殖崇拜的色彩。《山海经》中多次提到九尾怪，均是此意，只是到了后代，才以九数实称，明清人则画为九条尾巴，考之先秦图画装饰纹样，多纠尾、纠首动物，而无实画九个头或尾的动物。九尾怪或九头怪最早出现在汉画中。关于有神人面虎身，有纹有尾，也见于《西次三经》："玉山，是西王母之所居也。西王母，其状如人，豹尾虎齿而善啸，蓬发戴胜。"西王母又见于《海内北经》："西王母梯几而戴胜，其南有三青鸟，为西王母取食。在昆仑墟北。"郭璞注："又有三足鸟，主给使。"《淮南子·览冥训》有"羿请不死之药于西王母，姮娥窃以奔月"之说，《穆天子传》有"天子宾于西王母……西王母为天子谣"之叙，当是由图腾社会的西王母演化为神话中的西王母。

图5－14 虎头人身玉雕(商末周初，河南鹿邑太清宫 M1 出土)

> 天山……英水出焉，而西南流注于汤谷。有神焉，其状如黄囊，赤如丹火，六足四翼，浑敦无面目，是识歌舞，实惟帝江也。

清人毕沅谓江读如鸿，帝江即帝鸿氏。帝江当是天山地区人的图腾神像。只是这个神像不是以动物为原型，而是以抽象的图饰为象征。那么这种抽象的图饰是什么呢？我认为应是太阳的化身。从"黄囊"和"赤如丹火"看，正是太阳的形象。又曰其有"六足四翼"，正是古代太阳神鸟的形象化，在原始思维中，太阳与鸟合二而一。这在古典文献中也可得到证明。《左传·文公十八年》云："帝鸿氏有不才子……天下之民谓之浑敦。"杜预注："帝鸿，黄帝。"《庄子·应帝王》："中央之帝为浑沌。"庄子的说法当以古老的神话为依据，其说中的"中央之帝"，即为帝鸿之子浑敦。前已述，黄帝的本意为太阳神的形象，帝江乃黄帝的后裔，其图腾形象当然是太阳无疑。一般以动物为图腾形象，因为动物像人一样也有五官，故可以拟人化或作人面，但太阳不是动物，故最早的时候以自然神的面目出现，不画五官，但后来太阳也拟人化，而画上了五官。在明清版的《山海经》中，帝江画像早已失去其原始太阳神的面目，成为真正的怪物了（见图5－15）。

图5－15　帝江的形象
（清·汪绂图，选自《古本山海经图说》）

《北山经》之首其神皆人面蛇身：

凡《北山经》之首，自单狐之山至于隄山，凡二十五山，五千四百九十里。其神皆人面蛇身。

《北次二经》其神皆蛇身人面：

凡《北次二经》之首，自管涔之山至于敦题之山，凡十七山，五千六百九十里。其神皆蛇身人面。

图 5-16　伏羲女娲(东汉,1984 年陕西绥德出土墓门立柱画像)

(作者摄于中国精品拓片展)

《北次三经》其神状皆马身而人面、彘身而八足:

凡《北次三经》之首,自太行之山以至于无逢之山,凡四十六山,万二千三百五十里。其神状皆马身人面者廿神……其十四神状皆彘身而载玉……其十神状皆彘身而八足蛇尾。

这里有20座山的先民崇拜的图腾是马，其余山居住的氏族崇拜的图腾神是猪。猪在我国养畜得很早。近年出土不少猪骨，在距今约六千年的崧泽文化陶器上已有猪面形象。猪图腾成熟于良渚文化，而且在黄河流域及辽河流域都发现这种豕形玉，或刻有豕面的玉琮。《禹贡》:“彭蠡既猪，阳鸟攸居。”在河姆渡文化中的陶器上就刻有逼肖的猪形象。在祝融八大姓中，彭姓中既有彭祖、豕韦、诸稽三大集团。彭祖又叫作大彭，商代为侯伯，其居地被称为彭城，即今徐州。豕韦在河南省濮阳县境内，诸稽在山东省诸城一带居住过。《山海经・中次七经》:“其十六神者，皆豕身而人面。”《山海经・东次四经》:“有兽焉，其状如豚而有牙，其名曰当康，其鸣自叫，见则天下大穰。”《易・大畜》:“豮豕之牙，吉。”可见猪在上古人眼中确是辟邪化吉的祥兽。豕韦氏曾发展为一个庞大的部落集团，足迹遍于长江中下游及东部沿海，沿辽西走廊进入东北平原，成为北方以野猪为图腾的始祖。

以猪为图腾的部族是极古老的。《庄子・大宗师》把豨韦氏与伏羲氏排列在最先，而黄帝、颛顼、西王母、彭祖、有虞诸族列在其后，可见其古老。《淮南子・本经训》曰:“尧之时……封豨、修蛇皆为民害。尧乃使羿诛凿齿于畴华之野，杀九婴于凶水之上，缴大风于青丘之泽，上射十日而下杀猰貐，断修蛇于洞庭，禽封豨于桑林。”可知以猪为图腾部落的一支在尧时即与尧进行过争主，亦可证以猪为图腾氏族的古老。

以猪为图腾的氏族的图腾像有一种即《山海经・海外西经》中的“并封”。

> 并封在巫咸东，其状如彘，前后皆有首，黑。

《大荒西经》曰：

> 有兽，左右有首，名曰屏蓬。

并封、屏蓬皆一声之转，实为一物。闻一多《伏羲考》谓并封、屏蓬本当作“并逢”，“并”与“逢”皆有合义，乃兽牝牡相合之象。推而言之，蛇之两头、鸟之二首者，均亦并封、屏蓬之类。《山海经·大荒南经》有"跊踢"，曰："南海之外，赤水之西，流沙之东，有兽，左右有首，名曰跊踢。"（见图5－17－2）

1　　2

图5－17　双头怪并封与跊踢

1. 安徽含山凌家滩村出土玉鹰（选自《中国玉器全集》）

2. 清·汪绂图，选自《古本山海经图说》

参考在拆半表现一节中我们论述双头一身怪起源于拆半表现技法，即可明白并封实际上也是在以猪为图腾的氏族所装饰的器物上的图腾徽饰。它与仰韶文化中的双头鱼的表现方式是一致的。跊踢也是这种拆半表现方法的体现，《山海经存》上的插图用现代人的立体透视法画出本来拆半表现的图形，因此便成了真正的怪物。

又《山海经·海内经》有"延维"，亦为双头一身怪。"有人曰苗民。有神焉，人首蛇身，长如辕，左右有首，衣紫衣，冠旃冠，名曰延维，人主得而飨食之，伯天下。"闻一多认为此即伏羲女娲交尾之神像。两头一身怪本为拆半技法的表现，因与动物交媾状合，故有生殖崇拜之意义。图腾崇拜本身即包含祖先神和生殖神的意义。古人以此作象征，作为图腾的标志当不为怪。

图5－18　双头人面龙身汉画像石（东汉）

（作者摄于徐州汉画像石艺术馆）

《东山经》之首其神状皆人身龙首：

凡《东山经》之首，自樕螽之山以至于竹山，凡十二山，三千六百里。其神状皆人身龙首。

《东次二经》中其神状皆兽身人面：

凡《东次二经》之首，自空桑之山至于䃌山，凡十七山，六千六百四十里。其神状皆兽身人面载觡。

图 5-19　兽身人面镇墓兽
（作者摄于河南省博物馆新疆文物特展）

《东次三经》中其神状皆人身而羊角：

凡《东次三经》之首，自尸胡之山至于无皋之山，凡九山，六千九百里。其神状皆人身而羊角。

在《西次三经》中，我们看到夏时今新疆等地的先民是以羊作图腾的，他们大概是羌人集团的部落。古羌人在夏时有一部分即迁徙到东部沿海一带，这一带羊比西部少，文明也较发达，为了同化于图腾祖先，而不忘族源，故以人头戴羊冠饰以为神。前已分析美字，从羊从大，“大”，人也，即以人头冠以羊饰而为美。闻一多在《神仙考》中说，齐姜为羌戎，所居今山东半岛是神仙所居之地。姜在古代亦有美意，其下则为“女”字，而美字下从大，则有巫师或部落酋长的意义。因此《东次三经》所述地区当是指山东半岛到长江口东部沿海地带。

《中山经》所述地区包括今晋西南、豫西、豫南、川东北、鄂西北、鄂东、皖西、湘赣之北一带地区。这里分为十二个区域，其中《中次五经》《中次六经》所述地区都直接以山作为图腾，《中次二经》《中次八经》《中次十二经》所述诸地区均以鸟为图腾，《中次四经》所述地区以兽为图腾，《中次七经》《中次十一经》所述地区以豕为图腾，《中次九经》所述地区以马身龙首为图腾，《中次十经》所述地区以龙为图腾，《中次三经》所述地区独无统一的图腾，而以五山的图腾为图腾。

《中山经》可能比其他四经晚出，当在阴阳五行说流行时代。其神少古老的兽形而多人兽杂糅的形象，多人的形象，并且许多神与其他经里的神有重复，也许在当时搜集各氏族的材料时，就已混杂在一起了。因为当时氏族的迁徙也是很频繁的，如果以图腾神来划分区域，就必然会出现重复。当然在这一区域，也保留了一些比较古老的小的氏族图腾的资料。

如《中次六经》一开头就说：“缟羝山之首，曰平逢之山。南望伊洛，东望谷城之山。无草木，无水，多沙石。有神焉，其状如人而二首，名曰骄虫，是为螫虫，实维蜂蜜之庐。其祠之：用一雄鸡，禳而勿杀。”这里的“骄虫”神像，为人的形状，但有两个头。这显然是古代生殖崇拜所产生的形象，就如岩画中

图 5-20　双头怪骄虫
（清·汪绂图，选自《古本山海经图说》）

的交媾图一样。他们祈求氏族的子孙繁衍如蜂。清人所画骄虫又是错误的（见图 5-20）。

《海经》与《荒经》中记录的氏族图腾，其形态往往比《山经》中的原始。这一部分远在夏朝统治的边远地区，故称为海外和大荒。在远古交通不便，所画各国家或氏族的图腾往往在汇集到中央时使产生变异。《山海经》的整理编纂者往往先把汇来的资料根据大体方位画成草图，再用文字加以说明。袁珂先生在注《海外经》时便持这种观点。他说：

> 《山海经·海外经》各经以下文字，意皆是因图以为文，先有图画，后有文字，文字仅乃图画之说明。[1]

由各地把图腾信仰的内容图画汇集到中央，再汇编成图成册，用文字加以说明，几经周折，本来不怪的也显得怪诞了。后古图在流传中既少又不好保存，便遗失了，只存文字部分。后人根据文字推测其图像便以讹传讹，产生了一些图像刻画的怪物。

从记载下来的各氏族的名称看，这些国家的命名是很不一致的。有的是以族徽称谓其国的，前已述，族徽往往就是图腾神的形象，这些图腾神有的是动物，有的是植物，有的是幻想中的生物，有的是以巫师装饰成图腾形象命名的。《中次十经》就记有："其祠羞酒，太牢；其合巫祝二人舞，婴一璧。"巫用舞以娱无形的神灵是原始信仰的基础，其形象便成了氏族的标志。有的是以神话传说中的祖先的神话来命名的，神话传说在民俗中口头流传，在族徽上也要用简单的形象表现出来；但有些神话失传，其简单的族徽的内涵也就不为

〔1〕 袁珂：《山海经校注》，上海古籍出版社，1980 年，第 185 页。

现代人所知了。但一些资料也透露出一点消息，如广泛流传下来的感生神话、图腾神话等等。

明确了图腾命名的方式，就可破译那些看上去怪异的远方殊物了，举数例如下。

1. 一目国

《山海经・海外北经》载："一目国"位于钟山之东。其民一目，生于面中。又《大荒北经》载，其民一目生于面中，威姓，为少昊后代，以食黍为生。

《海内北经》云："鬼国在贰负之尸北，为物人面而一目。"

《淮南子・墬形训》有"一目民"。"凡海外三十六国"自东北至西北方，有"一目民"。高诱注："一目民目在面中央。"

现实中没有一目在面中央的人，但这里已讲明了鬼国的人以人面而一目的"物"为图腾，便称其国为"一目国"。这里的一目，不是指人只有一目，而是指画的鬼国的神或人为一目。考之甲骨文和金文，侧面地表现人或怪物的形象，大多为一目。这也是由一种艺术表现手法决定的，如图 5-21。又陕西神木石峁龙山文化墓葬出土的玉人面像，中间有一目。

图 5-21 甲骨文金文中的"一目"神或人
（选自中国社会科学院考古所编《甲骨文编》以及高明《古文字类编》）

图中的几个汉字均为一目，后面两个字是商时的两个图腾族徽文字，虽不可识，但可看出可能是以"一目"来表示祖先神的。[1]

[1] 参见高明：《古文字类编》，中华书局，1980 年，第 576、582 页。

2. 一足(臂)国

明白了"一目国","一足国"也就好理解了。另外一脚人、一角羊、一角兽、一臂民、一臂国,甚至一足鸟,全部是侧面形象的表示。在古文字中,两脚物从侧面表示时,往往只画一脚。《山海经·大荒西经》:"有一臂民。"毕沅云:"此似释《海外西经》一臂国。"

《山海经·海外西经》:"一臂国在其北,一臂、一目、一鼻孔。有黄马,虎文,一目而一手。"由此推测,此图腾形象当为侧面人骑马或牵马图像。

《淮南子·墬形训》谓海外三十六国西南方亦有"一臂民"。

由于古人不了解《山海经》中的一足(臂)为描写的图腾形象,故一足物便成了怪物。

《山海经》中记一足的鸟有橐𩇯、毕方、跂踵。

《山海经·西山经》:"羭次之山……有鸟焉,其状如枭,人面而一足,曰橐𩇯,冬见夏蛰,服之不畏雷。"

《山海经·西次三经》:"章莪之山……有鸟焉,其状如鹤,一足,赤文青质而白喙,名曰毕方,其鸣自叫也,见则其邑有讹火。"

《山海经·海外南经》:"毕方鸟在其东,青水西,其为鸟人面一脚。"

《淮南子·泛论训》云:"木生毕方。"《骈雅》云:"毕方,兆火鸟也。"可见毕方是生于竹木之中的一种鸟,在神话中成为"火鸦"之怪。

《山海经·中次十经》:"复州之山……有鸟焉,其状如鸮,而一足彘尾,其名曰跂踵,见则其国大疫。"

考之甲骨文、金文,两足的鸟侧视均画一足。设想夏代各地画鸟时,也为一足。用文字说明画的图像,故说一足鸟(见图 5-22)。

3. 羽民国

《山海经·大荒南经》:"有羽民之国,其民皆生毛羽。"又《海外南经》载:

图5－22　古文字中的“一足鸟”

（选自高明《古文字类编》）

“羽民国在其东南。其为人长头，身生羽。一曰在比翼鸟东南，其为人长颊。”郭璞注：“（羽民国人）能飞，不能远，卵生，画似仙人也。”

《启筮》曰：“羽民之状，鸟喙赤目而白首。”

《山海经图赞》云：“鸟喙长颊，羽生则卵。矫翼而翔，龙飞不远，人维倮属，何状之反？”从这些材料看，羽民当是以鸟羽为衣裳的古代部落，他们仿鸟之动作，以鸟的形象来装饰自己，并以此图像为图腾。袁珂说：“观此，则羽民自是殊方一族类，非仙人也。”

但在战国时和汉时，羽人则成了仙人，以为羽人乃羽化而登仙者。如《楚辞·远游》云：“仍羽人于丹丘兮，留不死之旧乡。”王逸注：“因就众仙于明光也，丹丘，昼夜常明也。”《山海经》言有羽人之国、不死之民。或曰：“人得道身生毛羽也。”洪兴祖补注：“羽人，飞仙也。”可知汉时即认为羽民即仙人。《淮南子·墬形训》也载有羽民。古文字和汉代铜鼓纹样、汉画像中都有羽民的形象（见图5－23）。

图5-23　中国古代的羽人形象

（三）《山海经》中的丑怪

《山海经》记录了图腾社会的许多事迹，特别是记载了夏时各氏族部落的图腾形象，并用语言加以描绘。图腾信仰本为原始宗教的一种，其观念就已含有怪诞的色彩，因此所记山神、海神、图腾神便被看成妖怪鬼物了。当时老百姓多不识字，尽管有“铸鼎象物”使民知神奸，但光靠图像恐怕百姓还是不能理解，因此配合图像，又当有巫师们讲述的神话，在不断的口头传说中，一些被打败的氏族的图腾就可能转为了丑恶的鬼怪。另外当时陌生、恐怖、蛮荒的外部世界，肯定也有许多残害人的毒蛇猛兽，当时的人在外部世界的威胁下，也会产生一些有妖怪作祟的想法，这又增加了人们对妖怪的恐惧感。在人的精神领域，当时也的确存在一些信仰中的怪物。《山海经》中谈到一些怪物时，特注上“食人”便是这种恐惧观念的反映。《山海经》中记录的饕餮、夔、鹳头等，开始都不含有贪婪、丑恶、怪异的色彩，但愈往后，这些原先为图腾的形象，都成了丑怪的化身。其丑恶的内涵不断增加，以至于使它们的古义反而晦暗下去，有些则很少为现代人所知。当然有些本来有些怪异色彩的氏族，如西王母、羽人等，则向美好的方向发展，成了美貌女子或仙人的化身。有些则因为表现手法的变异，经讹变以后成了几千年中国妖怪的主体。

《山海经》当然不仅记录图腾神怪，它是把这种记载和当时整个自然环境结合在一起的，因为人要生活在“外部环境”之中。作为官修《山海经》，它要求不仅要知道国家有哪些氏族、部落、国属，而且要知道它们的方位、物产、风俗等。所以《山海经》又记录了荒山峻岭、荒野丛林、河川谷溪，以及在这个外部世界中存在的自然的和“超自然”的生灵。因为记录了山海的位置、走向，所以自古称之为地理书；因为记载了丰富的物产，又可称为博物志；因为记载的还有巫术仪式、祭祀的规定，鲁迅又称之为巫书；同时也记录了一些盘踞在山岳水泽中的妖怪，所以江绍原在《中国古代旅行之研究》中，又称其为古人旅行逃避妖怪的旅行手册。

远古之时，禽兽众而人民少，远离人的荒山野岭、穷乡僻壤是野兽毒蛇横行的地方，人们处在危险的外部世界包围之中，给人们的内部世界带来极大的不安定。这些野兽，毁坏农作物、伤害家畜，有时还危及人的生命。《孟子·滕文公上》曰：

> 当尧之时，天下犹未平，洪水横流，泛滥于天下。草木畅茂，禽兽繁殖，五谷不登，禽兽逼人。兽蹄鸟迹之道，交于中国。尧独忧之，举舜而敷治焉。舜使益掌火，烈山泽而焚之，禽兽逃匿。

但广阔的外部世界又是充满宝藏的，尽管人们知道那里有千奇百怪的妖怪，也不得不冒险深入其中。正因为如此，所以《山海经》中才特别记载了那些作祟的丑怪，并记下了种种宗教仪式来和各路妖怪和睦相处。

1. 食人的妖怪

《山海经》除了记录了一些毒蛇猛兽外，还记录了那些在民俗信仰中的超现实的怪物。

在北号山里有一种“鬿雀”，像鸟非鸟，面目奇特。《东次四经》：“北号之山……有鸟焉，其状如鸡而白首，鼠足而虎爪，其名曰鬿雀，亦食人。”这种鸟用利爪攫人啄食，人们叫它“鬼鸟”。它与《天问》“鲮鱼何所，鬿堆焉处”中的鬿堆应是同物，都是指一种吃人而神诡的鬼鸟。北号山上除了鬿雀外，还有一种食人的怪物叫猲狚：

> 北号之山……有兽焉，其状如狼，赤首、鼠目，其音如豚，名曰猲狚，是食人。

在邽山上有一种叫声奇特的妖怪，其形状也很奇特：

> 邽山，其上有兽焉，其状如牛，猬毛，名曰穷奇，音如嗥狗，是食人。

《海内北经》进一步说：“穷奇状如虎，有翼，食人从首始。”在郭璞看来，那“状如牛”和“状如虎”的两个怪物是同一怪兽的不同形貌。

钩吾山的狍鸮，也是食人的妖怪。《北次二经》曰：

> 钩吾之山……有兽焉，其状如羊身人面，其目在腋下，虎齿人爪，其音如婴儿，名曰狍鸮，是食人。

郭璞注此狍鸮即食人未咽的“饕餮”。

少咸山有窫窳，也是类似穷奇、狍鸮的怪物。《北山经》载：

> 少咸之山……有兽焉，其状如牛，而赤身、人面、马足，名曰窫窳，其音如婴儿，是食人。

在青铜器造型和装饰纹样中，都有食人的形象，当是这种食人观念的表现，除安徽阜南出土龙虎尊上的图饰和妇好钺上的图饰外，在日本泉屋博物馆还藏有一虎食人卣,在法国赛努施基博物馆也藏有一大体相似的虎食人卣[1]。

2. 九头怪与九尾怪

前面提到的魌堆,萧兵先生认为即“鬼车”“九头鸟”。民间谣俗里最重要的鬼鸟是鸮和鬼车(九头鸟),而前者正是后者的母型。李时珍《本草纲目》说:鬼车,一名鬼鸟,一名九头鸟。鬼、九古字可通[2]。

《山海经》中记有不少九头怪物。《山海经·大荒北经》载:

> 大荒之中有山,名曰北极天柜,海水北注焉。有神,九首、人面、鸟身,名曰九凤。

除了有九首的鸟外,《山海经》还记有九头兽。(见图5-24)

1

2

图5-24 九头怪兽

1. 山东嘉祥汉画像石
2. 徐州汉画像石艺术馆藏石

〔1〕参见《试论虎食人卣》一文,载《李学勤集——追溯·考据·古文明》,黑龙江教育出版社,1989年。
〔2〕萧兵:《楚辞新探》,天津古籍出版社,1988年,第543页。

《山海经·海内西经》载：

昆仑南渊深三百仞。开明兽身大类虎而九首，皆人面，东向立昆仑上。

袁珂认为此神即陆吾。陆吾"虎身九尾"，此则"类虎而九首"，两者神职又同为昆仑之守。至于"九尾"而为"九首"，亦神话传说之演变。

《山海经·西次三经》：

昆仑之丘，是实惟帝之下都，神陆吾司之。其神状虎身而九尾，人面而虎爪。是神也，司天之九部及帝之囿时。

《太平御览》卷九一三引《山海经》，陆吾"九尾"正作"九首"。

又有相柳也为九头怪。《山海经·海外北经》载：

共工之臣曰相柳氏，九首，以食于九山。……相柳者，九首人面，蛇身而青。

《山海经·大荒北经》："共工臣名曰相繇，九首蛇身，自环，食于九土。"《楚辞·天问》云："雄虺九首，倏忽焉在？"王逸注："虺，蛇别名也。"按此雄虺即"九首蛇身，自环"之相繇，亦即相柳。

又有九头和九尾怪、其声音如婴儿啼叫的蠪蛭。

《东次二经》曰：

凫丽之山……有兽焉，其状如狐，而九尾、九首、虎爪，名曰蠪蛭，其音如婴儿，是食人。

宋代的《广韵》也称蠪蛭"九尾虎爪，音若小儿，食人"。其书只记九尾，没有说九头。

这又颇类《山海经》中所记的九尾狐。（见图 5－26）

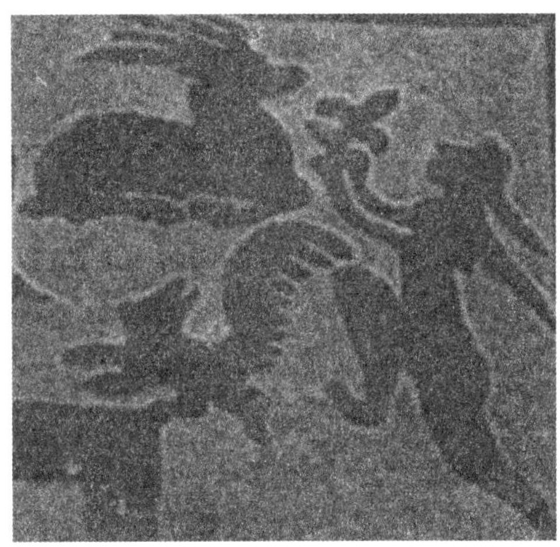

图 5－26　九尾狐

《山海经·南山经》载：

> 青丘之山，有兽焉，其状如狐而九尾，其音如婴儿，能食人，食者不蛊。

郭注“九尾”:“即九尾狐。啖其肉令人不逢妖邪之气。”

《山海经·海外东经》曰：

> 青丘国在其(朝阳之谷)北,其狐四足九尾。一曰在朝阳北。

《太平御览》卷七九〇引作:“青丘国,其人食五谷,衣丝帛,其狐九尾。”

《山海经·大荒东经》曰：

> 有青碧之国,有狐,九尾。

《山海经》以后,古籍中多有九头怪和九尾怪的记录,在民俗中,九头怪和九尾怪也屡见不鲜。

图5-27 汉画像中的九头怪
(作者收藏拓片,原石现藏江苏师范大学博物馆)

如《楚辞·招魂》中有九头人。传说中的人皇也为九头。《招魂》曰:“君无上天些……一夫九首,拔木九千些。”王逸注:“言有丈夫,一身九头,强梁多力,从朝至暮,拔大木九千枚也。”唐司马贞《补史记·三皇本纪》:“人皇九头,乘云车,驾六羽,出谷口,兄弟九人,分长九州,各立城邑,凡一百五十世,合四万五千六百年。”

《太平御览》卷九二七引《三国典略》记有九头鸟:“齐后园有九头鸟见,色赤,似鸭,而九头皆鸣。”唐刘恂《岭表录异》卷中云:“鬼车,春夏之间,稍遇阴晦,则飞鸣而过。岭外尤多。爱入人家,烁人魂气。或云九首,曾为犬啮其一，常滴血，血滴之家，则有凶咎。”《正字通》云：“鸧鸆，一名鬼车鸟，一名九头鸟，状如鸺鹠，大者翼广丈许，昼盲夜瞭，见火光辄堕。”宋梅尧臣《宛陵集》中《古风》诗咏此鸟云：

昔时周公居东周，厌闻此鸟憎若仇。
夜呼庭氏率其属，弯弧俾逐出九州。
射之三发不能中，天遣天狗从空投。
自从狗啮一首落，断头至今清血流。
迩来相距三千秋，昼藏夜出如鸺鹠。
每逢阴黑天外过，乍见火光辄惊堕。
有时余血下点污，所遭之家家必破。

九头鸟之外又有九尾鸟。清马骕《绎史》卷八十六引《冲波传》：“有鸟九尾，孔子与子夏见之。人以问孔子。曰：‘鸧也。’子夏曰：‘何以知之？’孔子曰：‘河上之歌云，鸧兮鸧兮，逆毛衰兮，一身九尾长兮。’”

《山海经》以后，九尾狐的传说也逐渐流行起来。最著名的是禹娶九尾狐为妻的故事。汉赵晔《吴越春秋·越王无余外传》云：

禹三十未娶，行到涂山，恐时之暮，失其制度，乃辞云：“吾娶也，必有应矣。”乃有白狐九尾，造于禹。禹曰：“白者，吾之服也。其九尾者，王之证也。涂山之歌曰：‘绥绥白狐，九尾痝痝。我家嘉夷，来宾为王。成家成室，我造彼昌。天人之际，于兹则行。’明矣哉！”禹因娶涂山，谓之女娇。

在汉画像石和画像砖中，常有九尾的狐狸形象。六朝时李暹注《千字文》“吊民伐罪，周发殷汤”，言妲己为九尾狐。《封神演义》以妲己为九尾狐精。在战国和汉代，九尾狐象征子孙繁息，可以示祯祥，但到后代，则化为淫欲的象征。如晚清有小说《九尾狐》[1]，评花主人著，六十二回，作者在序中言此书承《九尾龟》[2]而作，其序云：

> 夫以龟而比贪鄙龌龊之贵官，宜也。则以狐而比下贱卑污之淫妓，亦宜也。且龟有九尾，其异于寻常之龟也明矣，信非贵官不足以当之。狐有九尾，其异于寻常之狐也，亦审矣，又非淫妓不足以当之。

在现实中绝不会存在九个头的怪物，也不会有什么九条尾巴的狐狸。但在神话传说中有那么多的九头怪与九尾怪，这是什么原因呢？这些怪物有时是以祥瑞的观念出现的，有时又成了妖孽的象征，这是为什么呢？当我们从文化人类学的角度去破译其千古之谜时，其内涵就昭然若揭了。

3. 九头怪与句龙、虬龙

前引《山海经》讲昆仑山上的"相柳"为"九首人面，蛇身而青"，相繇"九首蛇身，自环"。我认为这是立于昆仑山上的氏族的图腾神的神像，类似于印第安部落中的"图腾柱"及画像。从蛇身来看，此即以蛇为原型。九头当为"纠头"，纠头又可写作虯头。古文字中九、句、虯、纠是相通的。

《楚辞·天问》中有"雄虺九首，倏忽焉在"，《招魂》中也有"雄虺九首，往来倏忽"。萧兵认为雄虺音转为庸违或庸回，即共工。[3] 共工的臣"相柳"也是"九首蛇身，自环"。共工的儿子叫句龙。《天问》中又有："焉有虬龙，负熊以游？"这虬龙与九龙、虯龙、句龙都是有关的。姜亮夫说，"九"之甲骨、金文作虯之形，九为"虯"之本字，"虬龙或即共工之子句龙"。杨宽先生说："禹从九从虫，九虫实即句龙、虯龙也。句、虯、九本音近义通。《淮南

[1] 见《晚清小说大系》，广雅出版有限公司，1984 年。
[2] 同上。
[3] 萧兵：《楚辞新探》，天津古籍出版社，1988 年，第 533 页。

子·墬形训》'句婴'，高注'句婴读为九婴'可证。"[1]丁山先生也认为"纠龙即是句龙"[2]。

九头龙(蛇)的原型是什么呢，古今均不得其真解。萧兵认为：

> 九头蛇的原型是什么呢？从社会学的角度看，它是由九个龙图腾氏族(clan)结成一个胞族(phrytry)。它是对畸形蛇类(例如两头蛇)的高度夸张，可以"卑化"为泥鳅，"尊化"为飞龙。但它在自然界的原型之一却很可能是大章鱼……它的触手有再生能力，民间就传说杀了它一个头马上又会生出一个新的来。[3]

我认为这未免搞得有些复杂，九头蛇的原型绝不是大章鱼，而就是蛇。只是以蛇或龙为图腾的氏族在画其图像作为族徽或制成图腾柱时用拆半表现的技法使其头纠结在一起。这一表现技法，一方面是在器物上装饰美学的必然表现，一方面又和动物的交媾图相类，故有生殖崇拜的意义。自然界的动物在交配时多有交颈爱抚的动作，九凤大约也是拆半表现的凤鸟的表现，鸟类平时交配，雌雄也有多做交颈状态的。

古籍中又有"九婴"，《淮南子·本经训》高诱注曰："九婴，水火之怪，为人害。"袁珂认为"九婴当是九头怪兽、怪蛇之属，能喷水吐火以为灾"[4]。只讲了它的神性，而没讲其怎样起源。实际上婴是颈饰，即指项脖，九通纠也，九婴即"交颈"也。九凤也就是"拆半表现"的凤，九婴也是指"鸟颈部相纠接的图腾神像"。凤从火，又是太阳的象征，到汉时已成水火之怪了。

考之青铜装饰纹样，头纠结在一起的鸟和龙蛇是最常见的图像，即古代神话和《山海经》中九头怪的形象体现(见图5-28)。这种纹传统上称为蟠虺纹、蟠螭纹等，有的做交颈状，有的做交尾状。

---

〔1〕 杨宽：《中国上古史导论》，见《古史辨》第7卷上册，开明书店，1940年，第385页。
〔2〕 丁山：《中国古代宗教与神话考》，龙门联合书局，1961年，第31页。
〔3〕 萧兵：《楚辞新探》，天津古籍出版社，1988年，第538—539页。
〔4〕 袁珂：《中国神话传说词典》，上海辞书出版社，1985年，第12页。

图5-28　青铜器上所见九头及九尾怪
（选自《中国纹样全集·战国、秦、汉卷》）

到了秦汉时代，随着图腾社会的远离，本来的图腾信仰也渐渐远去，但神秘的图腾信仰带来的宗教、神话观念则更加流行，一些本来不太怪的东西反而以讹传讹，变得更加怪诞。

九尾狐怪的演变，大约也走了以上相同的道路。

《楚辞·天问》有“女岐无合，夫焉取九子”，王逸注曰：“女岐，神女，无夫而生九子也。”从屈原提出疑问看，其事当在屈原的时代就已失真，故屈原才提出质疑。

女岐为何，也众说纷纭。周拱辰认为，女岐有如女娲，是人类的始妣：“余谓九子乃人类之种，女岐乃生育之母也。”传说女岐是“九子母”。丁晏《楚辞天问笺》曰：

> 女岐或称岐母，或称九子母……《天问》本依图画而作，意古人壁

上多画此像。西汉去古未远，犹沿此制，应氏（应劭）之说是也。内典亦有九子母。

游国恩先生在《天问纂义》中把“女岐九子”与星象上的“尾九星”联系起来。闻一多认为“九子母”之九子为九婴。丁山先生则认为女岐为九尾狐，她与主管婚姻的高禖之神有关，萧兵也同意丁山先生的看法。

实际上九尾狐亦即纠尾狐，也就是狐的尾巴分为两歧交在一起，从艺术表现手法看这又是拆半表现。从九尾狐所蕴含的生殖意义看，其大约是立在高禖神社前的图腾神像。歧尾即有交尾的意义。

高禖社祭本来是古代农业社会春天集体的恋爱婚媾活动。《周礼·地官·媒氏》曰：“仲春之月，令会男女。于是时也，奔者不禁；若无故而不用令者，罚之。司男女之无夫家者而会之。”郑注：“中春，阴阳交以成昏礼，顺天时也。”《墨子·明鬼》曰：“燕之有祖，当齐之社稷，宋之有桑林，楚之有云梦也，此男女之所属而观也。”可见在春秋战国时仍有这种风俗存在，而且是国家号召实行的活动，并明令不遵守者要受到惩罚，这是因为国家对人口的增加十分重视，特别是在古代，人常夭折，而战争、拓荒都需要大量的人口，故鼓励婚媾。另一方面，高禖神社活动出于一种交感巫术效应。在原始思维中，古人认为大地的哺育万物与人的性结合之间存在同类交感的巫术功能，通过人的性活动，可以促进大地的增产、万物的萌发、农作物的生长。

禹娶涂山之女，涂山之女即九尾白狐，禹与其即通于台桑之地。《楚辞·天问》：“禹之力献功，降省下土四方，焉得彼涂山女，而通之于台桑？闵妃匹合，厥身是继。胡维嗜不同味，而快朝饱？”诗是说：禹勤力平治水土，焉得彼涂山氏之女而与通于台桑之地？禹所以忧无妃匹者，为立身继嗣也，为何因志不相同，而苟快一朝之情？九尾狐又可称女岐，即尾分两歧。涂山女显然是以交尾的狐为图腾形象的女氏族人物。《尚书》中有“鸟兽孳尾”的说法，孳尾就是交尾，尾大尾多有善于交接之意。

何新企图通过语言分析来求证之。他认为，狐狸又称狐与狸。狸又记作“离”“黎”“厉”，是死神和刑杀神之名。古书中有“虎狸”一名，是一种猛兽，又是龙的一种(螭龙)。狐、虎音相近,《汉书》中所述的白狐,实际上就是白虎。白狐即九尾狐,是用作婚媒女神——"高禖之神"的暗喻。因其指"离"(魑魅类)故有"狐狸"食人的传说,因其为高禖神[1],有时又成了祥瑞之兽。

如果何新的说法正确的话,九尾狐的原型也许就是拆半表现的螭龙之类。在夏商时,以交尾的图饰装饰于桑林社祭的场所。春秋战国时青铜器上即有螭龙纹(见图5-29)。这已演化为蟠螭纠缠在一起的极带装饰性的图案,其文化内涵便是由生殖崇拜而来的生命力的象征。它与交龙、玉璜的两头一身怪之间,有着文化原型的一致性。在春秋战国青铜器上的被现

图5-29　春秋战国青铜器上的螭龙纹
(选自《中国纹样全集·战国、秦、汉卷》)

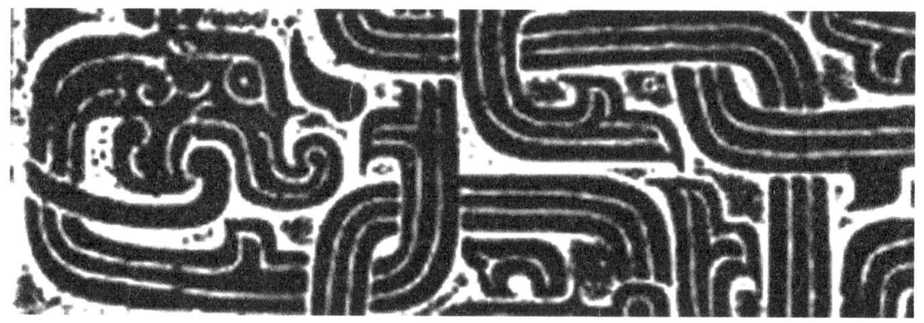

图5-30　春秋战国时的蟠螭纹
(选自《中国纹样全集·新石器时代和商、西周、春秋卷》)

[1] 何新:《龙:神话与真相》,上海人民出版社,1989年,第265、267页。

代人命名为蟠螭、蟠虺纹的双尾交合处，多有用装饰的圆环加以突出的表现，其突出交合的部位和特征是显而易见的。只是在青铜器这样的礼器上，交合的图案比较隐晦罢了（见图5－29、5－30）。

正是因为九尾狐有生殖的意义，这是一种正价值，在人类自身的生产为社会所认真追求的时候，其便成了美的形象，是吉祥的象征，是人类崇拜的对象。古籍多有记载狐为祥瑞的。

郭注《山海经·大荒东经》"青丘之国，有狐九尾"时曰："太平则出而为瑞也。"

汉纬书《河图》曰："黄帝之生，先致白狐。"

汉纬书《通帝验》曰："白狐，祥瑞兽也。"

《白虎通》曰："……德至鸟兽则……狐九尾……见……九尾者……子孙繁息也。于尾者……后当盛也。"因为白狐、九尾狐成了祥瑞的象征，故汉代多记获狐的事迹。如《魏书·灵征志》载：

> 高祖太和二年十一月，徐州献黑狐。周成王时，治致太平而黑狐见。
>
> 三年五月，获白狐，王者仁智则至。
>
> 八年六月，徐州获黑狐以献。
>
> 十年三月，冀州获九尾狐以献。王者六合一统则见。
>
> 十一年十一月，冀州获九尾狐以献。
>
> 十九年六月，司州平阳郡获白狐以献。
>
> 二十三年正月，司州、河州各献白狐狸。[1]

看来在汉代谶纬观念盛行的时候，白狐、九尾狐则成了太平盛世的吉祥之物。

同时，善于交尾的九尾狐，在伦理观念日益强盛，儒家学说渐为道学以后，又成了纵欲善淫的丑恶之物，是淫秽的代名词。

在中国著名的故事中，有妖女"妲己"诱惑商纣王亡国的故事。在著名

---

〔1〕［日］吉野裕子：《神秘的狐狸——阴阳五行与狐崇拜》，辽宁教育出版社，1990年，第44页。

神话小说《封神演义》中，妲己是千年老狐成精。这个故事可以和另一个故事联系起来看。据说周幽王时，有褒人之神化为二龙，龙交配于王庭，其精化为蜥蜴，蜥蜴后来变成了美女褒姒，褒姒长大后诱惑周幽王，导致西周政荒国弱，最后灭亡了国家。这个故事暗示了交龙与九尾狐之间的关系。从这两个故事可以看出交龙和九尾狐含有淫邪的文化内涵。《搜神记》曰："狐者，先古之淫妇也，其名曰阿紫。化而为狐，故其怪多自称阿紫。"

狐狸又与"螭"类的魑魅相类，从这一条线发展下来便是狐狸变成美丽女子迷惑人的民间故事，这一点也是与狐善淫结合在一起的。

《玄中记》："千岁之狐为淫妇，百岁之狐为美女。""狐五十岁能变化为妇人，百岁为美女，为神巫。或为丈夫与女人交接，能知千里外事，善蛊魅，使人迷惑失智。千岁即与天通，为天狐。"关于狐狸化作美丽的女子以诱惑人的故事在古代民俗材料中很多。如《洛阳伽蓝记》曰："后魏有挽歌者孙岩，取妻三年，妻不脱衣而卧。岩私怪之，伺其睡，阴解其衣，有尾长三尺，似狐尾。岩惧而出之，甫临去，将刀截岩发而走。邻人逐之，变为一狐，追之不得。其后京邑被截发者一百三十人。初变为妇人，衣服净妆，行于道路。人见而悦之，近者被截发。当时妇人着彩衣者，人指为狐魅。"[1]唐代诗人白居易有《古冢狐》诗云：

> 古冢狐，妖且老，化为妇人颜色好。头变云鬟面变妆，大尾曳作长红裳。
>
> 徐徐行傍荒村路，日欲暮时人静处。或歌或舞或悲啼，翠眉不举花颜低。忽然一笑千万态，见者十人八九迷。

白居易诗中描写的现象，当是有丰厚的民俗信仰基础的，发展到晚清小说《九尾狐》，则是其历史传承的结果。

我们从九头怪和九尾怪的产生、发展和演化可以得到一些启示，许多

---

〔1〕 转引自《渊鉴类函》，卷四三一。

怪物是起源于图腾社会的宗教内容和艺术形式，经过文化的变迁、语言的演绎，一些本来就包含着神秘内涵的事物变得更加复杂了。

在自然进化的过程中，有些凶猛的动物如狮、虎、狼等，它们以尖利的牙齿而得以生存。有些弱小的动物如羊、牛、鹿等，他们既不凶猛，也没有尖硬犀利的牙齿，但它们却生出了角，作为进攻敌人和保护自身的武器。原始人看到角的强硬和锐利，便崇拜之。一些氏族在以动物为图腾时，特别强调动物的角。为什么羌人以戴羊的头饰为美呢？也许正看中了其上的角。因此角在原始人的心目中含有神圣性，角成了神灵的化身和妖怪的表象。蛇本来头上是不生角的，但在中国古代青铜器的装饰纹样中，头上生角的蛇随处可见。日本的中野美代子认为："蛇头生角，蛇就不成其为蛇，而变成一种幻想中的动物了。'妖怪'就是这样诞生的。"[1]因此，她认为角是妖怪本质具象化后的标志。

说起长角的怪物就太多了，《山海经》的时代，不仅人的外部世界带角的动物充斥其间，而且带角的怪物也肆意逞凶。这些怪物不仅种类庞杂，而且数量繁多，仅举几例，以见一斑。

《山海经·西次四经》云：

> 中曲之山……有兽焉，其状如马，而白身黑尾，一角，虎牙爪，音如鼓音，其名曰駮，是食虎豹，可以御兵。

《山海经·北次三经》云：

> 泰戏之山，无草木，多金玉。有兽焉，其状如羊，一角一目，目在耳后，其名曰辣辣，其鸣自訆。

《山海经·北山经》云：

---

〔1〕［日］中野美代子：《中国的妖怪》，黄河文艺出版社，1989年，第5页。

带山……有兽焉，其状如马，一角有错，其名曰臛疏，可以辟火。

前已述，有些妖怪是由减肢形成的，除了犀牛往往一角在鼻部外，自然界很少有一角动物，《山海经》记载的这些减肢怪物，大约也是画的图腾图像，因为在族徽文字中，两角兽大约只画一角，这在民俗中渐渐成了狰狞的面目。《山海经·西次二经》有狰的形象，"有兽焉，其状如赤豹，五尾一角，其音如击石，其名曰狰"。原来狰狞之"狰"也是"章莪之山"上的一角怪（见图5-31）。

图5-31 《山海经》中的一角怪"狰""臛疏"
（清·汪绂图，选自《古本山海经图说》）

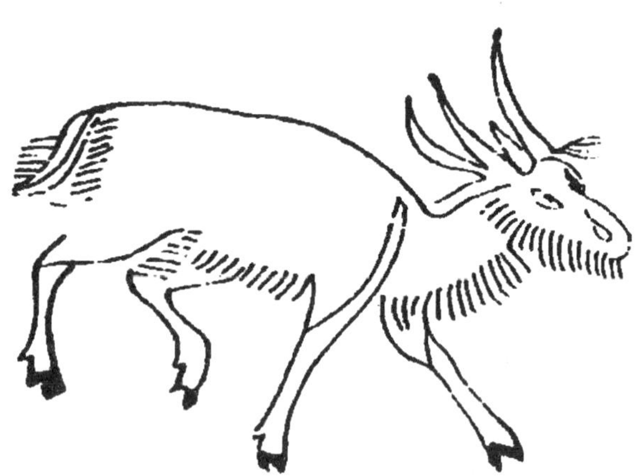

图5-32 四脚怪 土蝼
（清·汪绂图，选自《古本山海经图说》）

除了减肢怪物外，还有增肢怪物。如《山海经》中还多有四角的怪兽。如獓狙、诸怀、土蝼都生有过剩的角（见图5-32），在原始人看来其是食人的妖怪。《山海经·南次二经》还记有蛊雕，它像猛禽老鹰，但却长着尖利的角，它的叫声如婴儿，也是食人的妖怪。

像蛇、鸟类动物，本来是不长角的，但在图腾形象上，有时出于某种巫术观念，或以显其神威，或以示其猛勇，或表其怪异，便饰以角状物。有些是美好的形象，如《海外西经》所载："乘黄，其状如狐，其背上有角，乘之寿二千岁。"但大多则是食人的妖怪，成了丑恶的形象。

《西游记》中有犀牛变的妖怪牛魔王，在民俗信仰中，阴间鬼卒为"牛头马面"。有些人不明白"牛头马面"本为佛教中的鬼卒，为何佛寺中并不常见，倒在东岳庙等道观中能见到他们的影子。[1] 实际上《山海经》的时代即有牛鬼蛇神之观念了。道教本于中国古代巫术信仰，正是揭了"牛头马面"的老底。

在我们前面分析的饕餮和夔中，虽然有的饕餮形象不是有角的动物演化成的，如虎、蛇等，但其头上大都有角，即使没有角，也在角的部位装饰龙或肢体的一部分以象征角；夔本为一足兽，在其头部往往也饰一角。

《山海经》以记山川河流为其本，在记河流走向、发源、流域的同时，又记其中的怪物。有些怪物十分怪异，不好理解，结合文化人类学的理论才可破解其中部分密码。

《山海经·中次二经》记有伊水中的"马腹怪"：

> 蔓渠之山……伊水出焉，而东流注于洛。有兽焉，其名曰马腹，其状如人面虎身，其音如婴儿，是食人。

这里记伊水之怪为人面虎身，其叫声如婴儿，是食人类的妖怪。从其描写的形象看大约是鳄鱼类的动物。马腹，当为鳄鱼的又一名称。出于其

---

〔1〕 马书田：《华夏诸神》，北京燕山出版社，1990年，第283页。

他文献中的伊水之怪与此描写又有不同,《古今刀剑录》中记载：伊水之怪一条腿,在膝的部位长着头,有虎一样的面相,脚掌像虎掌一样宽,脚指甲像虎爪一样锐利,被称为“人膝之怪”。为了制伏伊水怪物,后汉章帝建初八年(公元83年),特制一把宝剑投入水中。

图5-33　汉画像石中的人面虎身像

人膝之怪的同类在其他河川也有。《水经注》的沔水条载：沔水中有一怪物,形状如同三四岁小孩子,鳞甲如鲤,箭射不进。七八月中喜上河滩晒太阳。这个怪物膝盖像虎,脚爪常浸没在水里,只露出膝头。如果小孩不知利害,上前戏弄玩耍,便被咬杀……这种沔水之怪物,被称为“水虎”。《荆州记》也讲,陵水中有怪物,形状像马,喜在河滩上晒太阳,膝盖像虎掌,名叫水卢。从以上材料看,伊水中的马腹、沔水中的水虎、陵水中的水卢,名称不同,属性也有差异,但大约都是同类,从头长似马、身有鳞甲、脚爪常在水中、箭射不进及七八月晒太阳和吃小孩看,其原型是鳄鱼是没有问题的。但为什么又说其膝如虎呢？这从来没得到确解。

之前,在四川成都郊外,发掘了一座南宋时代的古墓,出土文物中有一个相当奇妙的土俑,这种土俑属首次出现。土俑只有一条腿,但在膝盖部位张开大口,露出尖锐的牙齿,成了突然睁大两眼的怪物的头。发掘报告称这种土俑为“独脚俑”,当地人叫“吞口”。这种头和脚长得与众不同的水怪，在四川很出名。日本的伊藤清司认为这即是马腹、水卢、水虎怪的形象。[1] 但其又认为伊水流域把水怪称为马腹的缘由却不好解释，他只好从水怪像马、嗜食马的内脏故而恐怖地呼之为马腹（马肠）。这只是臆断，离真相已相去甚远。

马腹的原型为鳄鱼，即民俗中的精怪类。在小时候，笔者家乡的苏北人称之为毛猴子（mǎo hóu zi），毛猴即马腹的谐音。

为什么四川成都古墓中的土俑膝盖部会转化为张开大口的怪物的头呢？这是原始人“万物有灵”观在艺术表现形式上的反映。我们只要看一看青铜礼器器足在关节处多装饰兽面、兽纹就可明白了。有些青铜器的造型，可以看成缩制的图腾柱，青铜礼器也多是图腾神的表现或象征。祭祀河神的青铜器在器足上装饰水怪鳄鱼（龙）的形象大约是不成问题的，四川成都的人膝怪，即是这种文化的变异表现。从更深层次上看，在器足上装饰兽头，是“万物有灵”观的表现。原始人认为，世界上万事万物都存在一种使物体活动有生命的精气，这种精气有超自然的感应能力，可以相互交感。在人和动物的关节运动处，都有这种精灵，把它表现出来即采用了“画眼睛”的拟人法。我们从印第安人表现动物的图案上可以看到这种表现方法，如图 5－34 海达人表现一只星鲨的绘画中，星鲨的尾部关节处即画有眼。

图 5－34 是从博厄斯《原始艺术》一书中选取的印第安人在箱子、石板及住房上绘制的青蛙、海妖及渡鸦的图案。这些图案都是用拆半的方法画成的。无论是青蛙、海妖还是渡鸦，除画其本来就有的眼睛外，均在青蛙的脚爪及海妖的关节和渡鸦的翅膀、脚爪、胸前画有眼睛似的装饰纹。这不仅是装饰的需要，更是原始思维的必然产物，这个分析对我们理解成都出土的人膝怪会有帮助。

4. 疫病之妖怪

原始人像今人一样也会生传染病。今天知道传染病是由病毒、细菌等

---

〔1〕［日］伊藤清司：《〈山海经〉中的鬼神世界》，中国民间文艺出版社，1990 年，第 14 页。

图 5－34　印第安人青蛙、海妖、渡鸦图案

1. 海达人箱子正画面的青蛙

2. 海达人雕刻在石板上的海妖

3. 夸扣特尔人住房正面绘的渡鸦

引起的，但古人没有这种科学知识，他们认为某一种超自然的妖怪作祟是引起疾患的原因。《左传》宣公十五年云："山薮藏疾。"当时人们认为疾病的元凶——厉鬼就藏在山薮之中。"山薮"即指山中的深渊，也指山林薮泽。《左传》昭公元年子产说："山川之神，则水旱、疠疫之灾，于是乎禜之。"他确定对疫病如同对旱魃和洪水一样，当其发生时，应该祭祀山川中的鬼神。

《山海经》是最早记录山川河流的地理类书，当然要记下那些使人生疫病的丑怪了。

《山海经·中次十一经》云：

> 乐马之山，有兽焉，其状如汇（猬鼠），赤如丹火，其名曰㻌，见则其国大疫。

乐马山位于河南西南的乐马山麓，这里的山民认为流行病猖獗是山中的兽形厉鬼所致，因而十分恐惧。其妖怪的形象也是吓人的，满身是尖利的针，而颜色却像火一样通红。与厉、疠、离音通，即是疫鬼。《墨子·兼爱下》载："今岁有疠疫，万民多有勤苦冻馁，转死沟壑中者，既已众矣。"想想看吧，当患病中的村民看见周围人一个一个死去，一个一个村邑成了死人村时，他们该有多么恐惧。他们相信山中便有向天下传播瘟疫的兽形厉鬼。

《山海经·东次四经》云：

> 太山……有兽焉，其状如牛而白首，一目而蛇尾，其名曰蜚。行水则竭，行草则死，见则天下大疫。

这个疫怪不仅形象奇异，而且成了真正的死亡之神，在河川沼泽中行走就会导致水干涸，在山野里行走会使草木枯死，那肯定是剧毒的怪物了。人们之所以视之为丑怪，畏惧它，那正是因为其一出现，瘟疫便立刻流行。此外，疫鬼中也有鸟类。

《山海经·中次十经》云：

> 复州之山……有鸟焉，其状如鸮，而一足彘尾，其名曰跂踵，见则其国大疫。

这里的一足跂踵与火怪毕方外形相似，都是对图腾神像中的侧视鸟形的描述。在以后的民俗中，独脚兽就成了带给人灾难的妖怪。

由于害怕疫鬼给人带来灾害，在民俗中便形成大傩的巫术仪式以驱除疫鬼。《周礼·夏官·方相氏》载有此俗："方相氏掌蒙熊皮，黄金四目，玄衣朱裳，执戈扬盾，帅百隶而时傩，以索室驱疫。"其形式大约是由巫师披着熊皮，戴着青铜制成的面具，挥舞着戈盾等，带领群众一起跳驱傩舞。到汉时，仪式的时间则在年三十。《后汉书·礼仪志》："先腊一日，大傩，谓之'逐疫'。"以后演化为"除夕"的传说。民间传说"夕"为一足之怪兽，年三十落在谁家门前则谁家遭灾，故放爆竹以驱之。

这种疫鬼也起源于图腾观念。《论衡·解除篇》、《后汉书·礼仪志》刘注引《汉旧仪》云：

颛项氏有三子，生而亡去为疫鬼：一居江水，是为虐鬼；一居若水，是为魍魉蜮鬼；一居人宫室区隅，善惊小儿，是为小儿鬼。故岁终事毕，驱逐疫鬼，因以送陈迎新内吉也，世相仿效。（笔者注：参照两文改写。）

颛项本为黄帝后裔。《山海经·海内经》云：

黄帝妻雷祖，生昌意。昌意降处若水，生韩流。韩流擢首谨耳，人面豕喙，麟身渠股豚止，取淖子曰阿女，生帝颛顼。

《山海经·大荒西经》云：

颛项生老童，老童生重及黎。帝令重献上天，令黎邛下地。

《国语·楚语下》云："颛项受之，乃命南正重司天以属神，命火正黎司地以属民，使复旧常，无相侵渎。"可见在《山海经》的时代，传说中的黎本为颛项帝的子孙，后帝让他管理地及属民，黎便演化为主宰阴间的厉鬼。所以到汉以后的典籍里，又传说颛项帝的"不才子"成了"疫鬼"。黎本为火正，当是远古掌握火的官，一足怪鸟"毕方"即是"火怪"，其与黎也是有一定联系的，毕方当为"夕"类怪物的前身，在中国远古时代，它专往家里运妖火，引起火灾，并同时散播瘟疫。

5. 水怪

在今天人们已修整了大江大河，建立了四通八达的水渠，但还不时有洪水灾害发生，远古的洪水就更加频繁了。各民族的洪水神话，以及中国的大禹治水的故事，正是人们对早期洪水的记忆。《山海经》不仅记录了那些能吃人的妖怪、可以使人发生瘟疫的妖怪，而且还记录了能给人带来毁灭性灾难的妖怪。吃人的妖怪和那些能掀起洪水、冲垮人类的房地牲畜的水怪比，就只能算是小妖了。《山海经·中次三经》记载的"夫诸"就是这样的水怪。

敖岸之山……有兽焉，其状如白鹿而四角，名曰夫诸，见则其邑大水。

这个水怪有像鹿一样的白色的身体，长有四个怪角，它的出现会引起大水。

《山海经·中次八经》又有飘风暴雨之怪，曰"计蒙"。洪水的发生往往是由暴风骤雨引起的，《山海经》特记下此怪的情形：

光山……神计蒙处之，其状人身而龙首，恒游于漳渊，出入必有飘风暴雨。

龙头人身的形象，大约是风雨神和洪水怪的表象，这里的计蒙就是这样一种怪物。它居住在山上，又把漳水当作自己兴风作浪的行宫，所到之处狂风骤雨，以后发展为四海龙王，主司雷雨洪水。

《山海经·中次二经》又有水居的水怪。和山居的水怪比，水居的更多也更合理。这是一种似蛇非蛇、背上长着神秘翅膀、变化多端的怪蛇。

阳山……阳水出焉，而北流注于伊水。其中多化蛇，其状如人面而豺身，鸟翼而蛇行，其音如叱呼，见则其邑大水。

从似蛇而有翼来看，这是应龙似的怪物。《大荒东经》："大荒东北隅中，有山名曰凶犁土丘。应龙处南极，杀蚩尤与夸父，不得复上。故下数旱，旱而为应龙之状，乃得大雨。”郭璞注：“应龙，龙有翼者也。”应龙本也应为图腾神像，以后演化为水怪。又据《山海经·大荒北经》：“蚩尤作兵伐黄帝，黄帝乃令应龙攻之冀州之野。应龙蓄水。蚩尤请风伯雨师，纵大风雨。黄帝乃下天女曰魃，雨止，遂杀蚩尤。”“应龙已杀蚩尤，又杀夸父，乃去南方处之，故南方多雨。”从神话内容看，应龙本应为黄帝手下的氏族，他们以龙为图腾，在和蚩尤的战斗中取得了胜利，以后占据了南方，成了南方的雨神。在美洲如秘鲁、墨西哥等地，有一种专司风雨的神怪“羽蛇”，大约在史前由中国传播过去，不过是在应龙的身体除翅之外的部分又加上了羽毛。从古文字看，“应”大约是一种鸟类。应龙有翅与羽也就不足为怪了。

还有一种猿形的洪水之神，其比危害一乡一邑的水怪危害更大，甚至可以使郡县发大洪水。《南次二经》曰：

> 长右之山……有兽焉，其状如禺（猿）而四耳，其名长右，其音如吟，见则郡县大水。

毕沅认为“长右”的山名可能是“长舌”的笔误。如果参照战国到汉代楚地经常出土的一些长舌外吐的怪兽塑像和绘画，也许毕沅的说法是正确的。

兴妖作怪的水神还有很多，几乎各处的山中都有。如玉山中有雉形的胜遇（《西次三经》）、剡山有猪形的合窳（《东次四经》）、材山有与夸父相类的鬼怪、崇吾山中还有独眼单翅的蛮蛮鸟（《西次三经》）。这些妖怪一出，必然危害一方，有的甚至卷起无边无际的浊浪，危害天下。空桑山的軨軨即是这种怪：“空桑之山……有兽焉，其状如牛而虎文，其音如钦，其名曰軨軨，其鸣自叫，见则天下大水。”（《东次二经》）这里的自鸣自叫，是说某种妖怪有自己特殊的叫声，并用其叫声来命名。

从现在地震预测学的研究来看，在地球上某些灾害发生之前，一些动物可以预先有反应。如地震之前，就有些动物有异常表现，如鸡不进窝狗乱叫，牛不吃食马乱跳。在远古时期，洪水来时，有些野兽也会发狂大叫，原始人恐惧，以为神怪，在野兽的叫声和洪水之间产生联想，以为是怪兽作祟导致了洪水。以后当山上响起“軨軨”声，传入山民的耳朵里时，他们就恐惧地预感到有洪水即将来临，产生一种不安和畏惧。

6. 旱鬼

洪水过去不久，剩下的百姓又回到村落，但不久又会有大旱，赤日炎炎当头照，朝朝日日雨不滴。河泉干涸，庄稼枯萎，大地龟裂。人们吃完了草根和树皮，倒毙路口，婴儿口含干瘪的乳头停止了呼吸，饿殍遍野，尸臭熏人，真一幅旱魃逞凶带给人死神的世界的画面。既然洪水有水怪作祟，旱灾就有旱妖作怪。旱魃就是旱鬼，《说文解字》：“魃，旱鬼也。”《诗经·大雅·云汉》曰：

> 旱既大甚，涤涤山川。旱魃为虐，如惔如焚。我心惮暑，忧心如熏。群公先正，则不我闻。昊天上帝，宁俾我遁？

这是一首人们在旱魃逞凶狂舞时的呻吟祈雨歌。人们心中害怕、担心，又埋怨图腾祖先、神灵和上帝为什么不听听人们对旱魃的控诉，来保佑自己的子民呢？

旱魃栖息于各地山川，因地域不同，形貌属性各不相同。在多数情况下，旱魃被描写为灿然发光、来去倏忽的鬼魂，也有的被描写成浑身雪白、头为鲜红的蛇形（《北次三经》）。类蛇而带翼成了旱鬼的典型形象，如伊水的支流鲜水（今河南嵩县境内）的旱鬼就是如此。《中次二经》云：

> 鲜山……鲜水出焉，而北流注于伊水。其中多鸣蛇，其状如蛇而四翼，其音如磬，见则其邑大旱。

这种旱鬼可以发出如击磬一般的声音。这种有翼的“鸣蛇”，在帝囷山山麓的暗河里也有：

> 帝囷之山……帝囷之水出于其上，潜于其下，多鸣蛇。（《中次十一经》）

沔水之流末涂水中的旱鬼也为蛇形。《东山经》云：

> 独山……末涂之水出焉，而东南流注于沔；其中多偹蛹，其状如黄蛇，鱼翼，出入有光，见则天下大旱。

发源于子桐山子桐河中的鲔鱼也为旱鬼，《东次四经》称鲔鱼“如鱼而鸟翼，出入有光”。

最有名的旱怪还是“一首二身的肥遗”。太华山即有此旱怪。《西山经》云：

> 太华之山……有蛇焉，名曰肥遗，六足四翼，见则天下大旱。

图5-35 玉器中的肥遗（战国中期偏早，玉镂雕单螭龙凤佩，湖北枣阳九连墩出土）

《北山经》和《北次三经》也记有肥遗。

> 浑夕之山……嚣水出焉……有蛇一首两身，名曰肥遗，见则其国大旱。（《北山经》）

肥遗有时作“肥𧔥”，𧔥从虫旁，意味着这是蛇的形态，至于“一首二身”前面论述拆半表现时已从形式上讲到。现在从肥遗的神性看，可以知道为什么要把这种肥遗铸在青铜礼器上了。原来夏及商周时代“铸鼎象物”时，把旱神也铸在青铜器上，目的是在举行宗教仪式时，可以通过上帝和图腾祖灵来控制旱怪，使其不要作祟以危害人类。旱怪肥遗是个丑恶的形象，铸于鼎可以使人知“神奸”，并表现了人们企图控制旱鬼，使其不要作恶，从而造福于人类的善的目的，表现了人的美好理想，因而又是美的行为。

除蛇形状的旱鬼外，还有鸟形状的旱鬼。《东山经》中记载居丁栒状山上的一种像鸡但全身鼠毛，名叫蚩鼠的旱妖。《西次三经》中说钟山有一种像鸱的旱鬼，头白脚赤，直直的长嘴上长满黄色斑点，名叫鵕鸟。还有兽形旱鬼，它们也多带翼。如姑逢山的獙獙，“其状如狐而有翼，其音如鸿雁，其名曰獙獙，见则天下大旱”。

旱鬼应有其现实的原型，也许旱时那些不怕旱的动物，如水中的鳄鱼、喜阴的蛇类、沼泽中的泥鳅等，原始人以之为神，便以为由其作祟而发生旱灾。许多地方记有的“见则天下大旱”也许是把因果关系颠倒了，应该说，“天下大旱则见”，这样就讲得通了。有些民族以为不怕洪水和大旱的蛇、鳄鱼等很神奇，便取之为图腾形象，久而久之，图画其神灵，语言描述其神话，夏代又搜集各民族的图画文字和资料加以编辑成书，遂失古义而愈发变得怪异了。在原始思维的条件下，原始人夸张其特征，迷信其神性，便演化出越发奇特的怪物来。如《诗经·云汉》正义引《神异经》记“魃”曰：“南方有人，长二三尺，袒身而目在顶上，走行如风，名曰魃。所见之国大旱，赤地千里。一名旱母，遇者得之，投溷中即死，旱灾消。”

《管子·水地篇》记有一“蝺”，大概也是肥遗类怪物：“涸川之精者，生于蝺。蝺者，一头而两身，其形若蛇，其长八尺，以其名呼之，可以取鱼鳖，此涸川水之精也。”清代学者汪绂考证，蝺是由肥遗二字缩音而来；郝懿行则认为，把蝺字音拉长，声音便接近于肥遗。《管子》认为如果不断呼唤“蝺蝺”便能捕到鱼鳖，这带有一种捕鱼巫术的色彩。因为蝺是能使河川干涸的精怪，大旱之年，河水渐干时，鱼鳖露出水面，当然好捕捞了。

据《吕氏春秋·顺民》记载，殷汤时曾连续干旱五年，传说即旱魃逞凶。清代吴任臣在《山海经广注》中说肥遗在殷汤时出现于阴山，从此七年大旱。

《山海经》中还记载了其他一些妖怪，限于篇幅不再做过细的分析，只提一下以引起人们的注意。

《中次十一经》记有“风怪”。古人很长一段时间内不知风是怎么发生的。有时暴风骤起，拔树毁屋，伤人杀畜，毁坏庄稼；有时又和雷电暴雨相混杂，电闪雷鸣，霹雳交加，原始人便以为有妖怪兴风作浪。《中次十一经》记的就是此类妖怪：

几山……有兽焉，其状如彘，黄身、白头、白尾，名曰闻獜，见则天下大风。

有时雷电会引起森林大火，《中次十一经》又记有火神：

鲜山……有兽焉，其状如膜大，赤喙、赤目、白尾，见则其邑有火，名曰狢即。

古代没有农药，有时会发生蝗害，大批蝗虫遮天蔽日而来，农民辛勤种的庄稼顷刻化为乌有；没有了庄稼，农民只好忍受饥饿。蝗害与水、旱灾害一样，给人类带来的灾难是重大的，人便视之为妖怪作祟。《东次二经》记蝗虫之妖是兽形的“犰狳”：

余峨之山……有兽焉，其状如菟而鸟喙，鸱目蛇尾，见人则眠，名曰犰狳。其鸣自訆，见则螽蝗为败。

见人而眠，是装死的表现。《广韵》中说：“犰狳，兽似鱼，蛇尾豕目，见人则佯死。”大概是穿山甲之类的动物。

中国自古以来苦于水、旱、蝗、兵四害。兵乱与洪水、干旱、蝗灾并论，正说明其为害之深。图腾社会，原始人为了掠夺财产、争夺领地，即进行“猎头”“征伐”等战争。战争往往给人们带来极大的灾害，财物被掠，粮食被抢，耕地荒芜，弃儿遍地，生灵涂炭。人们不明白为什么会战乱频起，便想象出战争背后有妖魔作祟。

最早的战神是与动物联系在一起的，如《西次四经》云：

鸟鼠同穴之山……渭水出焉，而东流注于河。其中多鳋鱼，其状如鳣鱼，动则其邑有大兵。

到后来，战神则向人形化发展。先秦时，战神为蚩尤。《史记·五帝本纪》记蚩尤事较细：

轩辕之时，神农氏世衰，诸侯相侵伐，暴虐百姓，而神农氏弗能征。于是轩辕乃习用干戈，以征不享，诸侯咸来宾从。而蚩尤最为暴，莫能伐。炎帝欲侵陵诸侯，诸侯咸归轩辕。轩辕乃修德振兵，治五气，蓺五种，抚万民，度四方，教熊罴、貔貅、貙虎以与炎帝战于阪泉之野，三战，然后得其志。蚩尤作乱，不用帝命，于是黄帝乃征师诸侯，与蚩尤战于涿鹿之野，遂禽杀蚩尤。而诸侯咸尊轩辕为天子，代神农氏，是为黄帝。

《山海经·大荒南经》载有蚩尤之事迹。“有宋山者……有木生山上，名曰枫木。枫木，蚩尤所弃其桎梏，是为枫木。”参考其他古籍可知，蚩尤为炎帝之后，姜姓（《遁甲开山图》），曾率部与黄帝战于涿鹿（《通典·乐典》），后战败逃走，死于鱼口（《焦氏易林·坤之第二》）。又传说“蚩尤作兵”（《吕氏春秋·荡兵》）及“蚩尤冶金”，其死后化为战神，不少地方有蚩尤祠。《水经注·漯水》：“涿鹿城东南六里有蚩尤城。”张澍辑《十三州志》：“寿张，有蚩尤祠。”《皇览·冢墓记》：“蚩尤冢，在东平郡寿张县阚乡城中。”秦始皇统一中国后，曾在巡游原齐国领地山东时祭祀它。汉高祖刘邦起兵时，也在沛县拜祀过它。可见至少在汉初以前，蚩尤并不一定是个丑恶的形象，他曾以自己的猛勇彪悍而成了民间崇拜的神。蚩尤应是氏族首领的化身，处在金石并用时代，而且他重视科学，最早用铜造兵器，传说剑、铠、矛、戟等都是他发明制作的。因此在后代演绎为神话，说其有兄弟八十一人（一说七十二人），都是兽身人语，铜头铁额，食沙石，并能兴妖雾，因而喜制造动乱。

蚩尤的形象也是很怪的，《述异记》称其“人身牛蹄，四目六手”，“以角抵人”。《归藏》谓蚩尤“八肱、八趾、疏首”。过去对此记载多不可解，用“贬毁之意”释解也显笼统。其实这正是蚩尤图腾形象的“拆半”描写。蚩尤氏族是以牛为原始图腾的，打仗时有用铜铸成的头盔、铠甲类保护自身。其族徽是“拆半”的牛形象，故有“疏首”等描写。“疏首”过去释为把头劈成两半，实际上这是对所绘图腾形象的描写，而不是对真实的牛的描写。到汉时，一些汉画像石上仍刻有蚩尤的图像。如山东沂南的汉画像石中，便有一幅阳刻的怪物图。其中有个怪物位于画像的中央偏左，张着大口，面目狰狞，左手持戟，右手挥剑，脚趾中还夹着双剑，头上顶着张开的弩弓，这便是汉人心中的战神蚩尤的形象（见图5-36）。

图5-36　蚩尤像

（四）丑怪与善神

对原始人来讲，外部世界是充满各种毒蛇猛兽、妖怪鬼神的，对人来讲是危险的。就在今天，许多人黑夜里仍不敢独自到荒山野岭中去。但是，人要生存就不得不与外部世界打交道。人本来是自然的一部分，又要用自然提供的产品来为自己的生存服务，人不可能使自己在生存中与自然隔开。

尽管我们害怕进入鬼怪出没的山林川泽，但我们不能总龟缩在村落闭户不出。尽管人们可能在村口或路边遇到妖怪作祟危及自身，但人们仍要步出家门、村社到危险的外部世界求得生存。前面讲到子路少年时代，曾背负谷物往返于恐怖的世界，那是为了养家糊口的需要。有时人们要上山砍柴，摘取山菜，猎兽捕鱼，这就像侵占了山中妖怪的领地一样是充满危险的，往往给人带来种种麻烦和摩擦。在侵入自然时，人往往受伤、生病，于是认为是自然中妖怪鬼神产生愤怒而向人类报复的结果。下面这个故事可以说明这个问题：

> 郡官衙的西面有个山谷，山谷中有块苇塘，一个叫麻多智的人在这里开荒，想要造一块新田。这时，从山中来了位蛇身的神，神头上长角，极像野鬼。这位夜刀神带领着蛇家丁，不仅阻止麻多智开垦荒地，而且把麻多智从西山谷驱逐出来，保卫了自己的圣境。〔1〕

《左传·昭公十二年》载：往昔，人们“以处草莽，跋涉山林”，而草莽山林恰是“狐狸所居，豺狼所嗥，我诸戎除翦其荆棘，驱其狐狸豺狼”才能定居。《商君书·算地》曰：“山林、薮泽、溪谷足以供其利。”《礼记·祭法》进一步认为：“山林、川谷、丘陵，民所取财用也。”《春秋公羊传》则说山川能施惠百里。

尽管人们相信像“夜刀神”这样的鬼怪会制裁侵犯者，有时竟“打破其家门，灭绝其子孙”，来进行报复。即使付出如此昂贵的代价，人们也不会在危险面前裹足不前。因为人们认识到外部世界的柴薪山菜、鸟果鱼贝之利，可以弥补人类付出的代价而给人带来更多的利益。在妖怪所居的最危险的地方，也往往是藏有各种财富的地方。危险和冲破危险所得到的价值是成正比例的。如下列几例：

---

〔1〕 见日本《常陆国风土记》。

《北山经》载:“潘侯之山,其上多松柏,其下多榛楛。其阳多玉,其阴多铁。有兽焉,其状如牛而四节生毛,名曰旄牛。”

《中次七经》载:“鼓钟之山,帝台之所以觞百神也。”

《中次十一经》载:“雅山,澧水出焉,东流注于视水,其中多大鱼。其上多美桑,其下多苴,多赤金。”“皮山,多垩,多赭,其木多松柏。”

如果我们对《山经》所记六十余种动物、植物、矿物进行分析,我们就会发现这些矿物和植物都是与人类生活有直接关系的必需品,如药用品等,但又不是一般的日用品。乱窜的野兔、到处飞舞的野雉都没有直接的记录,仅有的也是在描述怪物时用作喻体。如《北山经》里的“有兽焉,其状如兔而鼠首”。对水栖动物和草木的记录,也只是那些较神奇的动植物,一般当时大多数人已认识和了解的当略而不记,所记大都是有巫医价值的物品。

《中次十二经》载:“洞庭之山……其草多葌、蘪芜、芍药、芎䓖。”这些草都不是一般餐食之用的普通山菜野草,而是有着神奇巫医作用的灵草,具有巫术的通神作用。除洞庭之山外,其他诸山也多记此类香草。

葌为兰草,也即华泽兰之类。《诗经·郑风·溱洧》描写三月上巳之日,郑国的青年男女相携相随,来到春波荡漾的溱水、洧水两岸,采摘这种香草相互馈赠以通相好。《楚辞·离骚》中,也吟咏了那位身佩兰草的抒情主人公。从这些诗中,可见兰草能驱除邪气和秽物,能用来斋戒使身体洁净,并可以用来交通神灵,是一种巫草。

蘼芜也不是一种野菜,而是在祭祀活动中所用的灵草。《管子·地员》罗列香草名称,把薜荔、白芷、蘼芜、椒、莲并称为“五臭”,认为它们能“寡疾难老,士女皆好”。后世的《神农本草经》也记录蘼芜的传说:“能避邪恶,除却蛊毒鬼疰,去三虫,久服能通神。”

芍药、芎䓖也如此。据传说秦代有一个千岁不死的仙人安期生,他之所以保持长命不衰,其妙方就是每日饮服芍药。《左传·宣公十二年》记载,楚国军队包围萧国军队的时候,军队就是用芎䓖(一名鞠䓖)来治风湿痛和腹泻的。

《中次十经》云:“虎尾之山,其木多椒椐。”椒即花椒、山椒,也是芳香性植物。《楚辞·离骚》云："怀椒糈以要之，神其翳兮降临。"《九歌·东皇太一》也说："奠以桂酒椒浆。"可见把椒酒作为通神的工具在当时是很盛行的。人类学、民俗学的资料证明，很多原始民族是在带有巫术性的宗教仪式上，喝带有香料的酒达到朦胧的精神状态以和图腾神、祖先神相沟通，实际上是借酒力引发出潜意识中的图腾形象，进入朦胧的意识领域。一些芳香类的植物可以起到诱发作用。今天在寺庙的宗教仪式上香火不断，焚烧的香草产生出一种洁净和神圣的气氛来，就是其在现代的表现。

《山海经》的时代人们已开始过一种村落的生活。人们守住村居领地，又不断向外开垦荒地摄取生活资财。《墨子·节葬篇》说："收关市、山林、泽梁之利以充仓廪、府库。"中国古代的国家机器全靠收取这些赋税加以维持。《山海经》本是国家修的史志，很多地方记下了各地的物产，如各种鸟兽虫鱼和草木，记录了金玉等财宝的产地，其中记录得最具体、最详细的还是药物和巫术用物。这反映了当时的一些社会风尚。为了使恶神鬼怪不要作祟，中国古代盛行祭祀。如人们为了开垦土地、取得财用之物而必须进入危险的空间时，一定要进行祭祀仪式，求得鬼神的原谅。充当人神之间中介的就是前面提到的巫祝类人。巫祝掌握着当时的科技和社会的上层建筑，他们了解山川药物、巫物财宝，因此早期的巫与医是不分的。

《山海经·大荒西经》云：

> 大荒之中，有山名曰丰沮玉门，日月所入。有灵山，巫咸、巫即、巫盼、巫彭、巫姑、巫真、巫礼、巫抵、巫谢、巫罗十巫，从此升降，百药爰在。

《山海经·海内西经》云：

> （昆仑）开明东有巫彭、巫抵、巫阳、巫履、巫凡、巫相，夹窫窳之尸，皆操不死之药以距之。

《山海经》中所记十巫，大约就是当时有名的巫师，他们掌握着"百药"，这些药具有使人“不死”的能力。《山海经·海外西经》云：“巫咸国在女丑北，右手操青蛇，左手操赤蛇，在登葆山，群巫所从上下也。”《水经注·涑水》郭璞曰：“言群巫上下灵山、采药往来也。”《逸周书》也有这样的说法：“乡识巫医，备百药，以备疾灾。”《汉书·晁错传》：“乡设巫医，以解疾病，以修祭祀。”

古代人往往认为人的疾病是由妖魔鬼怪引起的，治病就要由巫师来驱邪。巫祝在长期的实践中一方面使用巫术，另一方面在世俗的领域也不得不用“百草”，这样就产生了中国神奇的“中医”，用中草药来治疗百病。

巫术本来是人利用精神意志去支配自然能力的一种法术，其中包含人支配自然的良好愿望，这一部分便发展出了科学。巫术中的许多丑怪，在科学精神指导下转向了为人类服务，因此一些丑怪的事物渐渐转化成了对人类生存有好处的善神。

古人在“万物有灵”观的指导下，最初认为人生病是由妖怪侵入体内引起的，治病就是驱除妖魔。驱除魔怪的巫术有两种方法，一是用巫术和巫物来吓唬袭来的疫鬼灵怪强迫其退去，这是防患于未然的预防性方法。第二种是恶魔已经潜入体内，要从内外两方面施行刺激，使之退出体外，这是治疗性的方法。而后者，又可分为两种，其一便是向体内输入带来痛苦的刺激物，即吞服苦药，以药驱魔、祛恶鬼来治疗。此即《史记·淮南王列传》“毒药苦口利于病”、《尚书·说命上》“药不吓人不去病”之谓也。在中国神话传说中，有神农氏跋山涉水，亲尝百草，一日遇毒七十余次，仍坚持不懈，终于创立了医药之道的传说。神农氏相当于中国农耕时代传说中的古帝王兼文化英雄。他正是用品尝苦药、毒药以驱逐体内疫鬼的巫术性疗法来创发医药之道的。其二，中国古代还用针扎、火灸等强烈刺激的方法，从体外对恶鬼施加强烈刺激以驱鬼治病。《山海经·东山经》载：“高氏之山，其上多玉，其下多箴石。”就介绍了一种制造石针的原料，人们要到山上去采集，制成石针以备用。考古学中已发现这种石针。

《山海经》除标明蓤、芍药、椒的产地外，对一些稍微特殊的植物，连药效也一并解说出来了。《山海经》中记载的内外科的药物很多，举几例以见一斑。

《山海经·中次六经》记陕西华阳的药物说：

……其草多薯藇，多苦辛，其状如楮，其实如瓜，其味酸甘，食之已疟。

在渤海湾山群中的北号山也有止疟草药。

《山海经·东次四经》说：

北号之山，临于北海。有木焉，其状如杨，赤华，其实如枣而无核，其味酸甘，食之不疟。

在今西安东南秦岭山脉中有一种驱避瘟疫的药草叫薰草，《山海经·西山经》说：

麻叶而方茎，赤华而黑实，臭如蘼芜，佩之可以已疠。

河南南阳境内有一座堇理山，山上有一种状如喜鹊的青鸟，当地民俗认为，这种青鸟的毛可以防治流行病。《山海经·中次十一经》曰：

堇理之山……有鸟焉，其状如鹊，青身白喙，白目白尾，名曰青耕，可以御疫，其鸣自叫。

陕西渭水东南的华县，有一种治聋的药物。《山海经·西山经》云：

符禹之山……有木焉，名曰文茎，其实如枣，可以已聋。

发源于杻阳山的怪水之中，栖息着一种川龟，也是治耳聋的巫药。《山海经·南山经》曰：

杻阳之山……怪水出焉，而东流注于宪翼之水。其中多玄鱼，其状如龟而鸟首虺尾，其名曰旋龟，其音如判木，佩之不聋，可以为底。

另外还有治疗瘘病的咒药、治疗疥癣的灵草、治白癣的水中之物、治疗肿疮的特效药等。增肢和减肢的妖怪有的可以给人带来灾难，是名副其实的大丑怪；有的则可起到巫咒的作用，并可防止灾难的发生。

泰宝山地区的人们相信，人们之所以在梦中受苦，是由于恶魔邪鬼附体所致，而《山海经》中记的一种蓇草，就能够避开恶鬼，因此人们对它异常珍视。梦魇常使人从噩梦中醒来，惊吓出一身冷汗，人们害怕梦魇中的怪物而产生情绪的焦虑，各地便产生一些回避巫术。瘣山山谷栖息的鸰鹦和翼望山中的鵸䳜，就被认为是治梦魇的巫物。

《山海经·西次三经》云：

翼望之山……有鸟焉，其状如乌，三首六尾而善笑，名曰鵸䳜，服之使人不厌，又可以御凶。

翼望山的这种怪鸟，有三首六尾，也许是画的三个拆半表现的鸟，当时人以为巫符而有灵验，可以防止凶祸，可以预防夜里做噩梦。但到了汉代，古义全失，所画三首的鵸䳜，成了头上又生三头的样子。这就像汉画中的九头怪是在一个人头上饰有九个人头一样。古今透视法、表现法产生变化，便演化出许多怪物来。

翼望山有一“一目三尾”的妖怪叫“讙”，这也是可以保护人类起到“御凶”作用的妖怪鬼神。《山海经·西次三经》曰：

翼望之山……有兽焉，其状如狸，一目而三尾，名曰讙，其音如棄百声，是可以御凶，服之已瘅。

讙有一目三尾的奇特外形，也是一大丑怪。《太平御览》卷九一三的引文说，讙的叫声为"讙讙"，它的名字就是其叫声的象声词。也许因为讙的吼声极大，原始人认为可以吓退妖怪恶灵，故引为祥瑞。《山海经·西山经》所记范围，包含了今陕西凤翔南八里堡秦大郑宫的遗迹。在那里曾发现出土的瓦当中有类狗的动物纹，被命名为"双獾纹"，从纹样看似乎是睁大眼睛，张开大口，正在吠叫。鬼瓦和鬼面纹一样，都是为了威吓那些想要钻入居舍的妖怪鬼神。

陕西羭次山一带，人们相信一种叫橐𩇯的"一腿怪鸟"可以避雷。

前面已讲到一条腿的怪鸟毕方以及回禄和红眼睛的狢即兽都能带来妖火，甚至把村庄化为灰烬，但在西岳华山一座小华山的峰峦，活跃着一种能防火的红色山鸟则可以"御火"。这种鸟叫赤鷩，披着一身色彩鲜红的羽毛。小华山以西的符禺山、河南的丑阳山、四川的崌山都有防火伏火的鸟。

符禺之山……其鸟多鴖，其状如翠而赤喙，可以御火。（《西山经》）

崌山……有鸟焉，状如鸮而赤身白首，其名曰窃脂，可以御火。（《中次九经》）

丑阳之山……有鸟焉，其状如乌而赤足，名曰𪄀䳭，可以御火。（《中次十一经》）

这些防火的鸟都带有赤色，赤和火的颜色是一样的。在模仿巫术的相似律的条件下，先民便认为鸟的红色是火烧的，但鸟还活着，可见是"御火"的灵鸟。作巫术时便成了巫鸟。

《艺文类聚》卷九十一引《辛氏三秦记》，有一则山鸡的神奇故事，简述如下：

长安以西耸立着太白山，太白山以西有座陈仓山，山上栖息着一只石鸡、一只山鸡。秦朝赵高想赶走这两只鸡，便命使者来烧陈仓山。结果山鸡飞走了，石鸡任凭火烧就是不动，到了第二天早晨，山顶上又响起了鸡啼声，清脆的鸣声响彻三十里。

这个故事的原型我们在《山海经》的鵸、鰼鰼、窃胜等鸟可以御火中已经看到了，它反映的仍然是鸟可以避火的古老习俗。

《搜神记》卷八记有一则怪异故事，也是御火怪鸟原型发展来的，只是又加进了后世的内容：

> 秦穆公时，有个男人在陈仓挖地，挖出一个似猪非猪、似羊非羊的离奇动物。这个男人想把它献给秦穆公，于是便牵着这个怪物上路了。途中遇到两个小童。小童说："那怪物叫媪，专在地下吃死人的脑髓，很不好对付，要想杀死它，只能用柏木刺它的脑袋，其他办法都杀不死。"说完两个小童便跑开了。这时媪说话了。它说："那两个小童叫陈宝，谁得到雄的便可为王，得到雌的能够为霸。"于是，那个男人扔下媪去追小童，小童一下子变成野雉，飞到平林中逃掉了。秦穆公听说后，立即命令捕捉野雉，终于捕到一只雌的。可是，这只雌鸡却又化成了石头。秦穆公把这只不可思议的石头鸡扔在汧水和渭水之间。文公之时，开始在陈仓立祠祭祀。因为那只雄雉往南阳方向飞去，秦便在那里设了雉县。以后，每当陈仓祭祀的时候，雉县方向就会飞来十几丈长的红光，一直进入陈仓祠。此时，轰鸣的声音恰像雌雄两雉和鸣。

那似羊非羊、似猪非猪的媪在地下专吃死人的脑髓，肯定是一个大妖怪。两个鸡童看破了媪的来历，而媪也揭露了两童子的原形。媪说得雄雉者为王，得雌雉者为霸，也许是媪想脱身设的一计，人果然相信了媪编造的谎言。两个鸡童也是妖怪，其本性原是撒下灾害的凶魔，秦文公对它施以丰厚的祭祀，恐怕就是害怕它们作怪吧。但妖怪在人文精神中也会发生质的变化。往往那些丑恶的神怪经过人的崇拜、敬畏，在祭祀的烟火中便幻化成正面的美好的神灵。雄鸡飞来时放出长久的红光，这一现象启示我们，陈宝神原来是火怪，就是《山海经》中所记的可以御火的神灵了。古代陈仓山一带村民，还把象征火怪的两只红色的鸡绘成年画，贴在门上或村口，这是一种防火的巫俗在民间的保留。

相传在翠山一带的“鸓鸟”，也具有避火、镇火的功能。《山海经·西山经》云：

> 翠山……其鸟多鸓，其状如鹊，赤黑而两首四足，可以御火。

这两头四足的鸟在现实世界是不存在的，我认为是当时人画的拆半的鸟形象，也许它和九头鸟的信仰同出一源。当时的人把这种可御火的巫鸟画在器物上、装饰在门板上或挂在村庄的入口处，就能起到防止火怪侵入为祟的作用。从“赤黑”的颜色看，也不是鸓鸟为“赤黑”色的，而是在涂朱的陶器、木板上，用黑墨画成御火鸟的形象。中国远古那种装饰在青铜器上的双鸟纹，应为御火鸟的进一步发展，带有这种鸟纹的青铜礼器，正是向火神祭祀的礼器也未可知。远在彩陶时代，中国人就发明了毛笔和墨汁类的颜料，有些墨色的鸟纹正是装饰在赤色的彩陶上的。

外部世界的不可知，对人类造成一个危险空间，使人相信自然中存在超自然的存在物，这是妖怪存在的基础。起初人们是把妖怪作为逞凶为祸的负价值物。但人们为了能和自然中的妖怪和睦相处，而使超自然物不要危害人类，便产生了祭祀的愿望和行为。当妖怪以巨大的恶的力量使人畏惧而向其祭祀时，它便向神灵转化。祭祀使这些超自然物的存在发生了性质上的转变，成了社会秩序和人的安宁的保护神，由负价值物转化成了正价值物。虽然在现实上自然灾害依然如故，但在人的精神里则产生了强大的自信心。强大的精神力量正是人生存的精神支柱，是人战胜自然和超自然物的动力。当人类从精神上征服自然之后，那些自然中的妖怪还有什么可怕的呢？因此善与恶同美与丑，都是处在一个矛盾的统一体中的。

前面讲到的毕方鸟，本来是携火威胁人类生存的妖怪，然而，当它接受了人类要求和睦相处的请求以后，接受了人类虔诚的祭仪上献奉的祭品以后，其保护神的性质便逐渐强化并被突出表现出来，终于成了镇火、伏火的神灵。鸓、䲹、赤鷩、鸌鵌、窃脂等避火鸟，大概都有这样一个转化过程。

有恶鬼怪物危及人类，给人类带来水旱蝗害，毁坏人类辛勤种植的庄稼，破坏人的村庄，也就有维护人类、对人类友好的善妖、善鬼，两者往往相互对立又互为补充。钦山的怪物当康就是一个善妖，《山海经·东次四经》云：

> 钦山……有兽焉，其状如豚而有牙，其名曰当康，其鸣自叫，见则天下大穰。

根据对当康形状的描绘，这种动物大概是山中的猪，从特别强调有牙看，也许是一种野猪。中国先民在六七千年前就已饲养猪，大汶口文化有以猪骨作为陪葬品的习俗，南方的河姆渡文化也发现刻有猪纹的陶器。猪在当时是财富和丰稔的表现。当有野猪在野外出现时，先民便认为会给他们带来丰收，这是很自然的。从称其为“当康”看，康就代表了无饥荒、无灾害的安康、小康。古代有一个以猪为图腾的部落封豕氏，这反映了此氏族把自己的图腾神看作保护神的远古习俗。

另外丹穴山上的凤凰，也是主祥瑞的怪鸟。《南次三经》云：

> 丹穴之山……有鸟焉，其状如鸡，五采而文，名曰凤皇，首文曰德，翼文曰义，背文曰礼，膺文曰仁，腹文曰信。是鸟也，饮食自然，自歌自舞，见则天下安宁。

在中国古代，一直有龙凤呈祥的说法。凤凰以其艳丽的色彩、能歌善舞象征了德、义、礼、仁、信五种含义。这种“比德”的美学思想，前人有过批评，顾颉刚就认为这可能是瑞应思想、五行思想和五帝五教说发达之后的加笔，是汉代学者的附会。然而，凤凰预示吉祥，人们盼望图腾神鸟的降临、保佑其子民的思想当极为古老。《尚书·益稷》说：“凤凰来仪。”《论语·子罕》曰："凤鸟不至，河不出图，吾已矣夫！"《诗经·大雅》也把凤凰、驺虞、麒麟等异类动物的出现作为祥瑞来欢庆。《西次二经》中的鸾鸟，大约是凤鸟的前身："女床之山……有鸟焉，其状如翟而五采文，名曰鸾鸟，见则天下安宁。"《山海经·海外经》以下各篇，也多记载鸾鸟以瑞鸟的身份出现，它成了天下安泰的象征，到后来逐渐和统治者的德行联系起来，成了圣王明君问世的预兆。汉代的四灵：朱雀、玄武、苍龙、白虎以及麒麟等显示祥瑞的动物，大约都经历了这样一个发展过程。

图 5－37　龙凤吉祥玉佩（战国早期，1985 年河南叶县旧县 1 号墓出土）
（河南省文物研究所藏，选自《中国玉器全集》）

（五）《山海经》以外的古记异之书

《山海经》一书，记载了当时还处在神话时代的图腾神灵及妖怪鬼物。由于年代久远、文化变迁，必然使现代人感到俶离诡谲、灵怪纷呈，带有浓厚的神秘色彩，汉时的司马迁就认为其言不雅驯，缙绅先生不以正统史书和图籍视之。但这正好说明了汉初其已被视为巫觋之书，带有神话传说的色彩，从而确定了《山海经》的原始社会史料价值。

明杨慎就认为《山海经》确实保存了夏人的作品，他在《山海经·后叙》

中说：

> 夏后氏之世虽曰尚忠，而文反过于成周。太史终古藏古今之图。至桀焚黄图，终古乃抱之以归殷。又史官孔甲于黄帝、姚姒盘盂之铭皆缉之以为书，则九鼎之图，其传固出于终古，孔甲之流也，谓之曰《山海图》，其文则谓之《山海经》。

神话学者杜而未对认识《山海经》怪物提出自己的见解，他说：

> 《山海经》怪物不是"虚妄"，也不是实有。如果在自然界找那些怪物，当然都是找不到的；如果把那些怪物看作神话中的东西，则一一都是实有，因为有神话上的确实性。神话根据原始的确实文化……有原始宗教信仰作后盾。[1]

吕振羽先生认为，《山海经》所写的大部分是野蛮时代的社会。"在《山海经》的'神怪'记录中，我们能够看见一些刚从兽类脱离出来的奇形怪象的原始人和一些奇异的现象，它给我们以接近太古社会的机会，特别给我们以接近原始的宗教魔术的机会。"[2]徐亮之也指出《山海经》里的怪人"自可能有些是图腾的图案、巫术的化装，不全属于生理潜能这惯性适应所形成的畸形发育之列"[3]。这些看法的某些方面与作者不谋而合，从我以上的分析，我们已看到了这一点。

《山海经》实际上是记载了中国上古图腾社会的一些氏族部落的情况，真实反映了夏，甚至夏以前的历史、地理、生物、矿产、医药、气象、历法、天文、神灵、占卜、巫蛊、祭仪、祭品、古代帝王及世系、墓葬、器物的发明制作，乃至远国异域、天南地北、奇闻异见，今天看上去含有许多神话，实际上更

---

〔1〕 杜而未：《山海经神话系统》，学生书局，1984 年，第 152 页。
〔2〕 吕振羽：《史前期中国社会研究》，生活·读书·新知三联书店，1980 年，第 64 页。
〔3〕 徐亮之：《中国史前史话》，亚洲书局，1954 年，第 50 页。

多的是当时社会的实录。因为当时的文化发展、精神状态、信仰形式就是如此，是时代的变迁造成了《山海经》的怪异。

但《山海经》之所以能留传下来，与夏朝建立了中国第一个国家密不可分。以后虽改朝换代，但每一朝代都仍以《山海经》所记的山川河海、赤县神州作为立国疆域的根基，就使此书一直保存下来。但《山海经》是唯一一部图腾社会的史志吗？有没有类似的圣书在历史上流传下来，或者留下蛛丝马迹呢？我认为是有的。下面就略述之。

我国古代文献中的另一本有神秘色彩的书《白泽图》与《山海经》有些类似，也是以图腾动物命名的带有巫术性质的记异述怪之书。《南史·梁简文帝纪》有《新增白泽图》五卷。隋唐《经籍志》并有《白泽图》一卷，不著撰人姓名，今佚。

白泽是一种会说人话的神兽。《抱朴子·极言》曰："黄帝穷神奸则记白泽之辞。"《天问》："何兽能言？"也许即是指此说的。可见白泽如"夏铸九鼎"一样，也是为了使民知神奸、辨善恶。《开元占经》卷一一六引《瑞应图》云："黄帝巡于东海，白泽出，达知万物之精，以戒子民，为除灾害。"

在《经典集林》卷三十一，有洪颐煊所辑佚本，约四十条，每条都述一种物魅。江绍原《中国古代旅行之研究》记与行人有关的有以下几条：

> 水之精，名曰罔象，其状如小儿，赤色，大耳，长爪。以索缚之，则可得烹之，吉。
>
> 山之精，名夔，如鼓一足而行。以其名呼之，可使取虎豹。两山之间，其精如小儿，见人则伸手欲引，名曰傒。引去故地则死。
>
> 左右有山石，水生其间，水出流，千岁不绝。其精名曰喜，状如小儿，黑色，以名呼之，可使取饮食。
>
> 上有山林，下有川泉，地理之间生精，名曰必方，状如鸟，长尾。此阴阳变化之所生。
>
> 故废丘墓之精，名曰玄，状如老役夫，衣青衣而杵舂。以其名呼之，宜禾谷。

丘墓之精，名曰狼鬼，善与人斗不休。为桃棘矢羽以射之，狼鬼化为飘风；脱展投之，不能化也。

故道经之精，名曰忌，如野人，以其名呼之，使人不迷。在道之精，名曰作器，状如丈夫，善眩人，以其名呼之则去。

《云笈七签》卷一百《轩辕本纪》记黄帝巡狩登恒山，得白泽神兽于海滨，“因问天下鬼神之事，自古精气为物，游魂为变者，凡万一千五百二十种。白泽言之，帝令以图写之，以示天下”。

《白泽图》与《山海经》有相同之处。其记夔已见《山海经》。必方，即《山海经》里的火怪毕方。从《抱朴子》已言及《白泽图》来看，此书应在葛洪之前，其用途也在烛神奸、劾鬼物。其中所反映的神兽报喜降福的观念则可上溯到神话图腾时代。《国语·周语》有一段话就言及这种原始的审美观：

昔夏之兴也，融降于崇山；其亡也，回禄信于聆遂。商之兴也，梼杌次于丕山；其亡也，夷羊在牧。周之兴也，鸑鷟鸣于岐山；其衰也，杜伯射王于鄗。是皆明神之志者也。

《宋书·符瑞志》也说：

（汤时）梼杌之神，见于邳山。

中国古代，在图腾祖先神信仰的情况下，人们认为国之将兴，明神必降；国之将亡，神即示警。这种神除有图腾动物外，还有祖先神，或人格化了的自然神。每个氏族的图腾动物出现，对这个氏族来说就是一种祥瑞的征兆，而敌对氏族和国家的图腾神出现，就意味着妖异的征兆。他们在决定重大事情之前，都要向祖先求卜问卦，看祖先的意见，这就是占卜盛行的原因。如果祖先神同意，那就是大吉；如果不同意，那就是凶。所以《左传》

说:“国之大事,在祀与戎。”如果一个国家和氏族失去了祭祀祖先的权力,就等于失去了国家,其祖先的魂魄就成了游魂荡鬼,往往出来作怪。白泽所言精气游魂之鬼物有11520种,其中有一部分就是那些失去祭祀权力的氏族的图腾动物。因此《白泽图》一书虽然出现较晚,从内容看,也为志异之祖、志怪之祖之类的书。《山海经》前有《山海图》,当是画各地图腾社会情况的图册,《山海经》是其文字部分,《白泽图》大约也是有图有文的。敦煌遗书有《瑞应图》残卷,图文并茂,与《白泽图》有相似之处。像《山海图》一样,《白泽图》的图册部分,在流传中也消失得无影无踪。

《山海经》之外的述异志怪之书籍,还有楚国的史书《梼杌》,这是一本带巫术性和神秘性的古书。

《孟子·离娄下》曰:“晋之《乘》、楚之《梼杌》、鲁之《春秋》,一也。”赵岐注:“此三大国史记之异名。《乘》者,兴于田赋乘马之事,因以为名。梼杌者,嚣凶之类,兴于记恶之戒,因以为名。《春秋》以二始举四时,记万事之名。”《左传·文公十八年》云:“颛顼有不才子,不可教训,不知话言,告之则顽,舍之则嚣,傲狠明德,以乱天常,天下之民,谓之梼杌。”杜预注:“谓鲸、梼杌,顽凶无俦匹之貌。”

现在一些学者根据《说文》解释梼为“断木”,认为在没有发明文字时,人们记载文字的工具主要是竹简、木简或绢,“梼杌”取义于断木为简牍,以记国家大事,以扬善惩恶,犹如《战国策》之“策”。

但问题在于《春秋》说它是恶物,《国语》说它是神兽,《左传》《史记》又说是人名。《史记·五帝本纪》云:

> 颛顼氏有不才子,不可教训,不知话言,天下谓之梼杌。

梼杌的形象也是个大怪物,《神异经·西荒经》云:

> 西方荒中有兽焉,其状如虎而大,毛长二尺,人面虎足,猪口牙,尾长一丈八尺,搅乱荒中,名梼杌,一名傲狠,一名难训。《春秋》云,颛顼

氏有不才子名梼杌，是也。

看来梼杌的演化过程类似于"贪婪的饕餮"。其本为颛顼的不才子，以虎样的神兽为图腾，在以后的斗争中失败了，但其形象则流传下来。我猜想梼杌是木刻的图腾神兽，类似于印第安人和澳大利亚人的图腾柱。原始人常把它竖在村落的路口，有镇压、厌胜异类恶物鬼魅之功效。梼杌两字均从木，当为木制。楚氏族像商民族一样，也是巫风盛行的民族，在生活的区域立这种图腾柱是很自然的，就像在昆仑山上立有"开明兽"的图腾神像一样，只是木制的物器很难流传下来。传说中又说这种怪兽能食人，看来是猛兽无疑，又云其"能斗不退"，所以舜能够把它"流诸四裔，以御魑魅"。根据图腾美学中的美丑效应原则，吃人的恶物也能驱除鬼怪，在祭祀下便由妖怪转化为氏族的保护神，因此楚史书以图腾神兽命名便毫不为怪了。

梼杌状如虎身，人面虎足，口有獠牙，这正是图腾神的形象。在东夷有一氏族或部落为虎图腾。甲骨文有"虎"字，主要特征是头部巨大而有獠牙，身上有斑纹，与殷商青铜器所见"虎"形饕餮相一致。甲骨文有虎氏、虎方。郭沫若认为虎方当即徐方，徐、虎一音之转。胡厚宣先生认为虎方即荆楚。日本学者白川静认为"梼杌"是楚的"保护灵"，楚有虎乳子之神话。因此可知楚在远古的时代就是南方的异族，而且是以虎为图腾的部族。[1]何光岳则认为虎方原为黄帝系统六个胞族之一，到了商代成为虎方，因邻近东夷，渐染东夷文化的色彩，后受到楚的征伐，便由东而西迁成为土家族的先民。在湖南的一些地方出土了不少带虎纹的器具，可见在楚以前和楚的时代，在东方和南方都有以虎为图腾的部落活动。

在神话传说的图腾神中，也有一些神虎。《山海经·海内西经》讲到昆仑之墟，"面有九门，门有开明兽守之，百神之所在"，又说："昆仑南渊深三百仞。开明兽身大类虎而九首，皆人面，东向立昆仑上。"《图赞》曰：

---

〔1〕［日］白川静：《中国神话》，中央公论社，1980年，第97页；王孝廉译，长安出版社，1983年，第67页。

开明天兽，禀兹金精；虎身人面，表此桀形；瞪视昆山，威慑百灵。

这虎身人面的开明兽与梼杌的形象是很接近的。《山海经·西次三经》又记有神陆吾“虎身而九尾，人面而虎爪”，这与梼杌也是很相似的。这开明兽是看守天门的。西汉马王堆帛画，在“天堂”和“人间”的相接处有二“阙”，阙上各爬着一只神虎，那可能就是开明兽。

在楚地出土文物中也有虎的形象与梼杌。湖北随县曾侯乙墓漆制衣箱盖上的图像有“双首蛇虺”交尾像；在象征太阳的生命树上，有两只身子拉长的神兽，面部、身子都类虎。信阳、江陵楚墓也出土“虎座飞鸟”，许多考古学家认为有镇墓功能。也有从民俗学角度研究的，认为虎座鸟架鼓上有两只鸟站在两只猛虎背上，这与楚国征服过巴的廪君、板楯有关（巴人以白虎为图腾神）。所谓“虎座飞鸟”是用凤战胜虎来象征楚人战胜巴人的雕像。

据上所述，楚部落联盟里可能有东方南下的虎氏族或虎部落，一方面此虎被视为神兽，被楚人用来厌胜，甚至命名史书；另一方面又担心虎族不服从领导，起来反抗，便以更神圣的动物凤凰来制驭它。

因此《梼杌》可能最早是图腾赐福降灾或占卜类的记录，以后逐渐演变为普通的记言纪事体。清人焦循说：“史记以梼杌名，亦铸鼎象物，使民知神奸之例。”结合《左传》所言铸鼎象物云云，可以想见《梼杌》与《山海经》也相类，也许是有图有字的图腾社会史志，它们记载了远古的善灵恶物。《山海经》以地理为名，《梼杌》以图腾神兽为名。长沙马王堆出土战国楚《十二月神》帛书即是这种图文并茂使民知神奸的难得的实物标本。

《易经》一书也是神秘莫测、光怪陆离。越是神秘就越具有吸引力，近些年在中国兴起的《易经》热就可说明这个问题。但《易经》以何为名却是不甚明确的。实际上《易经》也是以图腾神兽命名的巫史之类的书。《易经》被儒家尊为六经之首，而“六经皆史”，的确《易经》保存记录了极多远古社会思想的史料。

汉人许慎《说文解字》解《易经》得名的原因说：

易，蜥易，蝘蜓，守宫也，象形。《秘书》说日月为易，象阴阳也。一曰从勿。

《说文》这个说法解《易经》得名的原因既独特又古老，虽然许多把《易经》神秘化的专家都不大相信，但也有肯定其说较为古老可靠，并分析“蜥蜴说”之源流的。马宗霍先生在《说文解字引群书考》中说：

许君以蜥易为本义，当有所承。余观卦辞曰彖，爻辞曰象，彖、象之本义皆为动物，则易之为动物，其例正同。……蜥易之体，说者谓其随时变色，而易道广大，亦变动不居，借以立名，自可比傅。纬书说字多望文，易字上象蜥易之首，下象四足之行，而篆文适与日月相似，遂傅会以为从日月。[1]

这个分析所取之内证是比较中肯的。古人也有采《说文》“蜥蜴说”者，杨慎《经说》云：“易者……之名，守宫是矣。（守宫即蜥蜴也。与龙通气，故可祷雨；与虬同形，故能呕雹。）身色无恒，日十二变。是则易者，取其变也。”古人对四足爬行动物分类不像今天这样细致，他们往往把蜥蜴、壁虎、变色龙，甚至鳄鱼等都视为同一类动物，因为它们毕竟是近类。陆佃《埤雅》说：“蜴善变易吐雹，有阴阳析易之义，《周易》之名盖取乎此。”郭沫若也同意《说文》的看法，他说：

本来“易”这个字据《说文》说来是蜥易的象形文，大概就是石龙子。石龙子是善于变化的，故尔借了“易”字来作了变化之象征。[2]

高亨先生根据《说文》引用金文的文字材料也说明“易”象蜥蜴之形，并

---

〔1〕 马宗霍：《说文解字引群书考》，科学出版社，1959 年，第 108—109 页。
〔2〕 郭沫若：《青铜时代·周易之制作时代》，群益出版社，1946 年，第 73、80 页。

认为“易为书名，又为官名，盖掌卜筮”，这跟梼杌以图腾神兽兼司审判、占卜、预言有相似之处。

过去研究《易经》得名者，总是在蜥蜴、变色龙、石龙子上打转转，并没有从深层上揭示其真正的来源。我认为《易经》之易应指华夏族的龙图腾。

因为蜥蜴与鳄类同属爬行纲，有些蜥蜴与鳄类从外形看极为相似。因此在古人眼里鳄类动物与蜥蜴具有亲属关系，或即指一物。《淮南子·精神训》云：“视龙犹蝘蜓。”王充《论衡·龙虚篇》云：“龙……马蛇之类也。”马蛇即蜥蜴别名。《戎幕闲谈》记有：

> 茅山龙池中，其龙如蜥蜴，而五色。贞观中敕取龙子以观，御制歌送归。黄冠之徒，竟诧其神。李德裕恐其惑世，尝捕而脯之。龙亦竟不能神也。

古代记载中，蜥蜴常称作“龙子”“山龙”“石龙子”。所谓龙子就是小龙，因为蜥蜴中的许多类均生活在山陵丘阜的草石之间。

李时珍《本草纲目》卷四十三在“石龙子”“守宫”条目下，收集了古书中关于蜥蜴的大量记载，反映了中国古代对这种与“龙”有关的动物的认识，即石龙子、山龙子、泉龙、石蝎、蜥蜴、猪婆蛇、守宫。《本草纲目》引《夷坚志》曰：

> 刘居中见山中大蜥蜴百枚，长三四尺。光腻如脂，吐雹如弹丸。俄顷风雷作而雨雹也。

蜥蜴很少有长三四尺的，三四尺长的蜥蜴实际是鳄类。

前面我们已经讲到在新石器的文化遗物中，可以看到许多蜥蜴类的装饰形象，长沙出土战国楚帛画中有蜥蜴龙。可见蜥蜴在古人眼中被视为龙是不成问题的。

《易经》本为蜥蜴，这里的蜥蜴即指神龙，是伏羲氏的图腾物。《系辞传》曰：

古者包牺氏之王天下也，仰则观象于天，俯则观法于地，观鸟兽之文，与地之宜，近取诸身，远取诸物，于是始作八卦，以通神明之德，以类万物之情。

这里讲得很明白，包牺氏作八卦就是为了“以通神明之德，以类万物之情”。包牺在古籍中又称伏羲，是神话传说中的古神，古籍记载其形象是很怪的。《史记·补三皇本纪》曰：“太皞庖牺氏，风姓，代燧人氏继天而王。母曰华胥，履大人迹于雷泽，而生庖牺于成纪，蛇身人首……有龙瑞，以龙纪官，号曰龙师。”《天中记》卷二十二引《帝系谱》曰：“伏羲人头蛇身。”《路史·后纪一》罗苹注云：

《玄中记》云：“伏羲龙身。”《灵光赋》乃云“鳞身”。《文子》云：“蛇身鳞首有圣德。”

图5-38　伏羲女娲图交尾图(东汉)

在汉画像中,有伏羲像及伏羲女娲交尾像,均作人首蛇身,或身躯做蜥蜴状(见图 5-39)。传说伏羲始作八卦,并以自己的图腾神蜥蜴命名通神明、卜吉凶的圣书是最符合当时情理的。这从《易经》首篇乾卦就可看出:

图 5-39　汉画像中的伏羲女娲像(东汉)
(作者收藏拓片,原石藏北京大学汉画像艺术研究所)

初九　潜龙,勿用。
九二　见龙在田,利见大人。
九三　君子终日乾乾,夕惕若厉,无咎。
九四　或跃在渊,无咎。
九五　飞龙在天,利见大人。
上九　亢龙,有悔。
用九　见群龙无首,吉。

这是用龙的形象来说明《易经》开篇的思想内容,含有深刻的文化内涵。因为龙是他们的图腾,一般认为乾代表天、阳、男性、帝等,正是从龙作为图腾演化出来的。这里的吉凶观念是从图腾神的出现以示吉祥发展来的。现在都认为《易经》中的美学智慧和文化智慧是从巫术智慧演化过来的，但还没人揭示《易经》表现的是图腾信仰的神圣观念，以及在具体生活中的运用。上引乾卦，从初九到用九皆有龙，但九三中的龙没有明确表示出来。“夕惕若厉，无咎”过去有多种解法，我认为“夕惕”即蜥蜴，音形皆近，“厉”即指离、黎，即魑魅类的精怪。“夕惕若厉，无咎”，是说许多人甚至贵族们整天忧心忡忡，认为蜥蜴就像河中的魑魅魍魉一样，但实际上是没有什么危害的。前已述蜥蜴即指龙，龙本为图腾神兽，那么即使遇到蜥蜴也不要害怕，因为它是人们的图腾神。九四“或跃在渊，无咎”正是承九三“夕惕若厉”而来。跃在渊的是什么呢？只能是人遇到了蜥蜴（鳄），蜥蜴跳到江河里去了，而不是什么人被迫害而去投河自杀。《易经》开篇即讲龙及龙的出现给人带来的吉祥，正是此书以蜥蜴（龙）来命名的内证。易之变易的观点也不是从“变色龙”演化而来，而是从图腾神的能力演化而来。《说文》曰“龙，春分而登天，秋分而潜渊”即其变易之描绘。至于《易经》以后渐演化为一部哲学著作，易也渐有了“日月为易”“阴阳为易”“变易为易”“不易为易”，但这些都是后起义。过去说《易经》多以流否定源，从文化人类学看，从图腾形象上考证易的本义，才是探到本源上。

易字下从“勿”，通“物”，勿当是物的本字。勿字作弯曲之形的动物下有两腿，因为四足动物在以侧视表现的时候只画两腿，上面的曰字是动物的头。这种动物过去有人称为四脚蛇，实际上即蜥蜴、鳄鱼之类。在古汉语中，物与鬼、神、精、怪是一个意思。前已述“铸鼎象物”之物，即为神物、怪物之物。

《易·系辞上》曰：“精气为物。”《汉书·武帝纪》注：“物犹神也。”《汉书·东平思王传》“信物怪”注云：“物亦鬼。”《汉书·郊祀志》：“有物曰蛇。”注：“物谓鬼神也”。

有物处于江水，其名曰蜮，一曰短狐，能含沙射人。（《法苑珠林》）

汉永昌郡不违县有禁水……其气中有恶物，不见其形，其似有声。如有所投击，中木则折，中人则害，土俗号为“鬼弹”。（干宝《搜神记》

卷十二）

这实际上描写的是鳄鱼。鳄鱼可以称为狐、虎，蜥蜴与之形近也可称虎，故今人仍称蜥蜴为“壁虎”“蝎虎子”。

所以怪物之物本意是指鳄鱼在河里危害人类成为鬼蜮，其后又为图腾，可以成为吉祥的象征。蜥蜴类的鳄升为龙，是其圣化，转为鬼怪是后起义，是图腾信仰中精灵观的鄙化。

图腾社会流传下来的带有巫术性质的古代圣书，不仅有《山海经》《易经》《梼杌》，神话传说中的《河图》《洛书》也为此类书。河指黄河，“河图”指龙马负图出现于黄河；洛指洛水，“洛书”指神龟负书出现于洛水。古代文献资料中又称为《马图》或《龙图》与《龟书》。

《尚书·顾命》云：

> 大玉、夷玉、天球、河图在东序。

此是河图见于《尚书》之证。伪孔传：“河图，八卦。伏牺王天下，龙马出河，遂则其文，以画八卦，谓之河图，及典谟，皆历代传宝之。”

《尚书·洪范》云：

> 天乃锡禹洪范九畴，彝伦攸叙。

伪孔传：“大与禹，洛出书，神龟负文而出，列于背，有数至于九。禹因而第之，以成九类，常道所以次序。”

《易·系辞》说：

> 河出图，洛出书，圣人则之。

在一般经典里，常常只记《河图》《洛书》，龙马、神龟负图书出水以授圣人为后人的说法。《论语·子罕》也只说“子曰：凤鸟不至，河不出图，吾已矣夫！”《礼记·礼运》说：“河出马图。”郑注：“马图，龙马负图而出。”

自从先儒孔安国提出伏羲则“河图”而画八卦，大禹则“洛书”而作《洪范》以后，受到许多儒士的继承。

班固《汉书·五行志》说：

> 易曰：“……河出图，洛出书，圣人则之。”刘歆以为伏羲氏继天而王，受河图，则而画之，八卦是也。禹治洪水，赐洛书，法而陈之，洪范是也。

郑玄《易》注说：

> 《春秋纬》曰：河以通乾出天苞，洛以流坤吐地符。河龙图发，洛龟书感。河图有九篇，洛书有六篇。

张衡《东京赋》说：

> 龙图授羲，龟书畀姒。

又有一部分研究河图洛书者认为，伏羲画八卦，既则之“河图”，又则之“洛书”。《系辞》中的“河出图，洛出书”与大禹无关。

汉代扬雄《核灵赋》说：

> 大易之始，河序龙马，洛贡龟书。

《礼纬·含文嘉》说：

> 伏羲德合上下，天应以鸟兽文章，地应以河图洛书。

宋代刘牧《易数钩隐图》说：

河出图，洛出书，圣人则之。此盖仲尼以作易而云也。则知《河图》《洛书》出于牺皇之世矣。乃是古者河出龙图，洛出龟书，牺皇画八卦，因而重之，为六十四卦。……孔氏（安国）以箕子称天乃锡禹九畴，便谓之洛出龟书，则不思圣人云河出图，洛出书，在作《易》之前也。

对于《河图》《洛书》的传说，自汉代便认识不清了，一直争论了二千余年。大概秦汉间的人也未能亲睹《河图》《洛书》。孔子曾喟然叹道："河不出图，吾已矣夫！"可见孔子也是盼望见到天赐祥瑞的。古人的祥瑞观念是揭开《河图》《洛书》神秘怪异性的关键。伏羲、大禹都为神话传说中的圣人，他们或开辟文化，或建国立业，后来都成了代表远古氏族部落的祖先神。在当时的图腾社会中，祖先只有得到来自图腾神灵的保佑和辅佐，才有可能征服天下、统治天下，这得到了来自民族学资料的证明。

《河图》《洛书》又叫《马图》《龙图》《龟图》《龟书》，正如《易经》是由蜥蜴得名一样，《河图》《洛书》也是以动物得名。但这不是一般的动物，而是带有神怪性质的动物，其神圣性便来源于图腾信仰中的图腾神灵和祖先神灵。

汉人好用谶纬说经，实际上谶纬的思想基础即来源于古老的图腾显祥瑞的信仰。用谶纬说经过去认为是迷信，不可取，现在看来有时却保存了珍贵的民俗神话的史料。

《论语·子罕》邢疏说：

郑玄以为《河图》《洛书》，龟、龙衔负而出……龙马衔甲，赤文绿色，临坛上。甲似龟背，广袤九尺，圆理平上，五色文，有列星之分，斗正之度，帝王录纪，兴亡之数。

《易·系辞》孔疏引《春秋纬》云：

河以通乾出天苞，洛以流坤吐地符。河龙图发，洛龟书感。

萧兵认为，这些传说跟“商之兴也，梼杌次于丕山”本质上一样，是图腾动物的报喜或传达更高天神的意旨，所以几乎每一传说祖先都曾接受这样的福音或神示。[1] 这种传说的背景是神圣动物的谕示。因为这类巫术性图画、符号或原始文字，带着一定的历史、宗教内容，又是由神圣动物传达、显示的，所以分别称之为《龙图》《龟书》等。

前已述伏羲在古文献中和汉代的画像石甚至唐代的帛画中均作“龙身”或“蛇身鳞首”，其原型即蜥蜴类的鳄鱼，它被伏羲部族尊为神，河中的龙马负图而出，即其图腾神显灵。蜥蜴或鳄鱼是龙的原型，因龙似马，所以又称《马图》。有的则龙马合称。《论语・子罕》郑注：“《马图》，龙马负图而出也。”孔疏引纬书说：“龙面形象马，故云《马图》。”《说文》说：“马……八尺为龙。”《月令》：“驾苍龙。”注：“马八尺以上为龙。”《尔雅・释畜》说，“马八尺，为駥”，“马之绝有力者戎”，戎即蝾螈，也即鳄与蜥蜴类。因此，《河图》与《易经》本源上是一致的，都来源于以龙为图腾的信仰，并以龙图腾的神圣信仰来命名古史书。由于当时人的信仰就是这样，所以记下的就是图腾神的圣迹预兆和祥瑞。

前已述鲧禹的神话，有鲧腹生禹的传说，鲧即禹的图腾祖先，大禹治水时有玄龟出洛水献书，即是源于禹以玄鱼、龟鳖为图腾的表现。商承夏制，很多信仰保存在古史中，如商人迷信玄龟，动辄以龟卜来占吉凶、定大事，这不能不说有更久远的神话传说作为基础。20 世纪初，殷墟甲骨已被发掘出来，证明了神话传说的可靠性。近几十年又发现我国早在龙山文化时期就用龟腹甲进行占卜了。1987 年又有报道，在河南舞阳贾湖遗址出土 8000 年前的甲骨契刻符号，传说这正是伏羲氏王天下的时代，根据我国关于“三皇”“五帝”的说法，伏羲乃三皇之首，距今 8000 至 10000 年左右。当时处在文字的草创阶段，以图代文，并记图腾神的圣迹是很自然的，氏族酋

[1] 萧兵：《楚辞文化》，中国社会科学出版社，1990 年，第 402 页。

图 5-40　洛阳壁画墓画像
（作者摄于洛阳古墓博物馆）

长把记有图腾征兆的文件保存起来并以图腾神来命名是最合情理的，只是文化的演变和变异使古义愈发晦暗下去。

六、中国神话中的怪诞精神

《山海经》记载了图腾社会的一些史迹，由于当时处在神话时代，故今天看来是颇为谲怪离奇的：那九头的兽、九尾的狐、一头两身的怪蛇，那出现就给人类带来瘟疫的妖怪和所到之处即带来火灾的怪鸟，都使现在的人莫名其妙。因此许多人认为其保存了许多中国上古的神话，他们所感兴趣的也就是其中的神话了。除《山海经》外，保存中国神话的古籍还有《楚辞》《穆天子传》《庄子》《列子》《淮南子》《十洲记》《神异经》，乃至《越绝书》《吴越春秋》《蜀王本纪》《华阳国志》《述异记》《搜神记》等。这些书记载的中国古代神话都是片断性的，一部分保存了远古的神话资料，也有的经过后代文人的加工改造。有人感慨中国没有系统的体系性的神话，有的则想把零散的神话编织成一部伟大的史诗。实际上，零散的神话正是中国神话的一大特色，这与史前中国的社会状况和民俗信仰是一致的。

图 6-1　青铜凤鸟
（湖北省博物馆藏）

就在中国这些零散的神话里，我们也能看到中国古代神话中的丑怪：那凿出七窍而死的混沌、死后身体化为世界的盘古，那人头兽身或兽头人身、怪模怪样的祖先像，那有着各种异禀怪才的文化英雄，那一出现就给人带来灾害的妖怪，那些人类总希冀其出现的祥兽。神话的领域真是荒诞不经、怪物纷呈！神话一头连着至善至美的人类的祖先神、保护神，一头连着各种丑怪、各类妖怪。

（一）神话与丑怪

神话是人类幻想的诗，神话是人类童年的梦。幻想的诗就带有奇幻的色彩，它是人理想的追求，也是人对世界掌握的期望；童年的梦是幼稚的，它充满天真的稚趣，又有迷离的情感。世界上各民族在他的童年都创造了瑰丽的神话，神话是人类最早掌握世界的方式，神话是原始人的世界观、方法论，也是社会意识形态。神话在原始人的眼中是史实，毫无半点虚假。神话又是人们的信仰、风俗、文化与习惯的组成部分。神话是原始的哲学、宗教、文学、道德、科学和社会的结构模式。神话处在人神混融不分的、主客体尚未分化的阶段。神话是人类智慧的起跑线。当人类跑了一圈后又回到了原点。在20世纪，人类建立的理性大厦正在坍塌，非理性主义思潮正在涌现。在政治生活和文学中，神话中的英雄人物以独特的方式更迭递嬗，作家试图将世俗生活神话化，文艺批评家也在现实主义的作品中分析其“神话原型”。神话不是传说，传说讲的是一个古代的故事，它着重在叙事，讲述者和听的人都不一定相信，他们倒相信传说在流传过程中会失真。神话也不是寓言，寓言讲的是动物、精怪等的故事，传达一个寓意、一个教训。传说可以传授历史、知识，沟通远古时代和现实社会，起到维护民族团结的作用；寓言可以是古代的也可以是现造的，目的是启发智力和道德，功用在劝诫。神话讲述的则是神的史迹、异禀和能力，带有神圣的庄严性，是绝对真实的，部落的人都信以为真的。尽管世界上很多民族都有自己的神话，尽管现代许多学者对神话倾注了空前的好奇心进行研究，写下了汗牛充栋的著作，但关于神话也还没有一个统一的定义能被诸家所接受。神话的现实总不免被神话学家的定义所束缚。这正说明了神话内涵的丰富多彩、奇诡多变。由于研究的角度不同，就有了各种各样的神话学理论。

古代神话，包括了为数众多的有关神祇和英雄的故事，即关于他们的生与死、爱与恨、居心叵测与鬼蜮伎俩、胜与败、萌生与毁灭。古老的神话大多涉及宇宙的形成和演化，涉及人的由来以及文明的创始。除某些基本的相似之点外，种种古老的神话在许多方面存在差异。

就神话的特征、内涵和意义而言，神话学家的见解彼此是大相径庭的。美国神话学家塞缪尔·诺亚·克雷默说："有些人把神话视为平淡乏味、纯属信仰范畴的故事，视为因其理智的精神的内涵而令人无法卒读之作，亦即产生于无所约束的虚构以及诡谲的幻想之作。而学者们的观点则截然不同，他们认为，古代人的神话是人类精神最深刻的成就之一，是天才的创作智慧所产生的充满灵感之作，这种创作智慧未被学术界那种盛极一时的、执着于所谓分析思维的态度所损，因而为深邃的宇宙领悟开了方便之门（而诸如此类领悟，当时的善于思考者则因其抑制性的释义以及呆滞、僵化的逻辑而不可企及）。"〔1〕对神话的这种争论不是一下子可以解决的，神话内涵如此之丰富，以至于我们可以从不同的侧面去寻找所需要的。古往今来，不少学者对神话进行探索，提出了种种理论，现在可以把这些理论归纳为十种，它们分别为：①寓意派的神话理论；②历史派的神话理论；③"母权制论者"的神话理论；④语言学、语病学的神话理论；⑤社会学的神话理论；⑥人类学的神话理论；⑦宗教祭礼的神话理论；⑧心理分析学的神话理论；⑨结构主义者的神话理论；⑩神话作为无时间性的真理的表现的神话理论。〔2〕

对各派别神话理论的介绍与评析不是我们这本书的任务。尽管关于神话的争论如此之大，但对神话的特征我们还是可以进行概括的，真理也许就隐藏在各种学说之中。对神话特征的概括过去已有人做过，特介绍如下：

---

〔1〕［美］塞缪尔·诺亚·克雷默编：《世界古代神话》英文版序言，华夏出版社，1989年，第3页。

〔2〕参见朱狄：《原始文化研究》，第四章第一节《十种派别的神话学理论》，生活·读书·新知三联书店，1988年。

日本的大林太良在《神话学入门》一书中引用了慕尼黑大学鲍曼教授提出的观点，认为神话有如下特征：(1)神话是对于事物的起源、远古生物与神的行为，以及他们和人类的关系的生动的叙述和记录。(2)神话被认为是真实的记录，它是由该民族世界观所确定的诸要素形成的。(3)神话中登场人物都是超越于人类社会的存在，他们这些登场人物确立了远古时代的基础。亦即神祇、部族祖先、上古英雄、文化英雄，创造了人的原型、人间万物和人类的环境。而这些能行动的存在和植物、动物等等，至少在其行为和意念上完全人格化了。(4)他们活动的时代是正在形成中的远古时代，这个时期产生了世界上一切本质的东西。也就是说，在远古时代发生的最初的事件，创造并奠定了今天的事物和生活的秩序。(5)神话活动的场所主要是在远古时代的大地上，其次是在天上或者是在地下。(6)神话的决定性功能体现在说明的功能和证明的功能上。神话不但向人们说明已经存在的现象，并使他们能够理解它，而且还要用上古起源事件提出依据并证明这些现象，从而使人们的日常行为必须严格遵循神话中规定的行为规范。神话的说明与证明的功能，不仅限于自然环境中的各种现象，还关系到人类社会和文化的创造。〔1〕

我国著名人类学家林惠祥归纳出神话表面的通性与内部的通性各三条。

其一，表面的通性：

(1) 神话是传承的，它们发生于很古的时代，即所谓“神话时代”，其后在民众中一代一代地传下来，以至于遗失了它们的起源；

(2) 是叙述的，神话像历史故事一样叙述一件事情的始末；

(3) 是实在的，在民众中神话是被信为确实的纪事，不像寓言或小说属于假托。

其一，内部的通性：

(1) 说明性。神话的发明是要说明宇宙间各种事物的起因与性质。

---

〔1〕［日］大林太良：《神话学入门》，中国民间文艺出版社，1988年，第34—35页。

（2）人格化。神话中的主人翁不论是神灵或植物、动物、无生物，都被当作有人性的，其心理与行为都像人一样，这是由于相信“万物有灵”，故拟想其性格如人类。

（3）野蛮的要素。神话是原始人心理的产物，其所含性质在文明人观之常觉不合理，其实它们都是原始社会生活的反映。[1]

茅盾先生在《中国神话研究》中，曾介绍安德烈·兰的看法，认为神话是原始人民信仰及生活的反映。他认为原始人的思想特点有六：

（1）为万物皆有生命、思想、情绪，与人类一般；

（2）为呼风唤雨和变形的魔术的迷信；

（3）为相信死后灵魂有知，与生前无二；

（4）为相信鬼可附于有生的或无生的各物，而灵魂常可脱离躯壳而变为鸟或兽以行其事；

（5）为相信人类本可不死，所以死者乃是受了仇人的暗算；

（6）为好奇心。

原始人见到自然界现象以及生死梦睡等事都觉得奇怪，渴求一个解释，而他们的知识不足以得到合理的解释，就根据他们的蒙昧思想——就是上述的六种——造一个故事来解释，以满足其好奇心。[2]

以上这些观点概括了神话的一些特征，但现在看来都是代表了古典的神话学理论。20 世纪随着神话的复兴，中国也掀起了神话热。大量的神话学理论被介绍过来。在这些理论中，恩斯特·卡西尔关于象征主义的神话学理论既深刻而又富有魅力，它对于我们认识神话中丑怪的根底十分重要。

卡西尔在其《神话思维》《语言与神话》等著作中，对神话的产生进行了独特的探讨。他认为应从民族幻想的功能和结构形态出发来探讨神话，因为世界被认识是在形成过程中，而不是在其物的规定中。他设定神话的

---

〔1〕 林惠祥：《神话论》，商务印书馆，1933 年，第 2—3 页。

〔2〕 茅盾：《神话研究》，百花文艺出版社，1981 年，第 63 页。

“客观性”并非取决于“客体”本身，而是取决于客观化手法；世界神话模式的演化历程可与世界的科学构想之逻辑起源相比拟。神话所特有的并不是以普遍的规律为前提的演变，而是奥维德所描述的变形——所谓变形，乃是为偶然的、个体的事态以及自由意志的行为等提供解释。在神话中，整体与局部之间不存在明确的界限；时间诸片断与空间的局部之间，不存在所谓壁垒；就数量论，总数（复数）与单数相混同；就质量来说，事物与其表征相混同。类似之所在，也就是整体之所在。神话幻想具有一种特质，即宇宙的灵化与精神内蕴的物化。卡西尔认为，神话中人的“界限”是变幻不定的，人们与其通过奇幻途径所施之于的那些现实成分构成统一体。根据卡西尔的观点，朦胧的、有生命的同一之感，转化为尤为特殊的、与某些动物和植物物种具有亲缘之感，而体态的差异则成为“面具和服饰”。据他看来，纯属人的意识发展迟缓。就外观而论，它表现为神祇的人化和英雄的神化。

卡西尔的理论是独树一帜的体系，是久经磨砺的神话哲学，其理论最可贵之处，是他对神话思维基础结构和神话象征主义特质的阐释。

通过卡西尔阐述的神话思维的理论，我们看到原始人创造神话时的认识论根源。神话中许多因素今天看来怪诞不经、异彩纷呈，这完全是原始人的思维形式所造成的。原始人根据自己的经验将客观现实界加以变形，并以变形的富有象征性的形象来表现，这样就产生了许多神话中的著名的怪异的形象，增肢和减肢的妖怪就是这样来的。加上原始人把自己外化到客观世界中去，使一切都灵化，这样在灵化的过程中一切都处在一个统一体中，植物和动物可以合为一体，人和动物也可互相转化，或联合成新的灵物，于是就有了人兽合体的各种怪神。

如果说卡西尔的理论揭示了丑怪起源的认识论基础的话，分析心理学的理论则揭示了丑怪的心理学基础。

这派的观点认为，神话和神幻故事的原初情节起源于梦境。他们追随弗洛伊德和卡尔·荣格的精神分析理论，把神话的产生与潜意识，或者始终与人类心理无意识的、深度的层次相连属。

弗洛伊德关注的主要是郁积于潜意识的情欲复合体，如“俄狄浦斯情结”——对异性生育者的幼稚型性欲望，是这种“情结”的基石。他著有《图腾与禁忌》一书，企图证明宗教、道德、社会和艺术等的本原并存于“俄狄浦斯情结”之中。弗洛伊德主义者将神话视为最重要的心理情境之不加掩饰的表露和家庭形成前似曾见诸历史的那种性欲望的显现。

卡尔·荣格则进行了另一种尝试，他企图将神话与心理的无意识本原相连属。正是这一本原，对神话文艺学的发展产生了影响，并在根本上同神话和美学发生关系。他认为意识的表征起源于思想和情感最古老的、世代相传的原始本原，这导致20世纪文艺学中寻求永恒的神话模式的运动。正是荣格有关人类想象种种形态归于同一的思想以及对并存于梦境和神话中的种种象征的某些体察入微的见解，对我们的丑怪研究颇有启发意义。

在我们看来，丑怪不存在于纯客观的自然中，它只存在于人们的信仰中，潜意识的梦幻是丑怪产生的心理根据。在梦境及类似于精神病人的疯狂的迷狂心理条件下可以导致丑怪的出现。原始社会的万物有灵的信仰、巫术观念、历代所讲述的怪诞的神话，通过实践的和历史的中介，积淀到人类集体无意识的深处，形成特定的生理-心理的结构，一旦条件成熟，在令人恐惧的梦魇中，在充满神秘气息的神圣的宗教仪式上，在已化为古老的生活的化石——民俗中，丑怪成了人信仰的一部分。

（二）中国神话中丑怪的类型

在远古没有文字的时代，人类口头讲述神话和传说，在神圣的仪式上，由氏族的头领及巫师来讲述，以解释宇宙的起源、人类的由来、祖先的创造、妖怪的作祟等。每一种解释就演化成了一种神话。神话研究者为了研究的需要，往往要对神话进行分类。由于研究者分类的依据不同，分类的方法也不同，于是就有了神话的分类问题。

神话分类的标准有许多种，如根据文明状态可分为野蛮神话与文明神话[1]；根据内涵来分可分为广义神话、狭义神话；根据国家可分为古埃及神话与古希腊神话等；根据地域可分为北欧神话和太平洋群岛神话等；根据洲可分为美洲神话和亚洲神话等。但最好的办法还是按神话的性质来分类。日本的大林太良在《神话学入门》中介绍了几种分类法。

克拉佩在《神话起源论》中，把神话分为：

关于天地的神话

关于太阳的神话

关于月亮的神话

关于巨大发光体神的神话

关于星星的神话

大气的神话

火山神话

关于水的神话

冥府神话

半神神话

起源神话——宇宙起源神话

起源神话——人类起源神话

起源神话——杂类

大劫难神话

历史神话

当然，这不是根据一定的标准分别归类的结果，而是按照每章节的需要罗列的标题。维也纳民族学者海凯尔在前人分类的基础上，提出了自己

〔1〕 袁珂：《从狭义的神话到广义的神话》，载《社会科学战线》，1982年第4期。又见《中国神话史·序》，上海文艺出版社，1988年。

的分类项目：

宇宙起源神话

人类起源神话

诸神的神话

关于远古状态的神话

太古与演变的神话

末世论神话

自然和宇宙论神话

这个分类虽优于前者，但仍然不够周全与严谨。因为有的看起来是根据不同事物种类的起源分类的，而有的又超出起源范围而涉及众神的神话与自然神话。

神话是根据远古时代发生的一次性事件，是说明和证明特定的自然现象与文化现象的叙事故事。因此可以这样说，世界上所有民族的神话，都是以人类及其本质、自然和文化环境的起源作为其主要的题材。德国民族学家卡尔·施米茨提出了每个民族文化必须借助神话世界加以解答的三个基本问题：

(1) 是谁用什么方法创造了世界？（宇宙起源论）

(2) 是谁用什么方法创造了人类？（人类起源论）

(3) 是谁用什么方法创造了文化？（文化起源论）

这样就构成了三大起源神话群。需要强调的是这些神话群之间的关系往往又是交叉的。宇宙起源神话与人类起源及文化起源神话之间往往绝不是毫无联系、彼此无涉的，而是你中有我、我中有你，有些创世神话同时又包含有人类创造和文化创造的内容在里面。

在中国，人类学家林惠祥在 1933 年出版的《神话论》一书中，也对神话进行了分类。他把神话分为八种：

(1) 开辟神话——这一种包括天地、自然物、人类的起源等神话。

(2) 自然神话——这一种包含各种自然现象的神话。

(3) 神怪神话——这一类包含神祇与妖怪两种，因为他们同是超自然的东西，性质相近，无确切的界限。

(4) 死亡、灵魂及冥界神话。

(5) 植(物)动物神话(含图腾崇拜)。

(6) 风俗神话——这一类包括社会制度与生活技术。

(7) 历史神话。

(8) 英雄或传奇神话。

林先生对神话中的妖怪给予了一定的重视，在第三类神怪神话中专门分出一种“妖怪神话”，他说：“人类除信奉威力强大的神外，还信有些威力较小的超自然物。他们常拟想山林或僻静的地方，有可怖的妖怪，因而生出许多神话来叙述它。这种妖怪的身体，有动物人形种种，变化不定，很有魔力。例如河水池塘中常说有水怪，山中有山魈，人家有狐妖、夜猫子、五通等。妖怪常能施灾祸于人类，故诛斩或制服妖怪为神或英雄们的重大功绩，因之又有许多神话故事来叙述它。”如在第八类“英雄或传奇神话”中。哈恩把这类神话又细分为12种，其中有几类就是与除妖有关的，如脱离魔怪式——男或女脱离为妖魔或妖巫的父亲或丈夫、诛斩怪物式——一个男子杀死了某个怪物、勇士历险式——一位勇士带了“千里眼”“顺风耳”一类的奇异功能经历险事、鬼怪受骗式——鬼怪被人的双关语所骗跟了他走、英雄游地府式——英雄降入冥界游历。兰格又增加了两种，其中有怪胎式——女人产生禽兽等别物。

如果结合中国的神话传说和以后的搜奇志怪的故事，这类妖怪性质的神话传说数不胜数。但我认为这个分析仍然是不够的。我们从美学的观点来观照神话，可以说所有的神话都有些奇异的色彩，带有荒诞性了。当然他们重视的是妖怪，但在非妖怪的善神中，也是充满怪异的，有些是很丑陋的。因为如果没有荒诞怪异的色彩，那就很难被称为神话了。怪诞应该是神话所具有的审美属性之一。中国古代神话中有那么多丑怪，我们不可能在此做全面展览，仅举数例，以见一斑。

1. 浑沌七窍

关于浑沌（也写作混沌）的神话，是中国开辟神话中最富有原始色彩的，今天看来十分荒诞不经，其形象是一个大丑怪。

《庄子·应帝王》保存浑沌神话比较完整：

> 南海之帝为倏，北海之帝为忽，中央之帝为浑沌。倏与忽时相与遇于浑沌之地，浑沌待之甚善。倏与忽谋报浑沌之德，曰："人皆有七窍，以视听食息，此独无有。尝试凿之。"日凿一窍，七日而浑沌死。

袁珂认为这里包含着开天辟地神话的概念。浑沌被倏忽——代表迅疾的时间——凿开了七窍，浑沌本身虽然是死了，但是继浑沌之后的整个宇宙、世界却也因之而诞生了。[1] 对这个神话的深层的象征结构，叶舒宪用结构主义神话学的理论进行了破译，认为这个神话属于以圣数"七"为结构的创世神话系列，倏与忽不仅代表了迅疾的时间，其实他们也代表着空间，在庄子的寓言中人格化成了两位"帝"，在一场历时七天的整形手术中无意识地治死了浑沌，创造了宇宙。[2] 他们均认为浑沌七窍是一个开辟神话。浑沌在神话思维中是一种象征，象征了混沌无序的宇宙本身。是由于人类的需要，才在一片混沌的世界中分辨出方向，划分出时序，这样就等于在看来纷乱无序的宇宙中创立了秩序，使人有了可以生存的外在人文环

〔1〕袁珂：《中国古代神话》，中华书局，1960年，第31页。
〔2〕叶舒宪：《中国神话哲学》，中国社会科学出版社，1992年，第260页。

境。当人类把混沌的宇宙按自己的需要划分出时间时，混沌也就消失了，在神话中便认为其已死，因为在原始灵感观的思维中，一切都是灵化的和人化的。宇宙本来就是一个生命体，而人类根据自身的特征，从而认为宇宙也像人一样应该是有七窍的。这也是一些神体化为宇宙万物神的思维基础。

我们认为《山海经》保存了夏代甚至夏以前的一些图腾社会的民俗情况，那么《山海经》就比《庄子》中记载的神话传说要早。而《山海经·西次四经》中也有一段记载了浑沌的神话，这对我们理解浑沌有一定的帮助：

> 又西三百五十里，曰天山。多金玉，有青雄黄。英水出焉，而西南流注于汤谷。有神鸟，其状如黄囊，赤如丹火，六足四翼，浑敦无面目，是识歌舞，实惟帝江也。

毕沅注曰："江读如鸿，《春秋传》云：'帝鸿氏有不才子，天下谓之浑沌。'"从此看浑沌又成了帝鸿氏的"不才子"。《左传·文公十八年》载："昔帝鸿氏有不才子，掩义隐贼，好行凶德，丑类恶物，顽嚚不友，是与比周，天下之民谓之浑敦。"杜预注曰："帝鸿，黄帝。"《史记·五帝本纪》也记有："昔帝鸿氏有不才子，掩义隐贼，好行凶慝，天下谓之浑沌。"前面我们已经讲到浑沌为黄帝的儿子，有人认为黄帝本以太阳为原始的图腾，浑沌即是所画图腾形象的象征。但到后代也成了丑怪之类。《神异经·西荒经》云：

> 昆仑西有兽焉，其状如犬，长毛四足，似罴而无爪，有目而不见，行不开，有两耳而不闻，有人知性，有腹无五藏，有肠直而不旋，食径过。人有德行而往抵触之，有凶德则往依凭之，名为浑沌。空居无为，常咋其尾，回旋仰天而笑。

袁珂认为在后世的传说中，浑沌被丑恶化了。的确如此，《神异经》说它是只既像狗又像熊的野兽，有眼睛却看不见，有耳朵却听不着。它走路艰难，但别人到哪里去它却能知道。遇着有德行的人，它就一股劲地去抵触；遇着横行霸道的恶人，它反而服服帖帖、摇头摆尾地去依靠着他。这家伙平常无事，常爱咬着自己的尾巴，回旋着，仰面朝天，哈哈大笑。《神异经》对浑沌进行了丑化。在《山海经》中浑沌"识歌舞"，还是一个多才多艺的神，《左传》的时代已演化为"丑类恶物"。《神异经》旧题汉东方朔撰，今人颇怀疑之。此书记浑沌是根据古籍的丑化描述而加以具体夸饰而成。这样看来，浑沌由一个善神在历史的演变中变成了一个大丑怪。这就像饕餮、梼杌的命运一样，它们都经过了善与恶的转化。

图 6-2　青铜器怪物造型（春秋早期，1974 年湖北天门李场镇黄家店出土）

（天门市博物馆藏，选自《古镜今照》）

2. 开天辟地

《庄子》和《山海经》中的浑沌神话，过去给予的重视程度是很不够的，在介绍中国神话的著作中，很多人都未予以介绍。大家重视的是盘古开天辟地的神话。但这个神话一般认为不是起源于汉族，而是南方少数民族苗、瑶神话的遗留。西方有人认为这个神话的根本部分是从印度传入中国的。最早记载这个神话的是三国时期的徐整。《太平御览》卷二所引徐整《三五历纪》说：

> 天地浑沌如鸡子，盘古生其中。万八千岁，天地开辟，阳清为天，阴浊为地。盘古在其中，一日九变，神于天，圣于地。天日高一丈，地日厚一丈，盘古日长一丈，如此万八千岁。天数极高，地数极深，盘古极长。后乃有三皇。数起于一，立于三，成于五，盛于七，处于九，故天去地九万里。

现在看来盘古开天辟地的神话不是原初的创世神话，其中包含着《易经》中的阴阳术数的思想，也包含中国古代浑天说的宇宙观。这是徐整在采集神话时，用当时早已流行的《易经》哲学改造了这则神话。“天地浑沌如鸡子”，这是浑天说最基本的宇宙观。“阳清为天，阴浊为地”，“数起于一，立于三，成于五”云云，表现的则是《易经》的阴阳观念。

古代苏美尔人和印度有类似的神话。如苏美尔人认为，太初洪荒时期，有所谓原初瀛海；瀛海生宇宙之山，天与地相拥合，包容在宇宙之山中；天和地生大气之神恩利尔；恩利尔强使天与地分离，并将地携走，后来同其母大地相结合，从而为宇宙的形成奠定了始基。

据印度典籍《梨俱吠陀》所述，所谓宇宙之水最初为一破壳所禁锢，创造宇宙之神陀湿多先造天地，后来又生因陀罗。因陀罗畅饮苏摩酒，因而威力无穷，遂强使天地分离，并置身于天地之间。因陀罗击破覆盖宇宙之水的硬壳，使之奔流而出。

尽管盘古神话在不早于公元前 3 世纪被记载下来，但关于浑沌中生出宇宙时空的观点则是极其古老的，前面浑沌七窍已述。盘古神话与中国传统的浑沌中生出天地的神话本源上是一致的，这一点我们从盘古死后化为宇宙万物中可以看到。

作为尸体化形的宇宙起源神话也是盘古神话的一部分。

据马骕《绎史》卷一引《五运历年纪》说：

元气蒙鸿，萌芽兹始，遂分天地，肇立乾坤，启阴感阳，分布元气，乃孕中和，是为人也。首生盘古，垂死化身；气成风云，声为雷霆，左眼为日，右眼为月，四肢五体为四极五岳，血液为江河，筋脉为地理，肌肉为田土，发髭为星辰，皮毛为草木，齿骨为金石，精髓为珠玉，汗流为雨泽，身之诸虫因风所感，化为黎氓。

《广博物志》卷九引《五运历年纪》说：

盘古之君，龙首蛇身，嘘为风雨，吹为雷电，开目为昼，闭目为夜。死后骨节为山林，体为江海，血为淮渎，毛发为草木。

《述异记》卷上搜集秦汉间等地的民俗资料说：

昔盘古氏之死也，头为四岳，目为日月，脂膏为江海，毛发为草木。秦汉间俗说，盘古氏头为东岳，腹为中岳，左臂为南岳，右臂为北岳，足为西岳。先儒说，盘古氏泣为江河，气为风，声为雷，目瞳为电。古说，盘古氏喜为晴，怒为阴。吴楚间说，盘古氏夫妻，阴阳之始也。今南海有盘古氏墓，亘三百余里，俗云后人追葬盘古之魂也。桂林有盘古氏庙，今人祝祀。

盘古尸体化为宇宙万物的神话在起源神话中有一定的典型性，它表现了尸体化形这一神话母题。类似的神话在世界各地有很多，如北阿萨姆邦的阿帕塔尼人的一则神话说："最初，克朱姆·钱汤即大地，和人差不多，她有头、胳膊、大腿，还有一个鼓起的大肚子。原先人类住在她的腹部上面。有一天，克朱姆·钱汤想，如果她站起来走动的话，可能就要有人掉下来摔死。于是她自杀了。自杀后，她的头变成了被雪覆盖着的高山，脊椎骨变成了丘陵，胸部变成了峡谷，阿帕塔尼人就生活在那里。她的颈变成了塔金人居住的北国。她的臀部变成了阿萨姆平原。正像臀部长满脂肪那样，阿萨姆平原的土壤也极为肥沃。克朱姆·钱汤的眼睛变成了太阳和月亮。从她的嘴中生出了克朱姆·波皮神，这一神把太阳和月亮送上天空并使其生辉发光。”古代两河流域阿卡德人的神话说：“智者马尔杜克杀死了原始大海提阿马特，把其尸体像鱼那样分成两段，将其一半做成了天空的穹窿，另一半做成了大地的支柱。”〔1〕

北欧也有这种神话：“最初宇宙为混沌一团，无天、无地、无海，唯有神蒲利与冰巨人伊密尔；浦利有三子，曰奥定（精神）、费利（意志）、凡（神圣）；奥定等杀死冰巨人伊密尔，将他的肉造成土地，血造成海，骨骼造成山，齿造成崖石，头发造成树木花草和一切菜蔬，髑髅造成天，脑子造成云。”这和北美洲的伊罗瓜族所说巨人旭卡尼普克的四肢、骨、血造成了宇宙万物，有些相像。〔2〕据印度的《梨俱吠陀》讲“原人”被诸神用于献祭，他那被割裂的躯体分别化为“太阳、天、气、地、地之四方、四种姓等”。

尸体化为世界的神话看上去很荒诞，实际上表现了原始人结构清晰的宇宙模式。原始人在万物有灵观的指导下，认为世界也像人一样是一个宇宙人体，这一宇宙的各个局部和人体的各个部位相应，可以概括为宇宙大人体，人体小宇宙。这一宇宙不仅可以以人体来象征，也可以以动物和神怪来象征。中国《山海经》等古籍中的烛龙，就是这一神话的表现。《海外北经》曰：

> 钟山之神，名曰烛阴，视为昼，瞑为夜，吹为冬，呼为夏。不饮，不食，不息，息为风。身长千里，在无脊之东。其为物，人面蛇身，赤色，居钟山下。（见图6-3）

图6-3 烛阴
（清·四川成或因绘图本，选自《古本山海经图说》）

〔1〕［日］大林太良：《神话学入门》，中国民间文艺出版社，1988年，第59—60页。
〔2〕茅盾：《神话研究》，百花文艺出版社，1981年，第164页。

《大荒北经》曰：

西北海之外，赤水之北，有章尾山。有神，人面蛇身而赤，直目正乘。其瞑乃晦，其视乃明。不食，不寝，不息，风雨是谒。是烛九阴，是谓烛龙。（见图6-4）

1

2

图6-4　烛龙

1. 明·蒋应镐绘图本（选自《古本山海经图说》）

2. 青铜器烛龙（美国弗利尔博物馆藏）

《楚辞·天问》有："日安不到？烛龙何照？"当指此事。《太平御览》卷三十八引《玄中记》说："北方有钟山焉，山上有石首如人首：左目为日，右目为月；开左目为昼，开右目为夜；开口为春夏，闭口为秋冬。"这样看来，烛龙的神话也是一个创造神话，烛龙也是一个创世天神，因为其眼一睁一闭就形成了日夜，一呼一吸就成了春秋。烛龙神话应为盘古神话的前身。也许正是把浑沌神话与烛龙神话合并而创造了盘古神话。烛龙神话是白昼和四季等的拟人化。与此类创世神话有关的还有巨型动物支撑世界的神话和创世神手中的圣物化为世界的神话。前者为支撑大地的巨灵神话，后者如"弃其杖，尸膏肉所浸，生邓林。邓林弥广数千里焉"的夸父追日神话。

关于巨鳌支撑大地的神话在中国也广为流传。《楚辞·天问》："鳌戴山抃，何以安之？"当指此事。《古小说钩沉》辑《玄中记》："东南之大者巨鳌焉；以背负蓬莱山，周回千里。巨鳌，巨龟也。"《天问》王逸注引《列仙传》：

"有巨灵之鳌,背负蓬莱之山而抃舞,戏沧海之中。"这样,古代尸体化为世界的神话,后来产生了变异,由支撑大地的巨灵所代替。在女娲神话中又有"断鳌足以立四极"的说法,当是这种宇宙观的反映。

就像宇宙产生于浑沌,神的尸体可以化为世界般怪异,在造人的神话中也充满各种各样的怪异,说明人类起源的神话常作为宇宙起源神话的一部分被传播。神创造人的神话,是许多民族古老神话的一部分。《旧约全书》说:上帝耶和华"抟土为人,嘘气入鼻,而成血气之人"。耶和华还对亚当说过:"汝必汗流满面,庶可糊口,逮归于所出之土而后已。汝身乃木,死则返其本焉。"希腊神话说,普罗米修斯把具有生命的小片黏土做成各种爬虫、鱼类、飞禽、走兽……最后才仿照神的形状做成人。爪哇的巴兑人的一则神话说:当创造神创造了天空、太阳、月亮和大地的时候,也试图要创造人类。他抓了几把黏土捏了个人像。然后他叫来了自己创造的一个精灵,命令其给人像以生命。北美印第安人认为,地神用暗红色的泥土掺和了水,做成男女两个人像,再用脂木煅烧使他们都活了起来,男名古克苏,女名晨星,以后世间便有了人类。

在中国也有类似的神话,那便是女娲抟黄土造人。据汉代的《风俗通》说:

> 俗说天地开辟,未有人民,女娲抟黄土作人,剧务,力不暇供,乃引绳于泥中,举以为人。

女娲的名字,现存最早的文献记载于《楚辞·天问》中:"女娲有体,孰制匠之?"意思是人类的身体是女娲创造的,那么女娲自己的身体又是谁造的呢?可见在屈原的时代,女娲的神话已在荆楚一代广为流传。

从女娲的形象看,也是一个大丑怪。王逸在给《天问》作注时说:"女娲,人头蛇身。"《史记·补三皇本纪》说:"女娲氏亦风姓,蛇身人首,有神圣之德,代宓牺立,号曰女希氏。"《山海经·大荒西经》说:"有神十人,名曰女娲之肠,化为神,处栗广之野,横道而处。"郭璞注:"女娲,古神女而帝者,人

图6-5 汉画像石中女娲像（东汉，安徽萧县出土）

面蛇身，一日中七十变。其腹化为此神。”在一些汉代出土的文物中，女娲果然是“人首蛇身”（见图6-5）。

从女娲的怪异形象中，透露出女娲形象也是来源于图腾崇拜。她当是从崇拜蛇或蜥蜴（又可称为龙）的部落的祖先神演化而来。前已述从“娲”通娃、蛙看，更早当为以崇拜青蛙、蟾蜍为图腾的部落。从用黄土造人来看，又为母系社会时期的彩陶文化的表现。北美印第安人为暗红色的皮肤，故他们的神话中人是用暗红色的泥创造出来的。汉人为黄皮肤，当然是用黄土造成的。

《淮南子·说林训》有一则女娲的神话，过去认为很怪诞，不好理解，现在看来，却反映了女娲创生人类的一些民俗资料。这则材料说：

> 黄帝生阴阳，上骈生耳目，桑林生臂手，此女娲之所以七十化也。

有人认为这是一则“诸神共创”神话：黄帝创造了人类的阴阳生殖器官，上骈创造了人类的耳朵、眼睛等五官，桑林创造了人类的四肢，女娲更在人类身上使出了70种变化。[1] 这个说法是有根据的，它来源于高诱注《淮南子》：“黄帝，古天神也。始造人之时，化生阴阳。上骈、桑林，皆神名。”袁珂先生认为，黄帝生阴阳的“阴阳”，也不是泛指，而是特指阴阳生殖器官。但我认为高诱的注不一定对，应该还有他解。桑林应为高禖神社，这是原始社会的一种习俗，是每当仲春二月，青年男女在“桑林”之地参加和观看的娱神乐人的狂欢活动。《墨子·明鬼篇》说：

> 燕之有祖，当齐之社稷，宋之有桑林，楚之有云梦也，此男女之所

〔1〕 冯天瑜：《上古神话纵横谈》，上海文艺出版社，1983年，第69页。

属而观也。

可见“桑林”是燕祖、云梦、社稷类的举行祭祀仪式的地方。在这个仪式上，由青年男女表演放荡猥亵的乐舞，以娱神而祈雨，诱导大地哺育百物。郭沫若认为在这个仪式上“古人本以牡器为神，或称为祖，或谓之社，祖而言驰，盖荷此牡神而趋也”[1]。这类似于古印度、古希腊和古罗马举着“生殖器游行”的活动。桑林者，郭沫若又说：“《诗·鄘风》桑中即桑林所在之地，上宫即桑林之祠，士女于此合欢。”闻一多先生也说：“社稷即齐的高禖。……桑林即宋的高禖。”[2]《诗·鄘风·桑中》云“期我乎桑中”，反映的也是这种风俗。“台桑”是夏禹“私通”涂山氏的秘地，“桑间濮上”也就成了淫乐冶游的象征。

女娲当同社神有关，后来成为婚姻之神。《路史·后纪二》：“以其（女娲）载媒，是以后世有国，是祀为皋禖之神。”罗苹注引《风俗通》：“女娲祷祠神，祈而为女媒，因置昏姻。”女娲又为雨神。《论衡·顺鼓篇》曰：“雨不霁，祭女娲。”其含义均与桑林之中合男女以助娱神祈雨有关。“骈”通“姘”，现在指男女非夫妻关系而同居，但在“桑林”高禖神社的活动中是完全合于习俗的。在前文神秘蛙纹与女娲神话一节中我们对女娲的原始形象进行了探讨，由此看来，女娲造人的神话也是从原始的图腾崇拜发展而来，到战国时她成了高禖社神、主管人类婚姻的生育神，但还保持着她来源于蜥蜴类动物的原始图腾的痕迹。

在神话中，无论是创造宇宙的神还是图腾神和祖先神，其形象都很有些特异之处。从今天的审美观念看，是有些怪异的。如前述开天辟地的盘古，可以随着日高和地厚而增长，身体的各部分竟可化为自然万物。人类的创造者女娲也是人首蛇身。民俗传说中又说她与伏羲本为兄妹，配为夫妻。伏羲的名字在民俗中有很多人知道，但在中国古籍中还有包牺、炮牺、庖牺、

---

〔1〕 郭沫若：《甲骨文字研究·释祖妣》，大东书局，1931年，第20页。

〔2〕 闻一多：《神话与诗·高唐神女传说之分析》，古籍出版社，1956年，第97页。

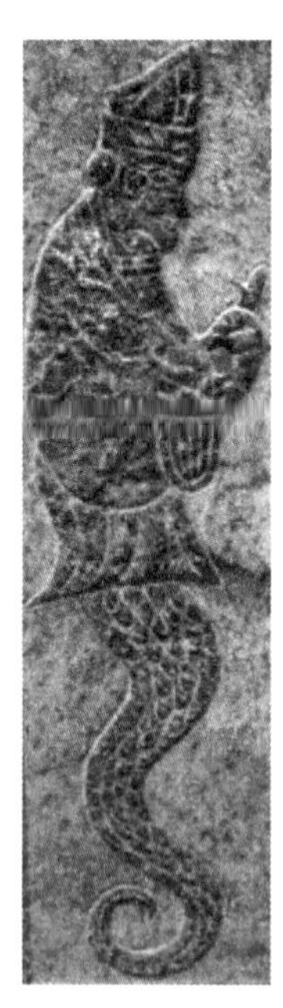
图6-6 汉画像石中伏羲像（东汉，安徽萧县出土）

宓羲、羲皇等多种名称。伏羲的传说渊源很古，但被命名为伏羲并在汉族中广泛崇奉为神是在战国。秦以后则被列为三皇之一。汉时画的伏羲像也为人首蛇身（见图6-6）。王延寿的《鲁灵光殿赋》也说：

> 伏羲鳞身，女娲蛇躯。

汉王充《论衡》有《骨相篇》专门论到古代神圣人物的骨体必须特异，这是天之表候以知命的。他说：

> 传言黄帝龙颜，颛顼戴午，帝喾骈齿，尧眉八采，舜目重瞳，禹耳三漏，汤臂再肘，文王四乳，武王望阳，周公背偻，皋陶马口，孔子反羽……仓颉四目，为皇帝史；晋公子重耳仳胁，为诸侯霸；苏秦骨鼻，为六国相；张仪仳胁，亦相秦魏；项羽重瞳，云尧舜之后，与高祖分王天下……高祖隆准、龙颜、美须，左股有七十二黑子。

这里既讲到神话传说中的人物，也讲到秦汉时的历史人物，他们都有特异之处。这当然有许多迷信的地方，但这种迷信有史前的宗教信仰的基础。

考之古籍记载，古帝及祖先神灵都有怪异之处。如传说中的古帝均有异形。《拾遗记》卷九说："壁上刻为三皇之像：天皇十三头，地皇十一头，人皇九头，皆龙身。"《汉唐地理书钞》辑《遁甲开山图》说："地皇兴于龙门熊耳山。"荣氏解："地皇兄弟九人，面貌皆如女子，貌皆相类，蛇身兽足，生于龙门山中。"三皇为谁呢？古代即说法不一。《绎史》引《礼含文嘉》说："三皇，虙戏、燧人、神农。"《白虎通》说："三皇者，何谓也？谓伏羲、神农、燧人也；或曰，伏羲、神农、祝融也。"这些古帝王大约是人类社会发展某个阶段的氏族部落的神灵，相当于人类火的时代和渔猎农耕的时代。

神农传说中为炎帝。《世本·帝系篇》说：

炎帝神农氏。宋仲子曰：炎帝即神农氏。炎帝身号，神农代号也。

其形象也是怪异的。《玉函山房辑佚书》辑《春秋元命苞》说："少典妃安登游于华阳，有神农首，感之于常羊，生神农。人面龙颜，好耕，是谓神农，始为天子。"又说："神农生三辰而能言，五日而能行，七朝而齿具，三岁而知稼穑般戏之事。"这样看来神农的确不凡，比现在的神童还厉害。《玉函山房辑佚书》辑《诗含神雾》说到神农的形象为"神农龙首"。《天中记》卷二十二引《帝系谱》说："神农牛首。"

《山海经·海外南经》记有祝融的形象："南方祝融，兽身人面，乘两龙。"郭璞注："火神也。"（见图6-7）

图6-7　祝融
（明·蒋应镐绘图本，选自《古本山海经图说》）

中国人把自己称为炎黄子孙，炎指炎帝，黄当然是指黄帝。但神话传说中则说黄帝有四个面孔。这条材料见于《太平御览》卷七十九引战国时佚书《尸子》中。这里记载了一段对话，是孔子和他的学生子贡的问答：

子贡曰："古者黄帝四面，信乎？"

孔子曰："黄帝取合己者四人，使治四方，不计而耦，不约而成，此之谓四面。"

从这段对话看，在当时民间传说中黄帝有非常奇特的长相——四张面孔长在一个身体上，子贡感到奇怪，故询问他的老师孔子，孔子则做了理性主义的解释。黄帝四面引起不少神话研究者的兴趣。人仅有一面，怎么会有四面呢？有人认为黄帝四面类似于古代的明堂制度，是用黄帝象征宇宙四方的。我认为黄帝四面应为在原始的方形器皿如青铜礼器上，东南西北四个面各装饰上黄帝祖神的像以在礼仪上交通神灵的表现。在殷商的青铜器中，我们也看到这种四面装饰人面的方鼎。当然这种方形的礼器也可以象征天地四方。宇宙不仅可以通过宗庙建筑来象征，还可以通过青铜礼器甚至玉琮来象征。

中国古神话中又有颛顼帝，说他是黄帝的曾孙。《山海经·海内经》说：

黄帝妻雷祖，生昌意，昌意降处若水，生韩流。韩流擢首、谨耳、人面、豕喙、麟身、渠股、豚止，取淖子曰阿女，生帝颛顼。

这样看来颛顼的父亲具有"擢首、谨耳、人面、豕喙、麟身、渠股、豚止"的怪异特征，这样的父亲当然也会生出怪异的儿子。所以《绎史》引《白虎通》说："颛顼戴午，是谓清明，发节移度，盖象招摇。"《潜夫论·五德志》说："赤帝颛顼，其相骈干。"《论衡·讲瑞篇》说到颛顼戴午时有个解释，"戴角之相，犹戴午也"，原来戴午就是其头上戴有角状饰物。人本来是无角的，头上生角便有妖怪的含义。"戴角"当是戴的羊头、牛头等的图腾装饰，这也反映了远古的风俗。戴角本来是为了通神以获得魔力，后来便发展为美观之意。

与颛顼争帝的共工在中国古代神话中也是影响很大的，他也有怪异的

图6-8 彩漆木双头镇墓兽(战国,1986年湖北荆州江陵雨台山6号墓出土)
(湖北省文物考古研究所藏)

形象。《神异经·西北荒经》说:

> 西北荒有人焉,人面、朱发、蛇身、人手足,而食五谷禽兽,贪恶愚顽,名曰共工。

《路史·后纪二》罗苹注引《归藏·启筮》说:

> 共工,人面、蛇身、朱发。

蛇的身躯、人的面孔、红色的头发,共工的形象是怪异的,怪异得有些吓人。共工的神话又与中国古代洪水神话密切相连,与女娲补天神话也有密切关系。《淮南子》《列子》等书都讲到共工与颛顼争为帝,怒而触不周之山,天柱折,地维绝,造成天倾西北、地陷东南后,女娲氏炼五色石以补其缺的神话。有人认为共工当为古代氏族的首领,也有人认为其为洪水的拟人化。由于洪水给中国人几千年来造成的灾害是极大的,所以共工也成了一个恶神,其形象愈演愈怪异也不足为怪了。

古帝尧舜,也有异相:

> 《荀子·非相篇》:"帝尧长……尧舜参牟(眸)子。"
> 《淮南子·修务训》:"尧眉八彩,九窍通洞,而公正无私。"
> 《白虎通·圣人》:"尧眉八彩,是谓通明;历象日月,璇玑玉衡。"
> 《尚书大传》卷五:"尧八眉……八眉者,如八字。"(采卢文弨辑本)
> 《荀子·非相篇》:"帝舜短。"
> 《淮南子·修务训》:"舜二瞳子,是谓重明。作事成法,出言

成章。”

《孔丛子·居卫》:“舜身修八尺有奇,面颔无毛,亦圣。”

《艺文类聚》卷十七引《孝经援神契》:“舜大口。”

除此以外,神话中的神灵有怪异形象的还有很多,如“虎齿豹尾”的西王母、“化为黄熊”的鲧、原来是“虫”的禹等。或因其已述,或大家都知道使不赘述。

这些神怪异的形象来源大约有三:一部分来源于图腾崇拜,本来就认为祖先为动物或植物。原始人有同化为图腾神的习俗,当把这种形象画下来,或用文字记下来,或在口头神话中流传下来,便演化出丑怪。另一部分来源于原始人对其他有力量的自然事物或动物的崇敬心理。如原始人认为老虎比人有力量,牙齿比人厉害,便幻想自己同化于老虎以获得其力量,故说祖先或神有虎的特征。还有一部分则来源于汉以后谶纬迷信的附会。当然这些都受到原始思维特征的制约,表现了人兽未分、人神杂处、人还未获得完全的自我意识的时代特征。当时的人当不认为是怪,是在文化的变异中,我们站在现代文明人的角度和立场上,在文化的演绎和变异下,造成了神话中神人的怪异。

在中国古代神话中,神灵祖先们不但形状怪异、相貌奇特,而且其诞生也充满怪诞的色彩。其中最著名的就是我们称之为感生的神话。

许慎《五经异义》引《公羊传》说:“圣人皆无父,感天而生。”如果在今天说谁无父而生,这是对他的极大侮辱,但在古代,则是对圣人的抬举。在人类最初还处在杂婚的时代,人们还不明白“男女构精,万物化生”的道理,在图腾信仰观的指导下,便产生图腾感生神话,认为女人生孩子是由于图腾童胎进入妇女体内的结果。当女人在哪儿突然感到体内的小孩时,她便认为这个地点或在这个地点的某种行为是使她怀孕的原因,这就构成了有关的图腾感生神话。因为在一夫一妻制实行以前,没有结婚的女子被视为处女,因此“圣处女”感应而生的神话便流传开来。在世界上流行最广的是圣处女玛利亚由圣灵降孕而生耶稣的故事。在中国古代,这种感生神话也有许多记载。

《拾遗记》卷一说：

春皇者，庖牺之别号。所都之国，有华胥之州。神母游其上，有青虹绕神母，久而方灭，即觉有娠。历十二年而生庖牺，长头修目，龟齿龙唇，眉有白毫，须垂委地。

《绎史》卷四、卷五引《帝王世纪》与《春秋元命苞》说：

神农氏……母曰任姒……游华阳，有神龙首感生炎帝。

黄帝……母曰附宝，见大电绕北斗枢星，照郊野，感附宝，孕二十四月生黄帝。

《拾遗记》卷一说：

少昊……母曰皇娥……太白之精，降乎水际，与皇娥燕戏……生少昊。

《绎史》卷七引《诗含神雾》说：

颛顼……母……女枢，瑶光如蜺贯月，正白，感女枢生颛顼。

《绎史》卷九引《春秋合诚图》说：

尧母庆都……三河……赤龙，与庆都合，有娠而生尧。

《帝王世纪》曰：

陶唐之世，舜母握登见大虹，意感而生舜于姚墟。

禹父鲧妻修己，见流星贯昴，梦接意感，又吞神珠薏苡，胸坼而生禹。

《史记》曰：

帝喾少妃有娀氏女简狄，以春分玄鸟至之日祀于高禖，有玄鸟遗其卵，简狄吞之孕生契，为殷始祖。

帝高阳氏元妃姜嫄见大人之迹，履之，歆然若感而生后稷……为周始祖。

《金楼子》曰：

成汤母感狼星之精，又感黑龙而成。

《史记》曰：

高祖（刘邦）……母……媪尝息大泽之陂，梦与神遇。是时雷电晦冥，太公往视，则见蛟龙于其上。已而有身，遂产高祖。

这些上古的帝王和伟人都是感生的，在我们今天看来，都觉得荒诞不经，但在古代却增加了人们对那帝王或伟人的尊崇，以为天生伟人，必有其特异之处。所以《诗经》明堂乐歌之中，尚存有“天命玄鸟，降而生商”的神话。

这些感生神话本来是古老灵感观的反映，是人类只知其母、不知其父时代的表现。但到了汉以后，作伪的就很多了，其由原始的信仰渐转入宗教观念中。不仅帝王的出现必有特异之处，连老子、孔子也都是感天而生了。

葛洪《神仙传》卷一说：

(老子)其母感大流星而有娠……母怀之七十二年乃生，生时剖母左腋而出。

又段成式《酉阳杂俎·玉格》说：

老君母曰玄妙玉女，天降玄黄，气如弹丸，入口而孕。

又有传说：

当太阳将出，玉女手攀李树，对日凝思，良久，日精渐小，从天下坠，化为流星，如五色珠，飞至口边，捧而吞之，忽裂左腋而生婴孩，甫生即行九步。

这些神话当是受了佛教的影响，模仿佛祖之母摩耶夫人梦白象而孕，在无忧树下，从右肋而生佛祖，生时即行七步的故事。

《孔子家语·本姓解》说到孔子的出生："徵在……私祷尼丘之山以祈焉，生孔子。"《春秋演孔图》也说："孔母颜徵在，游于大泽之陂，梦黑帝而生孔子。"司马迁的《史记》也有野合生孔子的话。因此有些人怀疑孔子是私生子。[1] 实际上这也不是对圣人的不敬，因为春秋战国时，有燕祖、齐社、宋桑、楚梦之类的高禖神社，鲁也当有此风俗，孔子的母亲于神社上有遇而生孔子也是合情合理的。

〔1〕 参见王治心：《中国宗教思想史大纲》，上海三联书店，1988年，第19页。

(三)《楚辞》的怪诞之美

先秦的著作保存中国古代神话最多的除《山海经》之外,就算《楚辞》了。《楚辞》在中国文学史上地位非凡,它是最古的由文人写成的作品之一。几千年来,其代表作家屈原成了中国文化史上的杰出诗人,受到世界人民的景仰。

楚国地处南国,虽然经济、文化的发展不比北方差,但楚国的社会制度、风俗习惯和北方比还带有氏族社会的特征,原始的图腾观念、神话传说、巫术礼仪充斥着人们的精神领域。楚国又处在从原始社会的神话时代向人的时代的转移时期,虽然巫风在楚国盛行,但像屈原这样的伟大诗人则借巫教的传统表现了自己自由的精神追求,他采用神话直观地把握世界的方式,因此神话使他得以驰骋想象的天地。他博大的胸怀已超出神话巫术的迷信愚昧,而体现了强烈的自我意识。

《汉书·地理志下》说:"楚地……信巫鬼,重淫祀。"王逸的《九歌序》说得更为具体:

> 昔楚南郢之邑,沅湘之间,其俗信鬼而好祠。其祠必作歌乐鼓舞以乐诸神。

《隋书·地理志下》:"大抵荆州率敬鬼,尤重祠祀之事,昔屈原为制《九歌》,盖由此也。"《宋史·地理志》:"(荆湖)北路农作稍惰,多旷土,俗薄而质。归峡信巫鬼,重淫祀。"《列子·说符》:"楚人鬼而越人禨。"唐元稹《赛神》诗云:

> 楚俗不事事,巫风事妖神。
> 事妖结妖社,不问疏与亲。

这些资料都说明，楚国自古是巫风昌炽的地方。不仅民间如此，统治阶级也是如此，甚至可以说楚王就是大巫师。桓谭《新论・言体》有一段记载说："昔楚灵王骄逸轻下……信巫祝之道……起舞坛前。吴人来攻，其国人告急，而灵王鼓舞自若。"《楚辞》中保存有"灵保""灵修""莫敖"等名词，都是导源于楚国的巫文化的政治体制。甚至有学者认为屈原本身就是巫师[1]，或说屈原是装扮成巫师的口气而作《离骚》。

巫的作用在沟通天地，或在巫术仪式上以降神。《国语・楚语下》里有观射父对楚昭王的一大段论巫觋的话，可说明巫的特征：

> 民之精爽不携贰者，而又能齐肃衷正，其智能上下比义，其圣能光远宣朗，其明能光照之，其聪能听彻之，如是则明神降之。在男曰觋，在女曰巫。

巫师是那个社会的高级知识分子和虔诚的宗教家，他们聪明智巧，行为高尚，通晓神话，可以交于神灵。《楚辞》中许多神话就是楚国的巫官文化造成的。范文澜先生说到这一点时认为："楚国传统文化是巫官文化，民间盛行巫风，祭祀鬼神必用巫歌，《九歌》就是巫师祭神的歌曲。……《吕氏春秋・侈乐篇》说'楚之衰也，作为巫音'，可知《楚辞》文化的最高表现，其特点在于想象力非常丰富，为史官文化的《诗三百篇》所不能及。"[2]

图 6-9　漆木龙蛇座花盘豆（战国，2002年湖北枣阳九连墩 1 号墓出土）

（湖北省文物考古研究所藏）

---

〔1〕 参见彭仲铎：《屈原为巫考》，《学艺》，1935 年第 14 卷第 9 期。

〔2〕 范文澜：《中国通史简编》第 1 册，人民出版社，1955 年，第 288 页。

由于楚国有巫的信仰，而巫的信仰要靠神话的支持，因此在巫术祭仪上用于交通神灵的巫歌便带有神话的色彩，它靠讲述神的故事获得来自信仰的力量。神是人本质的幻化，是靠信仰来支撑的，神不存在于客观现实中，却存在于人的想象中。所以《楚辞》最大的美学特征就是想象力所驱使的来自巫术和神话信仰的怪诞之美。过去讲《楚辞》是浪漫主义的杰作。如《离骚》中，诗人驰骋想象，把神话、传说、历史人物和自然现象编织成幻想的境界，使人感到奇异不凡，造成异彩纷呈的奇幻世界。如关于神游一段的描写，诗人朝发苍梧，夕至县圃，他以望舒、飞廉、鸾皇、凤鸟、飘风、云霓为侍从仪仗，上叩天阍，下求佚女。其场面宏伟壮丽，境界恍惚迷离，感情爽快淋漓。后一部分又编造了女媭劝告、陈词重华、灵氛占卜、巫咸降神、神游天上等一系列幻境。这一部分具有故事情节的成分，其波澜起伏、千回百转，看似怪诞离奇，实则丰富多彩。诗人运用了大量的神话和传说，描写了自己的高洁、自己的理想。在神异的世界里遨游，他的怨艾忧伤、愤世嫉俗，通过源于原始的自由想象力的神话世界而得以体现，这构成了中国古代抒情诗的真正的起点，也是不可逾越的高峰。

《天问》为屈原的另一篇杰作，其中保存了大量的古神话。《山海经》等古籍中重要的神话，在《天问》中都隐隐约约地提到了。由于《天问》提问方式的奇特、言简义丰、所指迷茫，加上神话的演绎、古神话的消失和被改造、流传中的错简，已使《天问》更加晦暗不清了。虽经历代学者考索搜寻，仍有些所指不明。

《天问》全篇一口气提出了 170 多个问题，涉及天地的形成和结构、自然和社会的许多神话和传说，还有一部分历史事实。全篇以一“曰”字领头，通体用问语，以四字问句为主干，错落有致，层序井然，忽异军突起，鬼斧神工，其博大的胸怀、深沉的怀疑精神都包含于怪诞的形象编织之中了。

日安不到？烛龙何照？羲和之未扬，若华何光？何所冬暖？何所夏寒？焉有石林？何兽能言？焉有虬龙，负熊以游？雄虺九首，倏忽焉在？何所不死？长人何守？靡萍九衢，枲华安居？一蛇吞象，厥大何如？

仅此一段中就包含烛龙眼开眼闭造成昼夜、羲和御日、神兽传言、虬龙负熊、雄虺九首、不死仙人、一蛇吞象等古代神话。去其问词，便可得古代许多神话的梗概。

《天问》的创作，过去有题画说是屈原根据怪异的壁画而创作的。此说最早见王逸《楚辞章句》：

> 屈原放逐，忧心愁瘁，彷徨山泽，经历陵陆，嗟号昊旻，仰天叹息，见楚有先王之庙及公卿祠堂，图画天地山川神灵，琦玮谲诡，及古贤圣怪物行事。周流罢倦，休息其下，仰见图画，因书其壁，呵而问之，以渫愤懑，舒泻愁思。楚人哀惜屈原，因共论述，故其文义不次序云尔。

很多人反对《天问》创作的题画说，认为在当时不可能有那么多的壁画，更不可能画出天地开辟以前的无形无象。而实际上“题画”和“呵壁”之类是有考古和民俗根据可寻的，壁画对《天问》的创作是起到诱发和刺激作用的。

前已述，据《左传·宣公三年》记载，远在夏代就有“铸鼎象物，百物而为之备，使民知神奸”的美学观。在安阳小屯村遗址曾发现有彩绘的墙皮，“说明商代建筑物已用壁画来装饰室内墙壁”〔1〕。《吕氏春秋·谕大》引《商书》曰：“五世之庙，可以观怪，万夫之长，可以生谋。”高注：“《逸书》喻山大水大生大物。庙者鬼神之所在，五世久远，故于其所观魅物之怪异也。”清代的武亿在《群经义证》中认为“观怪”就是在祠庙里绘制壁画。

刘师培先生在《古今画学变迁论》中说：

> 古人象物以作图，后世按图以列说。“图”“画”二字为互训之

〔1〕 杜石然等：《中国科学技术史稿》上册，科学出版社，1982年，第59页。

词……盖古代神祠，首崇画壁……神祠所绘，必有名物可言，与师心写意者不同。[1]

《楚辞·九歌》《天问》诸篇，言多恢诡，盖楚俗多迷信，屈赋多事神之曲，篇中所述，其形态事实，或本于神祠所绘。

图6-10　马王堆西汉帛画

近几十年来，果然在楚墓中发现壁画，如寿县楚墓、长沙楚墓群和信阳楚墓中都有发现。还出土了竹简毛笔等作画工具，还有缯书、帛画等。《楚辞·招魂》有“像设君室，静闲安些”，一般认为是在丧堂或墓室里挂死者的肖像。长沙马王堆出土帛画就是这种招魂仪式的表现。画正中的老妇人就是墓主画像。上段绘天界：右边有日、金乌和扶桑树，左边有月、玉兔、蟾蜍和嫦娥，正中是人首蛇身的女娲，其下有神兽及天门神；中段绘墓主人拄杖而行，前后有男女数人相迎和相随，下面还有一组准备宴飨的人物，并饰以谷璧交龙、华盖玉磬；下段画一巨人，立双鱼上，两手托物。各段间还穿插描绘着羽人和怪兽（见图6-10）。这幅帛画与《楚辞》相去不远，保存有极丰富的神话内涵，甚至可以说整幅帛画都是招魂、引魂、导魂之图。在今天的民俗中，苏北地区的丧俗仍有孙子辈打招魂幡，这是远古的遗留物。李泽厚说：“从世上庙堂到地下宫殿，从南方的马王堆帛画到北国的卜千秋墓室，西汉艺术展示给我们的，恰恰就是《楚辞》《山海经》里的种种。天上、人间和地下在这里连成一气，混而不分。你看那马王堆帛画：龙蛇九日，鸱鸟飞鸣，巨人托顶，主仆虔诚……你看那卜千秋墓室壁画：女娲蛇身，面容姣好，猪头赶鬼，神魔吃魃，怪人怪兽，充满廊壁……它们明显地与《楚辞》

[1] 刘师培：《仪征刘申叔遗书》，广陵书社，2014年，第4903页。

中《远游》《招魂》等篇章中的形象和气氛相关。这是一个人神杂处、寥廓荒忽、怪诞奇异、猛兽众多的世界。”〔1〕

在长沙子弹库出土有楚帛书《十二月神》的图画与文字，经学者考证此十二月神名称与《尔雅·释天》基本相同。看其图像（见图6－11），有三首怪、四头怪，有一头双身蛇躯的怪物，有头上长角、脚手如爪的怪神，还有人面鸟身的怪物。楚人以这些怪神命名十二月，楚地神祇巫鬼之谲怪迷离也可见一斑。帛画上尚画有这些怪物，王逸所记楚先王祠堂中图画天地山川神灵之琦玮谲诡也应不为虚。汉代的大墓大都有壁画或画像石出土，所绘天上、人间、地下诸神怪物魅，正是从秦汉前庙室中以图祭神的习俗中发展而来的。

图6－11　长沙子弹库出土的楚帛书《十二月神》的图画与文字

《楚辞》中的《招魂》，也是充满怪异气息的一篇作品。招魂是建立在原始人的灵魂信仰基础之上的。关于灵魂，英国著名人类学家泰勒说：“灵魂

〔1〕 李泽厚：《美的历程》，文物出版社，1981年，第71页。

是一种稀薄的没有实体的人形，本质上是一种气息、薄膜或影子；灵魂是它使之生的那个个体中的生命和思想的本原，它独立地占有它的从前或现在的肉体拥有者的个人意识和意志；它能够离开身体很远，并且还能突然在各种不同的地方出现；它往往是不可触和看不见的，但它能够表现物质力量，特别是能够作为一个脱离了身体的、与身体在外貌上相像的幻象出现在睡着的或醒着的人们面前；它能够在这个身体死后继续存在并在人们面前出现；它能够钻进其他人、动物甚至物品的体中，控制着它们，在它们里面行动。”[1]泰勒曾对原始文化进行过研究，他的概括是比较符合实际的。楚地巫风盛行，祭祀过甚，其基础也在于对灵魂的信仰。

中国古人也对灵魂提出了自己的看法。《左传・昭公七年》对灵魂的规定是：“附形之灵为魄，附气之神为魂。”他们认为灵魂是一种“精气”样的物体。这种物魂不仅人有，山林石木都可以有。所以中国古代有山林石木之灵魂化为“物精”或“木石之怪”的说法。《礼记・郊特牲》说：“魂气归于天，形魄归于地。”《礼记外传》说：“人之精气曰魂，形体谓之魄，合阴阳二气而生也。”《易・系辞上》说：“精气为物，游魂为变。”从这里可以看出，古人认为“魄”是与肉体相连的，“魂”则是“魂气”，就是“精气”“精魂”，像气一样是可以到处游荡的。《左传・昭公七年》子产曰：

> 人生始化作魄，既生魄，阳曰魂……匹夫匹妇强死，其魂魄犹能冯依于人，以为淫厉。

孔颖达解释这段话说：

> 魂魄，神灵之名，本从形气而有；形气既殊，魂魄各异。附形之灵曰魄，附气之神为魂也。附形之灵者，谓初生之时，耳目心识、手足运动、啼呼为声，此则魄之灵也；附气之神者，谓精神性识渐有所知，此则

---

〔1〕［英］泰勒：《原始文化》，转引自列维-布留尔《原始思维》，商务印书馆，1981年，第74页。

附气之神也。

孔颖达把“附形”之魄与“附气”之魂做了明确的划分，这是以中国古代宗教传统信仰的灵魂观为本的。这是符合现代人类学对原始宗教灵魂观研究的结论的。如恩格斯说，原始人观念中的精魂是“一种独特的、寓于这个身体之中而在人死亡时就离开身体的灵魂”〔1〕。

梦与灵魂观的产生有一定的关系。当人睡觉时，有时会做梦，在梦中能见到死去的亲人或者白天曾干的活，但醒来后他发现自己还在原地，于是便产生在人体内有一种精灵可以出走的观念。列维-布留尔说：在原始人的心目中，“梦又主要是未来的预见，是与精灵、灵魂、神的交往，是确定个人与其守护神的联系甚至是发现它的手段”〔2〕。在《楚辞》里有明确的生魂暂离人体而飞行的描写。如《九章·抽思》说：

惟郢路之辽远兮，魂一夕而九逝。

《九章·惜诵》说：

昔余梦登天兮，魂中道而无杭。

《九章·哀郢》说：

羌灵魂之欲归兮，何须臾而忘反。

这几个例子都说明屈原把做梦看成了灵魂的出窍，他几次描述自己的“魂飞天外”。这是屈原相信灵魂不死，并以自己的梦的体验来描写它。灵

〔1〕［德］恩格斯：《路德维希·费尔巴哈和德国古典哲学的终结》，人民出版社，1974年，第14页。
〔2〕［法］列维-布留尔：《原始思维》，商务印书馆，1981，第48页。

魂可以出走，古人怕魂魄离散而不复还，故施招魂术。《招魂》就是在这样的文化背景上产生的。

据现代精神分析学的研究，梦的境界是荒诞离奇的，加上其与魂魄观念合在一起，在巫风炽盛的楚文化的温床上，便产生了《招魂》的怪诞感。无论是招怀王之魂还是招屈子之魂，其描写人之将死，精神离散，四方上下，无所不往，到处有虎豹怪物为害，故大招其魂而归则是一致的。请看《招魂》的诗句：

> 魂兮归来！东方不可以托些。长人千仞，惟魂是索些。十日代出，流金铄石些。彼皆习之，魂往必释些。归来兮！不可以托些。

神话中说东方有千仞的巨人，专门吃人的鬼魂，而且东方之地十日并出，灵魂都将熔化，巨人在那儿已经习惯了，而人的灵魂是受不了的。

> 魂兮归来！南方不可以止些。雕题黑齿，得人肉以祀，以其骨为醢些。蝮蛇蓁蓁，封狐千里些。雄虺九首，往来倏忽，吞人以益其心些。归来兮！不可以久淫些。

南方是野蛮人的居地，他们额上刺着花纹，用树胶染黑牙齿，用人肉骨为祭品，而且到处是毒蛇大狐，特别是那九个头的大毒蛇，来来往往专吃人。南方的确吓人。

> 魂兮归来！西方之害，流沙千里些。……赤蚁若象，玄蜂若壶些。……其土烂人……

西方是广漠的沙丘，沙石随风流动，要是被风沙卷进雷渊那就要粉身碎骨了。而且红蚂蚁有象那么大，黑胡蜂的肚子像大葫芦……人站在地上便会腐烂掉……这西方也不是人能待的地方。

魂兮归来！北方不可以止些。增冰峨峨，飞雪千里些……

魂兮归来！君无上天些。虎豹九关，啄害下人些。一夫九首，拔木九千些。豺狼从目，往来侁侁些……

魂兮归来！君无下此幽都些。土伯九约，其角觺觺些。敦脄血拇，逐人駓駓些。参目虎首，其身若牛些。

《招魂》描写的是阴间的另一个世界，作者认为那是对人的灵魂有伤害的，所以竭力夸张，运用神话传说造成恐怖感，这就像但丁的《神曲》对地狱的描写。《招魂》描写了四方和上下的不可久留，招魂返“君室”，如：

天地四方，多贼奸些。像设君室，静闲安些。

图 6－12　人御龙佩（河南新郑唐户 M3 出土）

颇怀疑这种招魂仪式是在宗庙里进行的。而上下四方则是当时神话宇宙观的象征，就像古代的明堂制度一样。结合楚汉流行的壁画看，四方怪物和各方的异神正是图绘在宗庙里的四方怪神。马王堆帛画和一些汉画是这种观念的平面表现。所不同的是有的表现的是登仙求福、奇禽祥兽和祈求保护的美好世界，有的则是恶兽伤人、怪物作乱及恐怖吓人的丑恶世界。这里真与假、善与恶、美与丑又统一在一个奇异怪诞的世界中，成了一枚硬币的两个不同的侧面。

七、怪龙怪凤的起源

无论从美术考古还是从神话传说看，中国史前艺术表现的是一个人神杂处、兽人结合、神秘恍惚、怪诞奇异的世界。中国艺术中的怪诞本是源于原始先民的宗教信仰，是原始思维的必然产物。由于人把自身异化到神

图7-1 伏羲女娲交尾图像
（作者摄于重庆三峡博物馆）

的世界中去，靠想象来征服自然力，便产生了各种艺术中的怪诞形象。这种怪诞大约是人与动物还未完全脱离的意识产物。英国的东方学者 L. 比尼恩分析中国人的这种特征时说："这个民族似乎在其连续不断记忆里一直保留着它原始时期的经验，中国人似乎把他们早期与动物世界的友善关系从最遥远的上古一直带到了文明时代。"〔1〕

(一) 怪诞：动物与植物的杂糅

中国的丑怪首先表现在原始人的图腾意识中。那时的人们相信，自己

图 7－2　玉双人兽形玦（卑南文化，台湾台东卑南遗址 B2413 号复体葬石板棺内出土）
（选自《中国玉器全集》）

〔1〕［英］L. 比尼恩：《亚洲艺术中人的精神》，辽宁人民出版社，1988 年，第 12 页。

的氏族与某种动物甚至植物拥有共同的祖先，并按想象创造这种祖先形象或神的形象。因而在神话传说中或陶器上，就出现了人兽杂糅的怪诞形象。从出土的原始陶器中，这种怪诞的形象就出现了。这些怪诞的形象几乎占据了中国古史及神话传说的所有领域。传说中的三皇五帝、文化英雄都有这种特征。人兽不分不仅是中国的现象，在古埃及也有狮身人面雕像斯芬克斯，在古希腊有马身人面的星座凯龙星，这些都是半人半兽之物。这里，我们则从艺术考古学出发，来分析中国艺术中动物与植物杂糅而产生的怪异，并着重分析一下其对中国艺术有深远影响的美学特征。

在连云港将军崖岩画中，就有人和植物杂糅在一起的图像。一组八个人面像和地下的草丛结合在一起，一根茎穿过人面，而且八个人面也相连属。有人称这种怪诞的形象为谷神、农神或稷神（见图 7-3）。“作为艺术装饰风格的怪诞”，来自意大利语。意大利的 la grottesca 和 grottesco 是

图 7-3　稷神崇拜图（新石器时代，江苏连云港将军崖岩画）
（选自《中国壁画史》）

15 世纪末期新造出来，用来描述当时发掘出来的一种装饰风格的词。在那些装饰画中，画着怪模怪样的叶子和涡形物，从根上开出来的花的顶上无缘无故地画着不和谐的由花茎支撑着的人头或兽的半身雕像。到 18 世纪初，富有才华而早逝的德克尔创作了八卷本的《怪诞》一书，书中第一次在西方把中国式主题引进了怪诞装饰中。

在 17、18 世纪，中国的大批古玩、瓷器、漆器、绘画、文学作品传到了欧洲，各国都以收藏中国古代艺术作品为一种荣耀。于是，“怪诞”一词的意思又被用于描绘某些中国古玩。在他们看来，中国铜器、瓷器、漆器以及绘画是怪诞的。

1

2

图 7-4　凤鸟纹

1. 俄罗斯南西伯利亚巴泽雷克古代游牧民族贵族墓出土的春秋凤鸟穿花刺绣
2. 战国彩漆座屏上的凤、鹿、雀、蛙、龙、蛇纹（选自《中国纹样全集·战国、秦、汉卷》）

在中国，早在夏铸九鼎时代，随着文明的起源，远古的宗教意识便被有意用来维护统治阶级的统治，为了“使民知神奸”，便把魑魅魍魉的怪诞形象铸在青铜礼器上，以“协于上下，以承天休”。青铜纹饰以饕餮的形象为主，而整个青铜器纹饰或以云雷纹、窃曲纹、圆涡纹、重环纹作为素材，或表现夔龙夔凤、鸱鸮夜鸣、虎头牛首，形象怪诞，境界神秘，无不使人感到畏怖、恐惧、残酷、凶狠，这种神秘的威力被李泽厚称之为“狞厉的美”。其并不在于“这些怪异动物形象本身有何威力，而在于以这些怪异形象为象征符号，指向了某种似乎是超世间的权威神力的观念”〔1〕。因而怪诞的神祇便成了原始先民的保护神，怪诞的形象在审美的领域便转化为崇高。我们在属于红山文化的玉器造型中看到这种神秘的艺术形象，在三星堆的青铜面具上看到这种造型，在属于良渚文化的玉器刻画符号上也看到怪诞风格的神灵形象。这和荷马史诗、非洲面具、玛雅石碑的作用是相同的。当 18 世纪的欧洲人看到中国古玩中这些神性的形象时，不由得叹称其为“怪诞”了。

图 7-5　青铜怪诞图案（商代饕餮纹青铜尊）
（选自《中国纹样全集·新石器时代和商、西周、春秋卷》）

〔1〕 李泽厚：《美的历程》，文物出版社，1981 年，第 32 页。

更为奇特的是，这种“怪诞”的装饰风格在汉画中也能见到。比如绥德出土的画像石中，便刻画着缠绕涡旋的植物图案，植物上又生长着奇禽怪兽，有三足乌、飞雁及猛狮奔虎；榆林出土的画像石中，在怪异的弯曲的植物上，生长着龙头、神鹿、翼兽、羽人、六足怪物等；在徐州等地的汉画像石中，我们看到一些云气突然变化成了龙和凤，当云在飞翔的时候，其云头就化成了龙头、鸟头，有些云气转化成了翅膀。现代社会形成的一些科学分类在古人那里根本没有，然而他们却把思想的观念转化成为视觉图像的传达。

中国艺术中的怪诞在《楚辞》文化中有典型的表现，不仅在《楚辞》这样的文学作品中，也在宗庙的壁画中。作为一种思维方式，它已占据人们的意识，形成了一种时代风尚。甚至在生活中的绢织物的刺绣上，在漆器、木器、铜镜上，都装饰着怪诞风格的图案。

1　　2

图 7-6　凤鸟纹

1. 十二外连弧龙凤纹镜（战国，选自《古镜今照》）
2. 玉双鸟纹拱形佩（战国早期，选自《中国玉器全集》）

20 世纪 80 年代，中国考古工作者在湖北江陵发掘了战国的一座古墓，墓中出土了一些龙凤类刺绣品，件件制作极佳，其中又以龙凤虎纹罗禅衣最为出名。这些刺绣品的照片发表以后，在国内外引起极大的反响，其吸引学者注意的原因是，这些动物图案设计得那么精巧，初看上去，使人感到是藤蔓花纹，实际上却是动物的图形（见图7－7、图7－8）。面对这种图形，人们关于动物和植物分类的理性受到挑战。因为在我们看来，动物和植物是属于不同种类的东西，它们有着严格的界限，而刺绣上的图案打破了我们的看法，我们因分不清其为动物还是植物而产生一种心理的焦虑。如果说动物同时又是植物，或者说植物同时又是动物，那是多么的怪诞离奇，可这一切在刺绣的图案上确确实实表现出来了，而这种表现正是体现了怪诞的美学范畴本质意义。

著名艺术史专家E. H. 贡布里希在他的名著《秩序感——装饰艺术的心理学研究》中有一章专门探讨“近乎混乱的图案”，他分析了那种把植物、

图7－7　湖北江陵出土战国九彩绣衾龙凤虎纹

图 7-8　湖北江陵出土战国绢地龙凤纹九彩绣衾

动物、女人、龟，以及马、羊等形象杂糅在一起而画出怪物的心理基础。在中国楚文物中，这种表现方法早已经存在了。日本著名学者中野美代子看了江陵楚墓出土的织物刺绣的照片后分析说：

由图可见，这是极图案化的花纹。照片稍右处有一竖线，线左部分可见三角形图案。三角形上下左右相连，看上去又似菱形。形成三角形各边的直线上又伸展出植物藤蔓似的曲线，仔细看去，这曲线竟勾勒着动物的形状。最明晰易辨的，是画面中心部的黑白条纹（原色不明）的虎。虎尾连在稍右处的竖线上，整个虎体呈仰首咆哮状，一条后腿向后上方踢起，给人以活生生的腾跃感。

紧挨着这虎左面的是一条龙，龙身被一直线横压，呈反S形。后仰的头上有角，前肢向虎的方向晃动，后肢叉开不动。尾部仍与直线相连，并像藤蔓一样延伸出去。

在虎的上方和龙的下方，各有一个瞪着大眼珠、悬着吊钟状物的不知什么动物的头。这不明物体的躯干构成了三角形的一条边。观其躯干，可看到复杂的圆形和巴形曲线，初看上去使人一下子想到植物葛藤，仔细观察又会发现是鸟羽的顶端。如果我们认定它是鸟，那么无疑就是凤凰。[1]

《中华文物鉴赏》一书描述说："龙凤虎纹绣在一件罗地禅衣之上，罗地呈灰白色，绣线用红棕、棕、黄绿、土黄、橘红、黑灰等色，纹样主题是龙、凤、虎。每一组（相当于一个单位）纹样中有一凤、二龙、一虎。一凤头戴花冠，举足展翅，气势轩昂，一足后翘，状若腾跃，一足前伸，攫小龙之颈，双翅奋扑，分击一龙一虎；虎为身带红黑条纹的斑斓猛虎，虽然受到凤翅所击，但仍张牙舞爪地扑向大龙；而此图中最不济事的乃是龙，大龙面对扑来的猛虎，只得扭头做抵御状；小龙被凤足所攫，已无反抗之力。"[2]这描写显然带有作者个人的感情色彩，因为他们把图案中的龙凤虎相斗看作楚人的凤图腾、巴人的虎图腾与吴越人的龙图腾之间战争的象征。因有战争象征的先入观念，故把图腾中动物的相斗夸张化了。我认为这个图案的价值在于它为什么把动物画成植物，或者说把植物画成动物，在这种怪诞的表现手法的背后，有什么样的文化内涵？而且动物与植物的杂糅，也不仅表现在龙凤虎纹绣罗禅衣上。

同是湖北江陵出土的绢地龙凤纹九彩绣衾上的花纹，也有类似的怪异之处。这里有一正面的龙头，像肥遗图案一样尾作两歧，形成一头双身怪，

---

〔1〕［日］中野美代子：《中国的妖怪》，黄河文艺出版社，1989年，第18页。

〔2〕罗宗真、秦浩主编：《中华文物鉴赏》，江苏教育出版社，1990年，第570页。

其身作S形盘旋，左右对称，身上装饰有绿、白、黄、黑等色彩画成的叶形图案，而且龙的脚爪等都化成了藤蔓，龙的下吻部极长而下垂，忽然转化成一藤蔓上的花苞，并且整个龙头竟像藤蔓上盛开的一朵花；在龙的尾尖处，有一凤凰，头转向处，只是从头部和尾部的羽毛可以看出像一凤凰，凤凰也左右各一，呈对称状，整个凤凰看上去也像藤蔓。在对称的凤凰和一头双身的怪龙的周围，还装饰着各种各样的看似植物又似动物的勾形图纹。与大龙身体相交的看似像龙的藤蔓物，似动物又似植物。不花力气，根本看不清到底画的是什么，花了很大功夫研究，终也不能完全分清是动物还是植物。现代人的逻辑分类中形成的视觉鉴赏，在这个图像面前产生了视觉观照的悖论，由视觉引起的直觉图像与心灵的理性精神相矛盾，使鉴赏产生了潜在的焦虑。因为按照现代人的知识，这是不可能的。

这种怪异的装饰在战国时已形成一种时代的风格，不仅在织品上，在漆器、铜镜等器物上，我们也都发现这种风格的装饰，如盛行的蟠螭纹，除龙头还可辨认外，身体部分都化成了藤蔓，有的像云纹，有的则像树叶（见图7－9）。为什么动物以植物的形态出现，或植物以动物的形态出现？要破译这个千古之谜，还要借助文化人类学给我们提供的知识。

英国著名人类学家弗雷泽著的《金枝》会给我们启示。弗雷泽之所

1

2

3

图7－9　战国龙、凤纹铜镜

1. 锯齿蟠螭草叶纹镜
2. 十二外连弧纹龙凤纹镜
3. 花叶龙纹镜

以用《金枝》这一令人感到困惑的词语命名他的一部学术巨著，那是根据一个古老的神话。古罗马诗人维吉尔（公元前70年—前19年）写过一部史诗《埃涅阿斯纪》，诗中讲到特洛伊的英雄埃涅阿斯在特洛伊失陷以后，背着父亲，领着儿子，奔走异乡，途中父亲死去。后来他根据一位女神的指示，折取了一节树枝，借助它前往冥界去寻找父亲的灵魂，向他了解自己未来的命运。这树枝的名字就叫"金枝"。弗雷泽在著作中从罗马附近的内米湖畔丛林中森林女神狄安娜的种种神话和习俗入手，向我们分析了种种圣树与树枝的神话与风俗。弗雷泽认为："在原始人看来，整个世界都是有生命的，花草树木也不例外。它们跟人们一样都有灵魂，从而也像对人一样地对待它们。"树神具有造福于人的能力，它可以行云降雨，能使阳光普照，能保佑庄稼丰收、六畜兴旺、妇人多子，甚至可以是王权的象征。这一点可能与树木冬天休眠落叶，春天重新发芽成长有关。因为原始人看到落尽的树木第二年又重新发芽生长，便认为有神灵在其中起作用；原始人还认为在草木重新萌发和人的两性关系之间有一种交感巫术的对应关系，世界一些民族在春季放纵的狂欢节就是来源于这种古老的习俗。在今天，仍有些原始民族以有意识的两性交媾的手段来确保大地的丰收。据中国一些神话学家的意见，中国春秋战国时的燕祖、齐社、宋桑、楚梦等高禖神社活动就有这种意义。《楚辞》中的《九歌》当与这种祭仪有关。而且在这种活动中，一些植物有神秘的象征作用。如《礼魂》云："春兰兮秋菊，长无绝兮终古。"王逸注："言春祠以兰，秋祠以菊，为芬芳长相继承，无绝于终古之道也。"在楚《十二月神》帛书中，我们看到在四个角都有植物，这是有着深刻含义的，正象征年复一年、永远的生命力。在马王堆出土的汉代帛画中，也有扶桑、若木，其占据的画面篇幅之大，也是有重要意义的。在汉代画像石中，不少画面中间都有一棵不死的树，反映的也是这种观念。《离骚》中的抒情主人公为什么总喜欢以香草来自喻呢？除了象征君子高洁，恐怕还有更深一层的意义，因为植物也象征着神秘的生命力。类似《金枝》中记载的这种风俗在中国古代也能找到，这有利于我们理解动植物杂糅的怪物。《淮南子·说林训》说："侮人之鬼者，过社而摇其枝。"这反映了一个古老的风俗，就是前文曾讲到的高禖神社。神社是用来祭祀土地、祈求丰收的场所。在神社之地，必植社树。《墨子·明鬼》说：

> 昔者虞夏商周，三代之圣王，其始建国营都……必择木之修茂者，立以为丛社……

《初学记》卷十三引《尚书·无逸》：

> 大社惟松，东社惟柏，南社惟梓，西社惟栗，北社为槐。

《论语·八佾》：

> 哀公问社于宰我。宰我对曰："夏后氏以松，殷人以柏，周人以栗，曰使民战栗。"

宋有桑林之社，就是以桑树作为社树。《周礼·地官》说："各以其野之所宜木，遂以名其社与其野。"宋之桑林得名于社树，以树为社神。这是建立在对树的精灵信仰基础上的，原始人认为祖先的精灵可以寄附于社树之上，因此有祭社树的礼仪。《吕氏春秋·顺民》："汤乃以身祷于桑林。"《路史·余论》："桑林者社也。"《白虎通·社稷》说："社稷在中门之外，外门之内何？尊而亲之，与先祖同也。不置中门内何？敬之，示不亵渎也。"因为社树是祖先神灵的寄居之地，因此"过社而摇其枝"有侮别人祖先之意就好理解了。前面已讲到"社"又有令会男女、奔者不禁的民俗，想通过巫术的交感来促进部族的繁衍和土地的哺育，而这一切都有祖先神或上帝的保护。

树木也可象征宇宙。苏联神话学者梅列金斯基说："另有一种传布广泛的整体宇宙模式，这便是'植物'模式，形为参天的宇宙之树，宇宙树构成了生于原初类人灵体的世界。埃及将女神努特描述为树形；宙斯则同神圣

图 7 - 10　汉画像石中的桑树(山东微山两城汉画像石)
(选自《山东汉画像石选集》)

的橡树紧密相关；玛雅人神话中的宇宙树，为手持利斧的雨神栖居之所……同宇宙树相连属者，通常尚有种种拟禽灵体，而它们又成为宇宙垂直向标志的诸级次：顶端为鸟类，树根下部为蛇，中层则为食草类。宇宙树首先是'垂直向'宇宙模式的中枢，实质上同将宇宙之分为天、地和地下三界相关联。这种三分体制是上与下双重对立的结果，继而分别将下界描述为死者和冥世魔怪麇集之所，并将上界描述为神祇所居。"〔1〕在中国古代，广泛流传扶桑神话，当是这种宇宙观念的表观。《山海经・海外东经》说：

下有汤谷，汤谷上有扶桑，十日所浴，在黑齿北。居水中，有大木，

〔1〕［苏］叶・莫・梅列金斯基：《神话的诗学》，商务印书馆，1990 年，第 134—240 页(经过缩写)。

九日居下枝，一日居上枝。

《山海经·大荒东经》说：

大荒之中，有山……上有扶木，柱三百里，其叶如芥。有谷，曰温源谷。汤谷上有扶木。一日方至，一日方出，皆载于乌。

《山海经·大荒北经》说：

大荒之中，有衡石山、九阴山、洞野之山。上有赤树，青叶赤华，名曰若木。

扶桑（见图 7－11）、扶木、若木，名虽不同，大约都是象征宇宙的神圣的社树。神话中说日出之地为汤谷，扶桑是汤谷上的大树，上可以息太阳，而太阳和鸟在神话思维中是同一的。太阳是生命的体现，是代表光明的使

图 7－11　汉画像中的扶桑

（选自《山东汉画像石选集》）

者。所以在《神异经·东荒经》中，又说扶桑上有玉鸡可以唤起太阳东升，给大地带来光明："巨洋海中，升载海日。盖扶桑山有玉鸡，玉鸡鸣则金鸡鸣，金鸡鸣则石鸡鸣，石鸡鸣则天下之鸡悉鸣，潮水应之矣。"

从以上分析回到原始人的思维方式上，就好理解古人把动物和植物杂糅在一起的审美心理了。它们都源于交感巫术中对生命力的渴望，在他们看来，用植物来表现动物或用动物来表现植物，都可获得自身的超自然的生命力，激发出自然的生育力。但由于我们今人的观念已超出神话巫术时代，所以对这种图案便感到怪诞。怪诞要求在混乱中把各种丑怪结合在一起的努力，构成了一个令人惊异的世界，这个世界把人们导向一种神秘的、魔怪出没的领域。这使人有时感到荒诞，有时又在荒诞中感到滑稽。

动物与植物的杂糅，也体现了古人"木中有精怪"的观点。前引孔子的说法已有"木石之怪曰夔、罔两"。夔为一足龙，化为木也是很合情理的。

（二）怪龙面面观

在中国古老的文化中，龙一直有着重要的地位。龙是中华民族自远古以来一直崇拜的神异动物，中国被称为龙的国度，龙成了中华民族的圣物。龙源于远古的图腾，是神灵和皇权的象征。龙有时是吉祥的善神，有时又

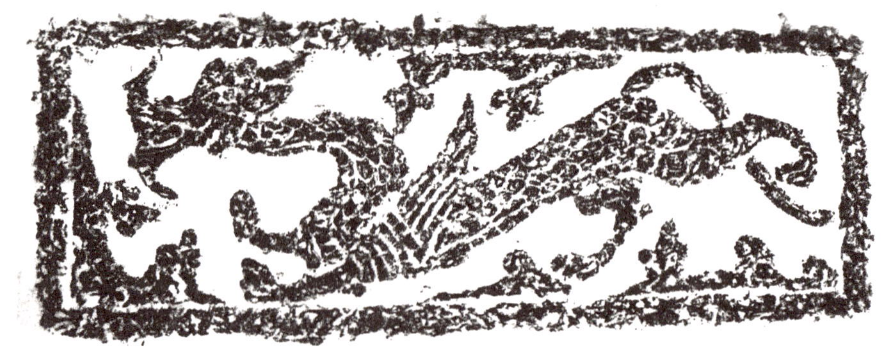

图 7－12　汉画像中的翼龙
（作者收藏拓片）

成了作祟的妖怪。

龙并非中国独有，在古代埃及、古代希腊、近东，都有龙的身影在徘徊。但龙在国外没有在中国这样的好运，国外的龙总是恶的化身。如在埃及有最可怕的龙——阿佩皮(Apepi)，它是古代埃及宗教所信奉的司掌风雨的神，其像蛇，与太阳神奥西里斯为敌，为一切恶事的代表。在希腊神话中，九头怪龙许德拉(Hydra)也是恶势力的象征，后被希腊神话中的大英雄赫拉克勒斯杀死。在信仰基督的民族中，蛇、龙是可怕又可恨的罪恶势力的代表，蛇和龙都是魔鬼撒旦的化身，引人作恶。在印度神话中可怕的旱魔就是蛇形神。《大不列颠百科全书》释龙为“传说中的一种怪物。通常被想象成一只巨大的蜥蜴，长着蝙蝠的翅膀，身披鳞片，能喷火；也有人把它想象成一条蛇，有带刺的尾巴。古人虽相信这类动物的存在，但显然对史前巨大的龙状爬虫一无所知……在近东世界，蛇是巨大和致命的，因此蛇或龙是恶的象征……总的来说，龙的邪恶的名声更大，在欧洲它的这种恶名也十分长久”。

中国古代文化与西方文化迥然有异，这种文化传统的不同，在龙文化上也显示出来了。龙在中国本属于远古图腾，考古学上已经发现许多种龙的造型。中国目前发现的最早的龙形图案来自8000年前的兴隆洼文化查海遗址[1]，在这里发现了一条长约19.7米，用红褐色石块堆砌、摆放的“龙形堆塑”。“龙形堆塑”位于这个原始村落遗址的中心广场内，由大小均等的红褐色石块堆塑而成。龙全长近20米，宽近2

图7-13　C型玉龙
(选自《中国玉器全集》)

[1] 兴隆洼文化因内蒙古敖汉旗兴隆洼遗址的发掘而得名，敖汉旗紧邻辽宁省，查海遗址在辽宁阜新。查海遗址属“前红山文化”遗存，距今约8000年。

米，扬首张口，弯腰弓背，尾部若隐若现。这条石龙是我国迄今为止发现的年代最早、形体最大的龙形图案。接下来还有内蒙古敖汉旗兴隆洼出土的距今7000—8000年的龙纹陶器、陕西宝鸡北首岭遗址出土的距今达7000年的彩陶龙纹细颈瓶、河南濮阳西水坡出土的距今6400多年的龙纹蚌塑等。20世纪70年代在内蒙古赤峰翁牛特旗三星他拉村出土过C型玉龙，后经考古勘查确认，该玉龙属于距今约5000年的红山文化遗物(见图7-13)。1987年河南濮阳西水坡遗址45号墓发现了蚌塑龙虎，考古和碳-14测定墓葬的年代在距今6500年左右。据学者李学勤、冯时等考证，45号墓发现的蚌塑龙虎与中国传统天文学中的四象有密切的联系。

从文献上看，龙的记载很多。据传说，伏羲氏时有龙呈瑞，因而以龙纪事，创立文字。《山海经》中就已有关于龙的怪异描写了，如前已引“其神状皆鸟身而龙首”(《南山经》)，“其神状皆人身龙首”(《东山经》)。《竹书纪年》记载：伏羲氏各氏族中有飞龙氏、潜龙氏、居龙氏、降龙氏、土龙氏、水龙氏、青龙氏、赤龙氏、白龙氏、黑龙氏、黄龙氏。《尚书·益稷》：“余欲观古人之象，日月星辰，山龙华虫。”《左传·昭公十七年》：“太皞氏以龙纪，故为龙师而龙名。”《左传·昭公十九年》：“郑大水，龙斗于时门之外洧渊。”《礼记·礼运》：“麟凤龟龙，谓之四灵。”《庄子·列御寇》：“千金之珠，必在九重

1

2

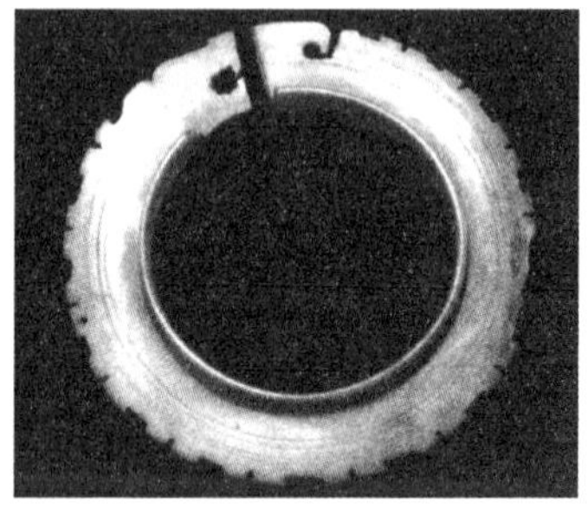
3

图7-14　玉器中的龙图像

1. 玉双角螭龙(商代晚期，1976年妇好墓出土，中国社会科学院考古研究所藏)
2. 玉龙纹板(战国晚期，1975年河北平山三汲乡七汲村中山国6号墓出土，河北省文物研究所藏)
3. 龙形玉玦(商代晚期，1976年妇好墓出土，中国社会科学院考古研究所藏)

(均选自《中国玉器全集》)

之渊，而骊龙颔下。”《拾遗记》也说：舜时，“南浔之国献毛龙，一雌一雄，放置豢龙之宫，至夏代，豢龙不绝，因以命族”。说明夏朝盛行饲养龙的习俗和以龙作氏族集团的族名。《周易·乾卦》多次引用龙，如“潜龙勿用”，“见龙在田，利见大人”，“飞龙在天，利见大人”，“亢龙有悔”，“龙战于野，其血玄黄”。《史记》中也有蛟龙感刘媪而生高祖的记载。《广雅·释鱼》曰：“有鳞曰蛟龙，有翼曰应龙，有角曰虬龙，无角曰螭龙，未升天曰蟠龙。”

《五杂俎·物部》曰：

> 王符称世俗画龙，马首蛇尾，又有三停九似之说，谓自首至膊，膊至腰，腰至尾，皆相停也。九似者，角似鹿，头似驼，眼似鬼，项似蛇，腹似蜃，鳞似鱼，爪似鹰，掌似虎，耳似牛。然龙之见也，皆为雷、电、云、雾拥护其体，得见其全形者罕矣。

现代学者闻一多在《伏羲考》《龙凤》等文中谈及龙的形象时也说：“龙以蛇身为主，接受了兽类的四脚、马的毛、鬣的尾、鹿的角、狗的爪、鱼的鳞和须。”（见图 7－15）闻一多《伏羲考》一文列有《山海经》所载与龙有关的

1　　2

图 7－15　龙图像

1. 坐龙（清·兰州石雕）

2. 龙头石雕（作者摄）

神之一览表，可见在《山海经》的时代，在中国的东南西北中都有以龙为图腾神的部族在活动。[1] 但在公元前的文献中，有关龙形的具体描绘记载很少，大约当时人已知龙的各种形状，不必特意用文字去描述。关于龙的生活状态，如龙住何处、如何活动，则有详细记载。如公元前7世纪的《管子》一书中，在《水地》里就有描述：“龙生于水，被五色而游，故神。欲小，则化如蚕蠋；欲大，则藏于天下；欲上，则凌于云气；欲下，则入于深泉。变化无日，上下无时，谓之神。”约在公元100年成书的许慎的《说文解字》解释龙说：

> 龙，鳞虫之长，能幽能明，能细能巨，能短能长，春分而登天，秋分而潜渊。

到汉代龙开始增加神异性，不仅地上有龙，天上也有了龙（见图7-16）。在汉代纬书中，龙又被传说为五行之精气所生。《瑞应图》说：“黄龙者，四方之长，四方之正色，神灵之精也。能巨，能细，能幽，能明，能短，能长，乍存，乍亡……游乎天外之野。出入应命，以时上下，有圣则见，无圣则处。”这则是在阴阳五行说流行以后，在谶纬思想影响下对龙的圣化。龙成了反映祥瑞思想的瑞兽。在其他古籍中，也有关于龙习性的记载。郑玄注《尚书大传》说：“龙，虫之生于渊，行于无形，游于天者也。”《荀子·劝学》说：“积水成渊，蛟龙生焉。”《易·乾·文言》说：“云从龙。”

图7-16　羽人戏龙虎图

〔1〕《闻一多全集》第1卷，生活·读书·新知三联书店，1982年，第26页。

从以上资料看，龙的确是一个神话中的怪物，它不仅杂糅了许多动物的特点，而且还有自然界动物的属性，它可上天，可致雨，可聚云，可生泉，有鳞，卵生，居水中和陆地，有冬眠的习性。这又有两栖类爬行动物的特点，所以不少学者又企图从自然界实有的动物去探索神龙之谜。于是就有了龙是蛇、马、水牛、蜥蜴、湾鳄，是云气，是星象，是闪电，是胚胎，是松树，是女性生殖器等各种观点。

参考古代出土文物的龙蛇类图像资料，龙在自然界的原型应为鳄鱼、蛇、蜥蜴类爬行动物的总称，后成为中国远古某些部落的图腾。在长期的血与火的战斗中，有些部落胜利了，有些部落失败了，在龙图腾的形象上，渐渐融化进了各部落的徽识，或把那些动物最神圣的部分杂糅在一起，形成了“箭垛式”的龙的怪相。

在龙文化的发展中，渐渐演化出龙的庞大家族，它们形象有别，神职各异，有所分工，各司其职，就像人类社会的一个缩影。在龙家族中，“有鳞曰蛟龙，有翼曰应龙，有角曰虬龙，无角曰螭龙”等。

这里面有些是否称龙是可以进一步探讨的，但大体上是有古代文献作为基础的。如夔龙，在《庄子》《山海经》《说文》等古文献中都称其“如龙，一足”。在青铜器饰纹样中，也有这种夔龙。再如一头双身的肥遗龙、双头一身的龙、贪婪的饕餮龙等。我们前文分析过江陵出土织物上既像藤蔓又像龙的那种图案，在战国时期的许多器物上都饰有这种“草龙”。

图 7 - 17　玉龙（商代晚期，1989 年江西新干大洋洲乡商代墓出土）
（江西省博物馆藏，选自《中国玉器全集》）

龙是实有的动物，还是虚拟的怪物？从后世的发展看，龙无疑是虚拟的动物，但从龙的起源上看，它是有其原型的。

甲骨文和金文的发现，为我们探讨“龙”的真相提供了形象的资料。《甲骨文编》搜集的龙字约三十余种，可分为两大类：一类为躯体细长，身尾不分，无足，头上有饰；一类为有长长的躯体，有四足或二足（见图7－18）。四足的动物在画侧视图时，有时只画两足，因此两足也表示四足。无足的龙则更多，可能是省去了四足，也有可能本来就有无足的龙。在商周青铜器上的许多铭文中的徽号文字中也有龙的形象（见图7－19）。

图7－18　甲骨文中所见文字
（选自中国社会科学院考古所编《甲骨文编》）

图7－19　金文中的龙图像
（选自高明《古文字类编》第三编《徽号文字》）

一般认为甲骨文、金文中的龙是对实有动物的模拟。金文中的龙大多为侧视形，一般有较浓的图画文字的特征，但又较抽象，仅突出了头部、长吻。龙生有耳或头上有饰物，卷曲身体。有的有鳞，有目。又有“龚”字，像人双手崇拜龙之状，显示了把龙作为图腾神灵和祖先神灵崇拜的祭祀活动。有些龙置于“亚”字形中，亚为古代的祖庙、祭祀图腾和祖先的场所，即有名的“明堂”。

龙头上大都有饰物，或为辛，或为且，或为王，或为干。多有人释为龙角，这是错误的，一望而知其非角，而是一种神圣的符号。从大量的金文、甲骨文看，只有为数不多的动物头上有这样的装饰，特别表现在龙凤上。其中“且”通祖，这是古代男性生殖器的符号化，以此来表现龙是祖先神。另外有的作“王”或者“干”，这两种最早都是兵器，也是权力的象征，以武器象征武力，统治别人，镇压别人，所以“干”字本为斧钺类的武器，后来便演化为大王的“王”了。

图 7－20　龙凤陶簋（战国，1982 年山东滕州庄里西遗址出土）

古代龙又是雨神，这也是从爬行动物的生活习性逐渐神话化而产生出来的。秋天以后雨量减少，爬行动物出蛰，开始频繁活动。此外，在雷雨来临之前，气候闷热，气压变低，爬行动物就出巢活动，而且多在温湿的近水地区，原始人便以为雷雨是由爬行动物活动而致。这是实际情况因果关系的颠倒，但在原始巫术观念、灵感思维的指导下，古代人认为祭祀龙可以诱发降雨，因此在古籍中，云、雷、电、虹都与龙有关。《说文解字》说龙“春分而登天，秋分而潜渊”，就是这种古老观念的表现。《淮南子·墬形训》说：“雷泽有神，龙身人头，鼓其腹而熙。”就是把大泽鳄鱼类的吼叫声看作雷神鼓腹，这是建立在“相似律”之上的一种交感思想。因为古人不知道雷产生的原因是云层的放电，他们只听到地上鳄鱼类爬行动物的吼叫声，便以为天上也有“神龙”。

中国古籍中多有记载龙为丑怪者。如《左传·襄公二十一年》说：“深山大泽，实生龙蛇。彼美，余惧其生龙蛇以祸女。”《淮南子·览冥训》有女娲“杀黑龙以济冀州”的记载，这都说明龙有时是以一个大怪物的形象出现在人们意识中的，并不都是美的形象，这实际上是人们把龙看成了主管雨水之神，洪水泛滥当然要由它负责了。《论衡·吉验篇》说：“洪水滔天，蛇龙为害，尧使禹治水，驱蛇龙；水治东流，蛇龙潜处。”

黄帝族中有以龙为图腾的。《史记·五帝本纪》说："黄帝者，少典之子，姓公孙，名曰轩辕。"虽然"黄帝"一名在战国以后的古籍中才出现，但其神迹和传说当本于古。《山海经·海外西经》说："轩辕之国……人面蛇身，尾交首上。"《史记·天官书》说："轩辕，黄龙体。"《竹书纪年》说黄帝为"龙颜"。《史记·五帝本纪》正义说：黄帝"生日角龙颜"。黄帝本人为龙形，其部落也有以龙蛇为图腾的。传说黄帝之子有十二姓，其中的"己"和"僖"即为龙蛇族。古籍中也多有记载黄帝与龙的关系的。《韩非子·十过》说："昔者黄帝合鬼神于泰山之上，驾象车而六蛟龙。"黄帝能支配龙等神异动物，可见其与神龙的关系是密切的。

图7-21　龙瓦当
（作者自摄）

炎帝族亦以神龙为图腾。炎帝族在古代是一大部落，是华夏族的重要来源之一。在传说中，炎帝是感神龙而生。《诗含神雾》说炎帝："龙首，颜似龙也。"《路史》说："炎帝……龙颜而大唇。"炎帝族有一支为祝融氏，史称赤帝。《山海经·海外南经》说："南方祝融，兽身人面，乘两龙。"从祝融乘龙知其与龙有关。"融"字从"虫"，虫乃小龙蛇。学界颇疑祝融即"烛龙"。《山海经·大荒北经》说："有神，人面蛇身而赤，直目正乘。其瞑乃晦，其视乃明……是谓烛龙。"《淮南子·墬形训》说："烛龙在雁门北，蔽于委羽之山，不见日。其神人面龙身而无足。"无足的龙即蛇。烛字从火从虫，虫即蛇也。祝融的部族当又分为二，一在北方以蛇为图腾，一在南方以鳄为图腾，后被楚人尊为祖先神。

共工族是炎帝的后代，也以龙蛇为图腾。《山海经·大荒西经》郭璞注引《归藏·启筮》说："共工人面蛇身，朱发。"《淮南子·墬形训》高诱注说："共工……人面蛇身。"《神异经·西北荒经》说："西北荒有人焉，人面朱发，蛇身人手足，而食五谷禽兽，贪恶愚顽，名曰共工。"不仅如此，共工之臣相柳也为“九首人面，蛇身而青”（《山海经·海外北经》）。《左传·昭公二十九年》又载有“共工氏有子曰句龙”，可见共工之子及臣属均以龙蛇为图腾神。

传说中伏羲女娲均为龙体，蛇身人首，汉代多有其交尾图像（见图7-22）。古史传说中的帝也有“龙颜”之相。现代的历史学家多认为建立夏朝

1

2　　　　3

图7-22　伏羲女娲图

1. 伏羲女娲交尾图（作者摄于山东嘉祥武氏祠）
2. 伏羲女娲图像（中国拓片精品展，作者自摄）
3. 伏羲女娲白虎镜（选自《古镜今照》）

的大禹也属以龙蛇为图腾的部族。禹的父亲鲧为鱼龙，禹从“ ”与虫字同，夏姓姒，姒即巳，均为蛇。《初学记》引《归藏·启筮》说：“鲧死，三岁不腐，剖之于吴刀，化为黄龙，是用出禹。”因为夏后氏是以龙为图腾，所以古文献中常见有龙伴随他们出现。

爬行动物的形象，在新石器时代的彩陶纹饰中就已出现。如在河南陕县仰韶文化庙底沟类型残陶片上有半立体的蜥蜴纹塑像，但这些蜥蜴纹是写实性质的，风格比较平实，看不到怪异的色彩。因此就图腾崇拜的发展情况看，最初的图腾都是以自然界的事物作为图腾，在以后的文化发展中产生的较为怪异的龙蛇图腾，当是由此生发开去的。

在甘肃甘谷西坪遗址出土的庙底沟类型陶瓶上有人面蜥蜴纹（见图 7-23）。这个人面蜥蜴纹就有怪异的色彩了。说它是蜥蜴只是依据流行的说法，实际是存在问题的，因为自然界的蜥蜴是四足，而这个只有前两足（盆上所作为正俯视图，并不是侧视图的四足省作两足）。这也不是蛇，因为蛇是无足的动物；也不是鲵鱼，因为鲵鱼前后也有四足。因此，若命其名为蜥蜴纹，那就成了减肢的怪物；如果命其名为蛇，那就成了增肢的怪物，可见这是一种怪异的图腾形象。从其头的形状来看，又有目、鼻、齿，显然带有拟人化的特征，这反映了图腾形象由纯动物向人兽杂糅的形象的发展过程，其上肢作两肢，正是象征人的手臂。因此，此时已依稀地表现出由

图 7-23　半坡蜥蜴纹彩陶盆（陕西杨官寨遗址）

图腾信仰向祖先崇拜的过渡。

图7-24　安阳出土殷代骨雕人面龙身祖先像

（选自《中国纹样全集·新石器时代和商、西周、春秋卷》）

在商代的文物中也有类似的图像，如河南安阳殷墟妇好墓出土的两件“人面龙身骨雕”（见图7-24），其造型与甘谷庙底沟类型彩陶瓶上的图腾形象一致。其形为龙体、人面，左右有手臂，有四爪，人面中有五官，头上有角状饰。这显然也带有图腾和祖先神的特征。这个怪异的形象也是汉代成形的伏羲、女娲形象的前身，由此也可推知，伏羲、女娲的神话绝不仅仅是南方民族的，殷人也应有类似的传说，至少殷商文化受到了伏羲、女娲族文化的影响，或殷族中有他们的一支。传说中的夔为一足，青铜器上也多其纹饰，当是这种两足龙的侧视图（因为侧视图中，两足只画一足）。

前已述夏“禹”字与龙有关。据顾颉刚考证，禹是蜥蜴，《说文解字》训禹为虫。“虫”与“巳”古又为同字。闻一多认为甲骨文中“虫”即为“巳”。《说文解字》：“巳，为蛇，象形。”可见夏是崇拜蛇的。夏的活动中心在今河南西部和山西南部，新石器时代彩陶上怪异龙蛇的发现地点是与此吻合的。

图7-25　山西襄汾陶寺出土彩陶盘中的怪龙

山西襄汾陶寺墓地曾出土彩绘盘，盘中饰一蟠龙（蛇）（见图7-25），这也是一个怪异的形象。如果说这是蛇，其头部绝不是蛇的头，蛇也绝不会长着圆圆的耳朵，蛇的嘴也不会那么长，而且嘴中也不会有两排牙齿。它也不是蜥蜴与鳄鱼类，因为这些爬行动物有四足，而陶寺的龙是无足的。可见这也是想象中的怪龙，当是夏在山西境内的遗留物。其口中所含草状物，当如龙上的“且”“干”等，

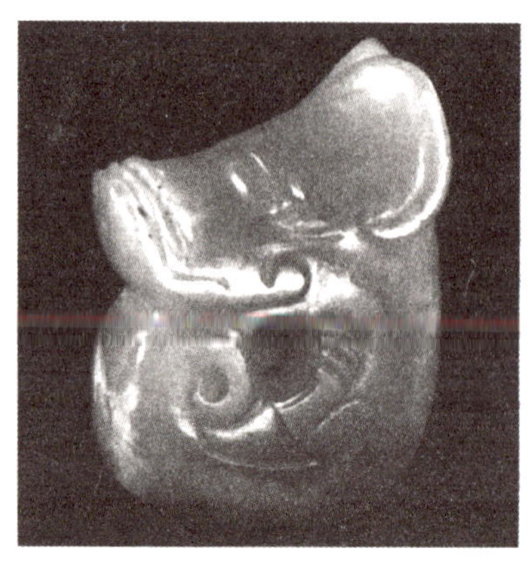

图7-26　玉猪龙(商代晚期,1977年河南安阳孝民屯南701号墓出土)
(中国社会科学院考古研究所藏,选自《中国玉器全集》)

为神圣的符号。在距今五六千年的红山文化中发现有“三星他拉碧玉龙”(见图7-13)。它发现于辽宁的翁牛特旗三星他拉村,故得名。其实这也是一条龙。这件玉龙高26厘米,龙形为圆柱形,类蛇躯,细长无足,身向前卷曲呈C形;头较小,长嘴,吻部前伸,略向上翘;闭嘴,上下唇以一条阴线刻画出,嘴角极长,鼻近似猪;双眼凸起于额顶,呈菱形,细且长,头顶至颈脊有一条长鬣,长21厘米。专家们研究这条龙得出的结论颇多争议,有人认为其有猪的吻部、马的头和鬣,身体像蛇,所以有人命名为猪龙,有的称其为“玉马”(否定为龙)。可见它也是一种虚拟的怪物,当是以猪、马、蛇等混合而成的“猪龙”或“马龙”。前已述《山海经》中有不少以马作为图腾神的记载,三星他拉碧玉龙当是这种记载的表现。如《山海经·西次二经》说:“自钤山至于莱山,凡十七山,四千一百四十里。其十神者,皆人面而马身。”《中次九经》说:“凡岷山之首,自

图7-27　玉马(商代晚期,1976年妇好墓出土)
(中国社会科学院考古研究所藏,选自《中国玉器全集》)

女几山至于贾超之山，凡十六山，三千五百里。其神状皆马身而龙首。”红山文化三星他拉碧玉龙化为马，做迎风飞翔之状，当是以盛产马而闻名的北方文化与中原龙文化交融的结果，其马借龙的形体而飞腾。关于此，《山海经·北次三经》有所透露：“凡《北次三经》之首，自太行山以至于毋逢之山，凡四十六山，万二千三百五十里。其神状皆马身而人面者廿神……其十四神状皆彘身而载玉……其十神状皆彘身而八足蛇尾。”彘，野猪也。这等于说北方的神是有马、猪、蛇等形象的，三星他拉碧玉龙的怪异形象正是这种图腾观念的表现，是这三个图腾族融合的象征。

另外出土文物中还有一首双身的怪龙。夏家店下层文化陶器彩绘有一龙，为一首双身，首作侧视，身作几字形分开，龙嘴做张开状，向左，用重色点眼，龙头上有四道竖排齿状条纹，其身作两歧，类蛇，躯上有 U 形鳞片饰，整个龙有抽象化的特征。另一一首双身龙出土于河南偃师二里头，仅存残部，原绘在一陶器上。龙头近圆形，无角，吻短而尖，眼作目字形，额上有菱形纹，身躯满饰链状鳞片纹，其躯像蛇。根据《山海经·北山经》所记：“有蛇一首两身，名曰肥遗，见则其国大旱。”可知其为“肥遗龙”。在商代的玉器上也可以看到其身影。如湖南衡阳杏花村出土商代青铜卣中贮藏的一件镂雕双龙含环玉佩，其龙一首两身，身体作两歧，双身甚长，皆向侧端外延下垂，皆有一足，其头向内，含图案中间的玉环。2002 年在湖北枣阳九连墩战国中期楚墓 M1 出土两件玉佩，其一是双身蛇，每一蛇身体向外朝内卷曲，末端为凤头造型。另一件上半段为一对相向的凤鸟，下半段为一头双身的蛇，其头上似有角，形似龙首。另外据传出土于安

图 7－28　夏家店下层文化彩绘黑陶双身纹龙（内蒙古昭乌达盟敖汉旗大甸子出土）

（选自《中国纹样全集·新石器时代和商、西周、春秋卷》）

徽寿县一件龙首珩，其下有一镂雕的一头双身蛇。这些形象与《山海经》中记载的“有蛇一首两身，名曰肥遗”相吻合。从考古资料与文献资料可以找到的许多对应之处来看，《山海经》的记载是有现实根据的，并非完全是虚构的。

从以上分析我们可以看出，彩陶文化中的龙就已含有怪异的色彩了。它们虽然多带有爬行动物，如蛇、蜥蜴或鳄鱼类的特征，但往往有增肢和减肢的现象，说明它为妖怪类。但随着祖先崇拜的兴起，龙由原始的虚拟动物又渐加上人的形象，逐渐向人兽合一的形象演化。

原始的龙大约是自然界的爬行动物，当它作为图腾崇拜时，就成了神龙，对中国政治产生了影响。几千年来，龙已渗入中国政治的各个方面。

首先是作为图腾的龙，成了某些氏族和部落的象征。按图腾的理论，图腾是某氏族的祖先神和保护神，因此在神话中多有关于龙的感生神话，或者祖先神都有着神龙的异样。随着社会的发展，各氏族部落在原始野蛮的掠夺战争中互相残杀、征伐、侵占、融合，龙便开始了融合各种图腾物的大演变。为了团结利用已被消灭或同化了的氏族的遗民的力量，便把其祖先的图腾的一部分同化到自己的图腾形象上来。这一过程大约和华夏民族的形成是同步的，由于神龙作为图腾神又具有保护神的色彩，因此，神龙的出现和消失均可表示一种祥瑞的观念，所以古代关于神龙出现以示吉祥的记载不绝于史书。因为是图腾的显灵或祖先的保护，所以这种吉祥观念就转化成一种美的观念。当他们看到自己的图腾神灵显现时，便有一种冲动的愉悦，他们甚至说自己是图腾神的化身，而否定他们是由人所生育出来的。原始氏族部落的酋长们都是当时氏族的宗教首领，他们是巫师、祭司样的人物，他们也可以是图腾神灵的装扮者和代表者，因此他们便自己神化自己，或在氏族的宗教祭仪上神化自己，这样在民俗的信仰中，他们便以沟通天地的身份而渐渐转化为神。那古老的神龙反而成了他们驾驭的工具。

到了第二阶段，由神话的神治时代渐渐步入阶级社会的人治时代，神话的观念仍然支配着人类的头脑。但人的自我意识也在不断加强，这时新的政治逐渐演化出根于古代祭仪的礼制，同时统治者又神化自己，直接把自己说成是“真龙天子”，由天帝派遣到人世间来统治百姓，皇帝不惜把自己打扮成一个怪模怪样的恶龙的形象来神化自己、吓唬百姓。源于图腾社会的古朴稚野的信仰，便完成了向封建政治的转化。

其三，龙本来就源于民间的图腾信仰，龙是河神、海神与水神，是云神、雨神与雷神，龙还是春天万物萌发、太阳冉冉东升、绿色生机勃勃的象征；它可上天，可入地，可化雨，可成云，又代表了勃勃生机和变易无穷。尽管帝王们想独占神龙的风骚，但民间仍以龙为吉祥的象征，龙也在不断平民化、世俗化、人性化。一方面民间有杀龙除害的故事，另一方面又有与龙女恋爱的传说；民俗中有“龙舟竞渡”，佛经中有“龙女成佛”，图案中有“龙凤呈祥”，建筑上有“龙生九子”……龙仍然在古老的中华大地上显现。

（三）说怪凤

在中国古代文化中，凤凰的名气可与龙相媲美，但凤凰的名声要比龙好一些，它在古代文化中多是吉祥的象征，连孔子都悲叹道：“凤鸟不至，河不出图，吾已矣夫！”孔子希望凤鸟在他的时代能出现，给他带来好运气。《山海经·海内经》说：

> 有鸾鸟自歌，凤鸟自舞。凤鸟首文曰德，翼文曰顺，膺文曰仁，背文曰义，见则天下和。

这段话显然带有儒家德、仁、义的思想，当是战国时人加工和修改的结果，但也反映了古代凤鸟的祥瑞观念。但从美术考古学看，我们不得不认为，凤凰也是杂糅许多种动物形成的（见图 7－29）。

原始人“日出而作”“日落而息”，鸡鸣唤起了太阳，太阳给人带来温暖，给人带来生命力，原始人便崇拜“鸡”，并以之为图腾是很自然的了。以上

图 7-29　汉画像中的凤
（作者收藏）

说法得到了来自考古文物的证明。在杭州湾以南的宁绍平原，发现了距今约7000年至5000年的河姆渡文化。（前已述）这一带为东夷文化圈，故有鸟的崇拜。在余姚河姆渡一期遗址出土的骨匕柄上，有一左右对称的身体相连的双鸟纹。双鸟纹的形象奇特，鸟头上有细长的冠羽，状似凤鸟。双鸟头共连着一个身子，身上载着闪着光焰的太阳。在分析拆半表现与怪物形成时，我们曾从表现手法对其做了分析，这一怪异的图像被命名为“双凤朝阳”（见图7-30）。这一命名是比较准确的，它生动表现了太阳与凤鸟的神秘关系。从河姆渡文化中凤鸟的形象看，其可能就是长尾鸡，或驯化后的家鸡。河姆渡人已能驯化猪、鸡等家养禽畜，河姆渡遗址发掘出的陶钵上刻画有猪纹，便是证明。《说文》说：“鸡，知时畜也。”《尚书中候》说：“帝舜云，腾惟不义，百兽凤晨。”注：“百兽率舞，凤凰司晨鸣也。”《诗经·大雅·卷阿》说：“凤凰鸣矣，于彼高岗。梧桐生矣，于彼朝阳。”刘向《孝子传》说：“舜父夜卧，梦见一凤凰，自名为鸡。”从文献资料也可看出，自尧、舜时代直至六朝，古人心目中的凤就是鸡。

图 7-30　“双凤朝阳”图　骨匕柄（河姆渡文化）

图7-31　舞兽图

（作者收藏拓片）

原始社会本无钟表，原始人类“闻鸡起舞”，鸡鸣唤醒先民去田间耕作以获得好收成；靠太阳的光芒，先民得以生存与繁衍。当鸡迎着太阳昂首啼鸣时，新的一天又开始了，日出而作，日落而息，原始人便把人赖以生存的基础归于太阳和鸡，于是以“双凤朝阳”图案来象征，这正是当时美学思想的表现。

根据《说文》等古籍记载，凤凰的形象大体是鸿前麟后，蛇颈鱼尾，鹳颡鸳思，燕颔鸡喙，人目鸮耳，鹤足鹰爪，龙文龟身，是典型的由各种动物组成的虚拟的神物——妖怪。

前述杂糅种种动物而成的怪异的凤鸟，是凤凰后来的形象。在新石器时代，凤是火、太阳和各种鸟复合而成的图腾徽识。所以古称“凤凰，火之精，生丹穴”，状如鸡，五彩备举，雄曰凤，雌曰凰，“出于东方君子之国，翱翔四海之外”（《说文》）。在以后的发展中，凤也形成了一个庞大的家庭。

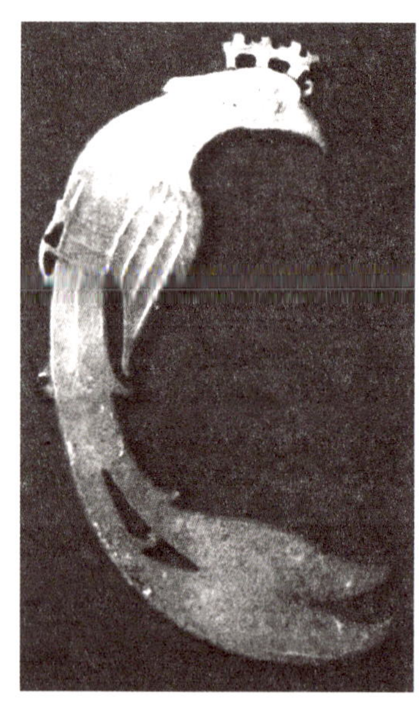

图7-32 玉凤(商代晚期,1976年妇好墓出土)
(中国社会科学院考古研究所藏,选自《中国玉器全集》)

如《春秋元命苞》说"火离为孔雀",实际即今日之孔雀;《礼记·礼运》说:"麟、凤、龟、龙谓之四灵。"又有说"左苍龙、右白虎、前朱雀、后玄武"为四灵者。

凤鸟本无雌雄,大约到了汉代或南北朝时,凤鸟被分为雌雄。《格物总论》说:"凤,神鸟也,雄曰凤,雌曰凰,五色备举……羽虫三百六十,而凤凰为之长。"《毛诗》引《草虫经》说:"雄曰凤,雌曰凰,其雏为鸑鷟。或曰,凤凰一名鸑鷟。"《瑞应图》说:"凤凰者,仁鸟也,雄曰凤,雌曰凰。"在汉以后,图像上雄者有冠为凤;到唐宋以后,则以尾部的形状来区分雌雄。

凤鸟是神话中的神鸟,这种神鸟当是从图腾崇拜而来的,因图腾崇拜的观念在起作用,所以凤鸟才产生祥瑞和妖孽。但凤最初也应有现实中的鸟作为原型,杂糅许多动物的凤鸟当是后起意,是随着氏族之间的战争、杀戮、合并、融合而形成的。凤鸟的产生大体走了与"龙"相同的道路,通过杂糅各种动物的特征,形成了龙凤的怪诞。《山海经·南次三经》说:

> 又东五百里,曰丹穴之山,其上多金玉……有鸟焉,其状如鸡(一作鹤),五采而文,名曰凤皇。

由此而知,凤鸟本为一种红色的五彩鸟。当时的人认为,只有这种鸟才是凤鸟。《山海经·海内经》也说:

> 有鸾鸟自歌,凤鸟自舞。

图 7-33　凤鸟与铺首衔环图像
（作者摄于重庆三峡博物馆）

图 7-34　透雕玉凤（商代）
（上海博物馆藏，选自《中国玉器全集》）

鸾与凤对举，可见鸾是凤类鸟，但也不是鸟。《左传·昭公十七年》说：

凤鸟氏历正也，玄鸟氏司分者也，伯赵氏司至者也，青鸟氏司启者也，丹鸟氏司闭者也……

可见以上文献是把凤鸟与其他鸟并列的，两者本不相同。《韩诗外传》说：

夫凤象鸿前麟后，蛇颈而鱼尾，龙文而龟身，燕颔而鸡喙……延颈奋翼，五彩备明。

此言凤乃有鸿雁、蛇、鱼、燕、鸡、虫、鸟、兽等图腾的复合特征，因此“丹凤”便转为一个“箭垛式”的怪异形象。

想必凤凰的原型即原始的长尾原鸡或驯化后的家鸡。它日出而鸣，在原始思维中产生的巫术思想使先民认为是鸡鸣唤来了太阳，故崇拜之。《河图括地象》说："桃都山有大桃树，盘屈三千里，上有金鸡，日照此则鸣。"《艺文类聚》卷九十一引《玄中记》说金鸡是主管日出的"天鸡"：

> 日初出照此木，天鸡即鸣，天下鸡皆随之鸣。

又《艺文类聚》卷九十一引《春秋说题辞》及注说：

> ……阳出鸡鸣，以类感也。日将出预喜于类，见而鸣也。

神话中有扶桑树上有阳鸟的传说，汉画像中多见其图像，当是这种观念的形象表现（见图7-35）。

图7-35　汉画像中扶桑树、阳鸟图
（选自《山东汉画像石选集》）

八、汉画像石中的怪异

汉画像的渊源可以追溯到春秋战国时期，甚至更早的商代的祠堂的壁画和图像上。屈原写《天问》，曾根据祠堂里琦玮谲诡的怪物神灵，呵而问之；《招魂》则描写了四方所绘之怪物。因为祠堂是人与鬼神沟通的场所，是氏族的神圣之地，绘有象征天地四方的各种怪物异神，绘有山川河海中的妖怪，目的是使人们知道神妖的样子，以避其害。但是到了汉代，人们的信仰产生了一定的变化，祠堂的壁画便逐渐演化成墓穴中的壁画与汉画像石；汉画像是一种浮雕在墓室、祠堂、棺椁上的装饰画，汉画像石因为绘有奇异的神怪而引起了我们的注意。

图8-1　南阳麒麟岗　神兽·仙人
（作者摄）

虽然汉代开始摆脱神话时代而步入世俗的领地，但原始的民俗信仰仍占据人们的头脑，谶纬迷信、羽化成仙、长生不死、相信来世的思想成了人们真诚的信仰。于是他们不仅在许多典籍中记下了古代的神话，而且实行厚葬，他们要把生前的富贵享乐、车马舟船、百戏乐舞、庖厨仆人带到另一个世界去，于是在汉画像石中便刻下了这一切。

从汉画像石看，这是一个怪异的世界。天上、人间、地下混为一体，东西南北杂居神怪，历史与现实交融，神灵与妖怪杂糅，奇禽、异兽、植物隐喻象征了另一个世界。

汉画像石的内涵丰富，艺术价值极高，引起了许多研究者的注意，但其中许多象征符号由于历史的演变而晦暗不明了；对这些看似怪异的符号的文化破译，就是我们关注的问题。

图8-2　西王母・伏羲女娲・仙界图
（作者藏汉画像拓片）

汉画像石艺术是我国古代文化宝库中的珍贵遗产，是我们研究中国文化不可或缺的实物资料。目前,在我国的山东、河南、四川、江苏、陕西、安徽、山西、湖北、云南、贵州、辽宁、河北等省都已发现了汉画像石,其中发现数量较多而又比较集中的地方是山东、江苏徐州、河南南阳、四川中部以及陕西北部。但长期以来,山东、南阳、四川的汉画像得到较好的研究,而对徐州地区汉画像石的研究相对较弱。因此,加强对徐州汉画像石的研究,揭示其丰富的文化内涵,就是十分有意义的。

徐州汉画像石最早见诸的文献记载是东晋伏滔《北征记》一书,他观察到在徐州城北的石椁上,“皆青石,隐起龟龙鳞凤之象”,实际上这就是汉画像石墓。清同治《徐州府志》上也有关于汉画像石墓的记载,但一直没有科学发掘。中华人民共和国成立后,流散各地的画像石被集中起来,同时又有大量画像石被发现。目前,徐州及其周围地区发现完整汉画像石墓五十余座、画像石两千块左右。

汉画像石在当时主要有三方面的用途。一是用在石椁上。石椁墓的形制与木椁墓的相仿,用石板扣合成椁室,画像刻在石椁的两侧板和前后石档上。这一类型的画像石墓年代较早,具有西汉晚期的特征,其中最早的可以追溯到汉武帝时代。二是用在墓室的建筑上。墓有砖石混合结构和石结构两种。小型的分前后两室,较大的分前、中、后三室,有的还附有耳室或回廊。画像石多置于前室、中室的门楣、门柱、横额和四壁上。三是用在地面的祠堂上。祠堂即“享堂”,也称“食堂”“庙祠”等,是生者祭奠死者的地方,由古代的宗庙祭祀演变而来。徐州、山东以及皖北,是我国发现石祠堂画像石比较集中的地区。汉代画像石是作为汉代墓葬(建筑)文化的一部分而产生的,通过它可以清楚地了解汉代人的厚葬习俗和宗教信仰。但目前对汉画像石艺术的研究还是很不够的,很多研究只是做了收集资料的工作。近年中国汉画学会做了很多这方面的工作,但是汉画像石还有很多未被理解的地方,例如对汉画像石中的丑怪恶物就没有人进行专门的探讨。

这种丑怪恶物的出现,与当时人们相信灵魂不死的宗教信仰有关。古代的厚葬习俗到了汉代达到登峰造极,东汉时的王充说:“古礼庙祭,今俗墓祀”,“鬼神所在,祭祀之处”(《论衡·四讳》)。汉代盛行神仙信仰,人们幻想羽化成仙,生前就为自己营造豪华的墓穴。先秦的墨家就认为,人死后会变成鬼神,仍然有知觉,与活人没有什么两样。活人需要的东西,死人(或鬼神)一样需要,因此必须厚葬。《楚辞·远游》中说:“载营魄而登霞兮,掩浮云而上征。”这形象地反映了古人的一种幻想灵魂飞翔,获长生不死的神仙信仰。正是由于这种仙人“体生毛,臂变为翼,行于云则年增矣,千岁不死”(《论衡·无形》)的诱惑,秦始皇、汉武帝才不惜斥巨资招募天下方士高人,搜求长生不死之药,并亲自主持封禅祭祀,力倡谶纬性命之说,大兴仙人方术,广言“神仙事”。由于统治者的大力倡导,求仙长生成为两汉时期全社会普遍具有的思想观念。形成上至帝王,下至愚民,莫不沉溺其中,人人皆言“能神仙”的社会风俗。在徐州的汉画像中,表现这种升天成仙题材内容的比比皆是,而且一般以组画的形式出现。其基本组合形式有门阙、建筑、车骑、迎谒、庖厨、宴飨、舞乐百戏、四灵、仙人、珍禽异兽、西王母等。这些内容组合的出现,表达了两个方面的含义:一是送迎墓主人进入天国仙界,二是以西王母为主神的天国仙界的生活景象以及墓主人在此过着美好生活的场景。这类题材的汉画像石在徐州沛县栖山,铜山白集、洪楼、茅村等处都有发现。画像石中有铺首衔环、神仙羽人、福德羊、麒麟、朱雀、玄武、青龙、白虎及其他珍禽异兽。汉魏时代有羿请不死之药于西王母的传说,对不死之药的慕求已经传遍了整个汉代上层社会。因此画像石中出现了大量的神仙羽人、玉兔捣药等图像。在沛县栖山墓出土的画像石中刻有西王母的形象,并刻有人首蛇身、马首人身、鸟首人身、人首人身的形象(见图8-2);其想象之奇特是这类题材中的典型代表,其怪异的神灵造像与西域文化有某种联系。这说明徐州在汉代,甚至汉以前,就与西域有某种文化上的交流。《山海经·海内西经》记西王母居昆仑之墟,“有开明兽守之,百神之所在”。这时的西王母已经从传说中的半人半兽的凶神变为操有不死之药的仙人了。在汉画像石中,三青鸟、九尾狐、捣药玉兔等形象常与西王母绘在一起(见图8-3-2)。西王母由凶神转化为美丽的女神,反映了中国人从神话时代向人的时代转移的历史现实,表现了中国

1

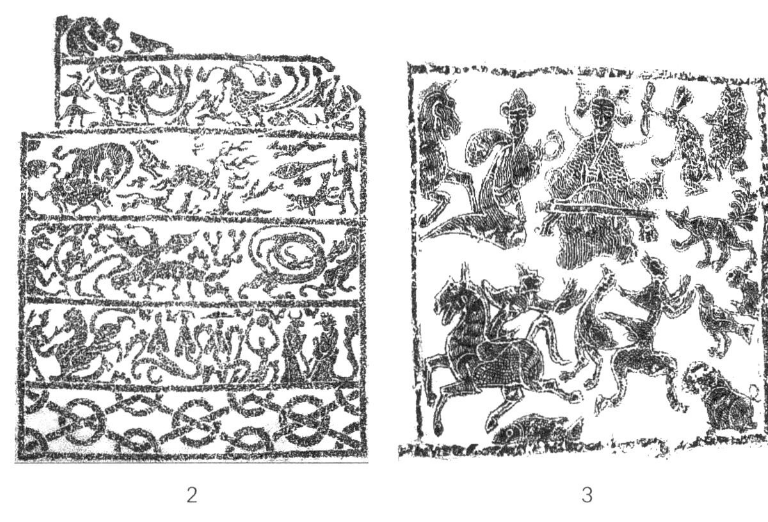

2　　　　3

图8-3　铺首、怪物与西王母

1. 铺首图像(江苏徐州白集汉墓,作者收藏拓片)
2. 汉画像中的神怪形象(江苏师范大学博物馆汉画像拓片)
3. 西王母与其侍者(作者收藏拓片)

文化崇尚母性的特征。

汉画像石中怪异的产生也与儒家的忠孝观念以及汉代的举孝廉制度有直接的关系。儒家起源于鲁东,本来就是从丧葬礼俗中发展出来的一个派别;儒家认为,只有孝亲才能忠君,而丧葬是否隆重,是孝与不孝的一个重要标志。虽然孔子不言怪、力、乱、神,但儒家子弟对于厚葬习俗却是竭力提倡的。受儒家文化的影响，汉代对丧葬礼俗特别重视。汉代的举孝廉制度也促使社会上一些人以厚葬为手段，达到沽名钓誉的目的。受此风气影响，一些平民百姓也不惜倾家荡产争相仿效。因此，到东汉时已出现了大大小小各种不同类型的汉画像石墓。从墓葬规模、画像石的多寡及陪葬品的数量上可清楚看出墓主人的身份和经济实力上的差异，但其画面内容是不受身份和经济力量制约的。汉画像石不仅是当时生活的反映，而且更是人们对死后生活的幻想，可以任意想象比现实世界更加美好的东西。

（一）“十字穿环”：汉代人宇宙观的符号象征

在徐州云龙山西麓云龙湖东岸建有徐州汉画像石艺术馆，馆中有十余块被称为“十字穿环”图案的画像石（见图8-4）。

1　　2

图8-4　汉画像石中的“十字穿环”纹饰

1. 江苏徐州铜山大泉出土（上格中心作“十字穿环”，外饰内向的锯齿纹；下格刻一轺车）
2. 铜山大泉出土（上格刻“十字穿环”；下格刻骑马者）

由于年代的久远、观念的更迭、民俗的变迁，那具象的奇禽异兽已使现代人难以理解了，对这种抽象图案的认识就更加困难。但对这一颇有些怪异的图案的阐释，有助于我们认识汉代人的宇宙观念、信仰形式，因此对其做文化人类学的、审美发生的理解，揭示怪异背后的理性精神，就是十分必要的。

我们认为"十字穿环"图案是汉代人宇宙观的符号象征。从中国史前艺术中怪异的装饰图案看，中国艺术在它的初期就运用了象征的手法。那怪异的图腾神灵、那杂糅各种动植物所形成的种种妖怪，无不具有象征的意义。从原始彩陶上的抽象图案，到古文字中刻画的文字符号；从荒诞不经的神话传说，到汉墓中的奇禽异兽，不都表现了那么一个令人惊异、神秘莫测的象征世界吗？"十字穿环"就是这种象征的典型代表，其圆环、方形、十字代表了什么？这些在当时的汉画像石中广泛出现，代表了怎样一种文化内涵？当我们对它进行跨文化破译的时候，它的象征意义就渐渐显示出来了。

"十字穿环"中的圆形被称为环，如果这个命名不错的话，那么我们就可以从环出发，来分析其象征的内涵了（见图8-5）。

图8-5 "十字穿环"图案

环是璧的一种。《周礼·玉人》说：

璧，羡度尺，好三寸以为度。

所谓"羡"即言"直径"，"好"和"孔"同义。《尔雅·释器》说：

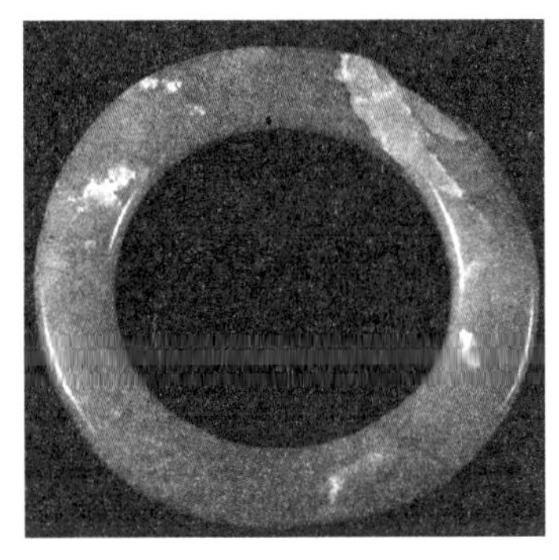

图8-6　玉环(崧泽文化)
(选自《中国玉器全集》)

> 肉倍好,谓之璧。好倍肉,谓之瑗。肉好若一,谓之环。

孙炎《尔雅》注说:“肉,身也;好,孔也。”孔疏引李巡注云:“肉倍好,边肉大,其孔小也。好倍肉,其孔大,边肉小也。肉好若一,其孔边肉大小适等也。”原来,环、瑗、璧这些玉器的名称,只是根据内孔和外身的大小比例不同而定的名称。

璧在中国古代是一种重要的礼器。古人在祭神徼福时,认为这种器物能超脱自然,同祖先、祖灵相通,或能增加仪式的隆重程度而惊动鬼神。《尚书・金縢》记述了武王有疾,周公为武王占卜祷告时的情况:“为三坛同墠。为坛于南方,北面,周公立焉。植璧秉圭,乃告……尔之许我,我其以璧与圭归俟尔命;尔不许我,我乃屏璧与圭……”《周礼・春官・大宗伯》则对周以来用玉的情况进行了小结,提出用玉的“六瑞”“六器”之说:

> 以玉作六瑞,以等邦国。王执镇圭,公执桓圭,侯执信圭,伯执躬圭,子执谷璧,男执蒲璧。

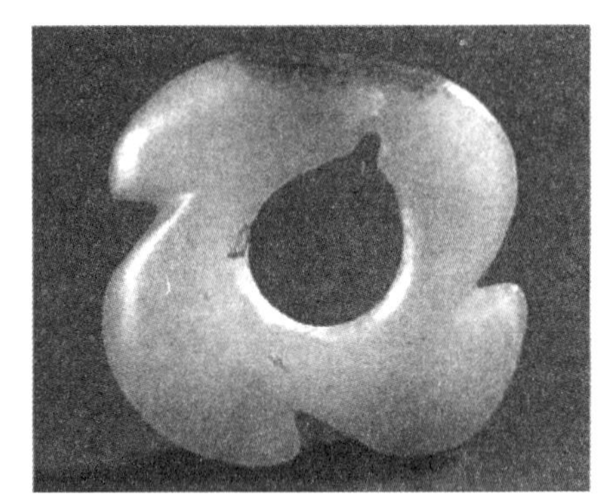

图8-7　玉三牙璧(龙山文化)
(选自《中国玉器全集》)

这里所讲的诸般玉器,就是儒家所谓的“六瑞”。

> 以玉作六器,以礼天地四方。以苍璧礼天,以黄琮礼地,以青圭礼东方,以赤璋礼南方,以白琥礼西方,以玄璜礼北方。

这种用玉制度是和阴阳五行学说联系在一起的。这一制度影响深远，一直到元代还在运用。子所执谷璧是在璧上刻出谷粒样的东西，蒲璧则琢作涡云形的纹样。

“以苍璧礼天”，表现了一种原始的灵感观，带有巫术仪式的色彩。原始人认为天是圆的，其色苍苍，故用苍色圆形之璧以通于天；这种做法现在看来颇为怪异，但这是运用了巫术中“相似律”的原理。[1] 在民俗和宗教礼俗中，周人有一种烟祀（又称燔玉），即把木柴堆在祭坛上，当君王举行祭仪后，将苍璧置于柴上焚烧，烟雾冉冉上升，便上达于天了。到汉武帝时，结合古代的礼制，制定了封禅郊天的礼制。武帝设立南北郊：

> 天郊在长安城南，地郊在长安城北……祀太一于甘泉圜丘，取象天形。[2]

取圜丘以象天，这表现了源于中国远古文化的一个永恒的母题。

图 8－8　新石器时代的玉龟（良渚文化，1986 年浙江余杭反山出土）
（现藏于浙江文物考古研究所）

图 8－9　新石器时代的玉琮（良渚文化，于 1982 年江苏常州武进寺墩出土）
（现藏于南京博物院）

天给人的直觉印象就是圆的，在发现银河系以前，中国的古宇宙论把

---

〔1〕［英］詹·乔·弗雷泽：《金枝》上，中国民间文艺出版社，1987 年，第 21 页。
〔2〕《三辅黄图·南北郊》。

天穹表现出的现象当作整个宇宙。因此，作为十字穿环中的环或璧，抛开其具象，在原型上即是天圆的象征。

圆的另一象征是太阳。这一象征在车轮发明以前的新石器时代的岩石雕刻上就已表现出来了。在中国的原始彩陶中，也不乏这种表现。车轮发明以后，太阳的象征又可通过车轮来表现。威尔赖特在《隐喻和现实》一书中说："在伟大的圆形性象征中最富于哲学意义的也许就是圆圈及其最常见的意指性具象轮子，当圆圈化为轮子时，轮子的辐条在形象上被称为是太阳光线的象征。而辐条和太阳光两者又都是发自一个中心的生命渊源，对宇宙间一切物体发生作用的创造力的象征。"〔1〕在中国古代的典籍中，也有这种隐喻关系。如《天中记》引《吕氏春秋》说：

> 天如车轮，终而复始，极则复反。

《黄帝内经·素问》说：

> 天体如车有盖，日月悬著。

古希腊的太阳神阿波罗，其名字是"光辉灿烂"之意，在古希腊神话中，他每天驾驶金色的马车在天空中行走。中国古代有羲和御日的神话。《山海经·大荒南经》郭璞注："羲和盖天地始生，主日月者也。故《启筮》曰：'空桑之苍苍，八极之既张，乃有夫羲和，是主日月，职出入以为晦明。'"《楚辞·离骚》有"吾令羲和弭节兮"，《天问》有"羲和之未扬，若华何光"，当指此神话。洪兴祖补注云："日乘车，驾以六龙，羲和御之。"可见羲和即中国的"阿波罗"。

圆的另一个重要的特征是完整性——和谐与圆满。古希腊的毕达哥拉斯学派和亚里士多德都把圆看作最美的几何形体。中国的王夫之说：

---

〔1〕 见叶舒宪编：《神话-原型批评》，陕西师范大学出版社，1987年，第229页。

“天无首”(《周易内传》),“夫环也,而有所起有所止乎?”(《庄子解》)文子曰:“天圆而无端,故不得观其形。”中国古代道家把太极画成一个圆形,以此象征永恒的道。《吕氏春秋》有《圜道》篇,用太阳运动轨迹为圆来说明天道“圆”的道理。《易》曰:“蓍之德,圆而神。”《淮南子·精神训》也有:“终始若环,莫得其伦,此精神之所以能登假于道也。”皇侃《论语义疏·序》说:“伦者,轮也。言此书义旨周备,圆转无穷,如车之轮也。”朱子《太极图说解》说:“〇者,无极而太极也。”[1]

图8-10 日神画像砖(东汉)
(选自《中国画像砖全集·四川汉画像砖》)

对圆的象征进行跨文化的研究,这一点表现得就更加鲜明。在印度佛教中,圆是用莲花来象征的,当佛陀步入莲花时,莲花就放射出八束光芒,因为佛陀是独一无二的,他的人格和未来的生存都被赋予了统一性的特征。阿·扎菲认为:“在印度和远东的视觉艺术中,四或八束光线的圆,是宗教意象的普遍模式,并用作为冥思的手段。尤其是在藏传佛教那里,有着丰富多彩图案的曼陀罗,起着一个重要的作用。一般来说,这些曼陀罗代表了宇宙与神圣力量之间的联系。”[2]在禅宗的绘画中,也有抽象的圆,

〔1〕 参见钱锺书:《谈艺录》,中华书局,1983年,第111—114页。
〔2〕 参见[瑞士]卡尔·荣格等著《人类及其象征》一书中的第四章《视觉艺术中的象征主义》,辽宁教育出版社,1988年,第221页。

一位禅宗大师说道:“在禅宗一派,圆形代表了启蒙。它象征人类的至善至美。”[1]在基督教中,当上帝出现时,其后总闪耀着耀眼的光辉。在中国的佛教造像后边,有些也有着四射的光芒。

1

2

图8-11

1. 汉画像中的“莲纹”

2. 山东沂南北寨村画像石墓中的佛像

因此,环与璧以其圆的形式,代表了天、太阳及万古不变的道,因而是完满的象征,是生命力的来源,是宇宙的秩序和美的本源。

图8-12 十字穿环与西王母、东王公图像(陕西榆林地区汉画像石)

如果说“十字穿环”中的环是天的象征的话,那么“十字穿环”外面的方

〔1〕 参见[瑞士]卡尔·荣格等著《人类及其象征》一书中的第四章《视觉艺术中的象征主义》,辽宁教育出版社,1988年,第221页。

形就是地的象征。因为在中国古代的宇宙学说中，一个基本的观点就是“天圆地方”。从直观上看，人类面对的大地不是正方形，说“地方”是没有客观现实根据的，但是在原始思维中，人们对大地的认识往往是与时间和空间相连属的，这倒有些像爱因斯坦相对论中的时空观。“地方”的观念是从人对时空的划分中发生出来的。

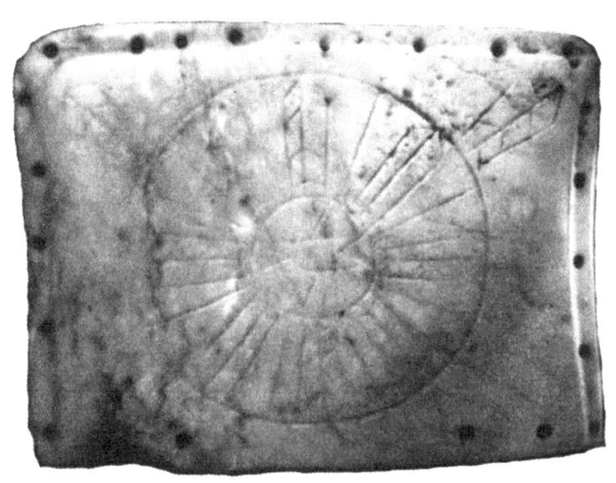

图 8-13　新石器时代的玉版
（安徽凌家滩出土，出土时玉版放在玉龟中，玉版上刻有八芒纹，象征天地四方，带有宇宙象征主义的图式意义）

我们先看古人的宇宙观。《尸子》指出：“四方上下曰宇，往古来今曰宙。”《白虎通·天地》说：“天圆地方不相类。”《淮南子·齐俗训》说：“往古来今谓之宙，四方上下谓之宇。”宋代的邵雍对古代这种宇宙观概括为“天圆而地方”。在《皇极经世》中他把“天圆地方”解释为“圆图象天”，“方图象地”。那为什么方图可以象征地呢？他说：“方者……画州、井、地之法。”他用《禹贡》九州和井田制度来解释“地方”是有一定道理的。因为古人地方的概念，不是来源于对地的直接观察，而是来源于人对地划分所据的人文观念。

甲骨文中就有四色、四方、四季配四神的说法。[1] 商代就有祭四神的祭祀活动。于省吾认为，甲骨文中的图画文字“□表示地方，它和方是可以

〔1〕 参见丁山《中国古代宗教与神话考》的“四方之神与风神”等有关章节，上海文艺出版社，1988 年。

互换的”[1]。经过现代神话-原型批评家的阐释，我们已看到春、夏、秋、冬四季与神话、仪式和文艺作品对应关系的重构模式。[2]就像礼天用青色的圆璧一样，礼地则用黄色方形的玉琮。古人认为：“天圆而色玄，地方而色黄。”[3]《尔雅》曰：“穹苍，苍天也。”《庄子·逍遥游》曰：“天之苍苍，其正色邪?”

在神话与传说中，保留了地方观念的痕迹，比如女娲补天神话中认为有四极支撑着天，又有黄帝四面的传说，《天问》中有八柱撑天的说法，又有河出图、洛出书的传说，均为对大地划分的模式。《周髀算经》曰：“天有四极。”《淮南子·墬形训》曰：“地有九州八柱。”张华《博物志》曰：“地下有四柱。”古又有九州之说。到汉时，《淮南子·墬形训》已将其复杂化：“九州之外，乃有八殥”，“八殥之外，而有八纮”。《尔雅·释地》则有四海、四极说：“东至于泰远，西至于邠国，南至于濮铅，北至于祝栗，谓之四极。觚竹、北户、西王母、日下，谓之四荒。九夷、八狄、七戎、六蛮，谓之四海。”因此“四”在中国古文化中就有了神秘的象征意义，“四”一直作为一个神秘数字受到崇拜。

这种思想表现在《周易》中，便是太极生两仪，两仪生四象，四象生八

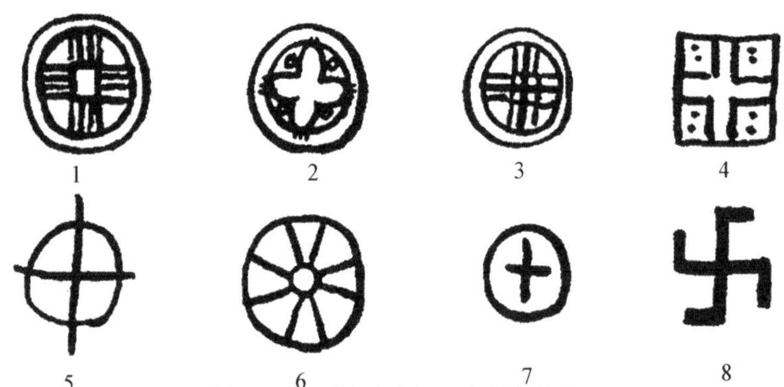

图8-14　彩陶和青铜器上的十字纹

1.2.4. 甘肃马家窑文化马厂型彩陶几何形纹　3. 湖北屈家岭文化陶器几何形纹
5. 续殷上三三 ⊕ 殷　6. 录遗二九 ⊛ 鼎
7. 三代六·三〇比段　8. 属马家窑马厂型图纹

〔1〕参见于省吾《商周金文录遗·序言》“关于图文字□和○”。
〔2〕参见[加]N. 弗莱：《批评的解剖》，普林斯顿大学出版社，1971年。
〔3〕《渊鉴类函·天部一》转引《河图括地象》。

卦。这是对古宇宙观的哲学概括。

当人类从一片混沌的宇宙中划分出四季、四方的时候,他是从自己站立的地点仰观天空、俯察大地开始的。当把大地划为四方时,无疑在自己的立足点上划了一个“十”字,使大地成了等分的四方。十字穿环中的十字,也是这种观念的象征。因为“四”的原始表现形式不外乎丨字形与方形两大类符号,两者都与四方位的观测和确定密切相关。古代墨西哥的玛雅人已经会用两条交叉的棍子观察规定的点了。在基督教中,耶稣被钉在了十字架上,直至中世纪的欧洲,基督教的十字架仍保留着其原始的象征意义,即把十字架的末端视为东西南北的标志。在中国,甲骨文中屡见的最高主宰神——“帝”,也是以十字形符号为其造字基础的。意大利汉学家安东尼奥·阿马萨里认为:“象形文字‘帝’,是处在森林四方和大地中央的树木顶端最高位置的那个人的名称。”[1]它是由代表四方的方和木字所组成,而古老神话“黄帝四面”中的“黄”字的中间为 ⊕ ,也是建立在十字符号之上。

因此,十字纹绝不是基督教的专利品。我们从中国史前文物和一些至今无法释读的文字中都发现了这种符号(如图 8-15)。它可以是光芒四射的太阳的象征,同时又是史前人类用来象征宇宙空间的神圣符号。在公元前 2000 年,世界许多地方都有这种类似的符号。

人类从混沌的时空中划分出四方和四季,无疑就等于在不定的世界中创造了秩序感和稳定性,从美学的意义上讲就是和谐,就是人类自由创造本质的对象化。因此,从构图来讲,十字形和正方形从一开始就成了宇宙时空的神圣象征。在汉画像中,许多墓室上方的藻井盖石往往刻画有柿蒂纹或者莲花纹。我想,柿蒂纹或者莲花纹是植物神性的象征,花苞是孕育生命的蒂,古人用这个花蒂表现无处不有创造性的“上帝”的观念。从这个意义上讲,地下的坟墓就是地下的花苞,新的生命就是从这里复生,走向永恒的

---

〔1〕[意]安东尼奥·阿马萨里:《中国古代文明——从商朝甲骨刻辞看中国史前史》,社会科学文献出版社,1990 年,第 17 页。

轮回。

这在人类最早的祭坛、宗教建筑和祭祀活动中，甚至人类最早的城市建设中体现出来。如在金文中，就留下了崇拜十字纹的神秘符号。在这些带有族徽性质的符号中，留下了古人崇拜十字的远古信息。这些十字纹，或作为太阳的象征，或作为四方或四季的象征，实际上是人类自己对世界的把握——人类崇拜自己的理性，同时又带有巫术祭仪的神秘色彩。这种宇宙的象征之所，成了古人交通神灵的圣地，这就是祖庙。我们看到，在“十字穿环”纹外方形的四角有四个小半圆，占去了四角的一部分，这绝不是毫无意义的，实际上这正是中国古代祖庙的一种象征符号，在古文字中就是“亚”字。在金文中亚字形有许多种写法，其不变的形式就是“亞”。在金文中许多亚形的方块内，陈列着图腾、祭品、祭器，这是对祭祀行为本身的描绘。

这些文字过去均未被识读，实际上可以肯定的是其表现的就是在宗庙里举行祭祖活动，以沟通天地，达于祖灵。古代的许多墓道也作亚形（见图8－15、8－16）。

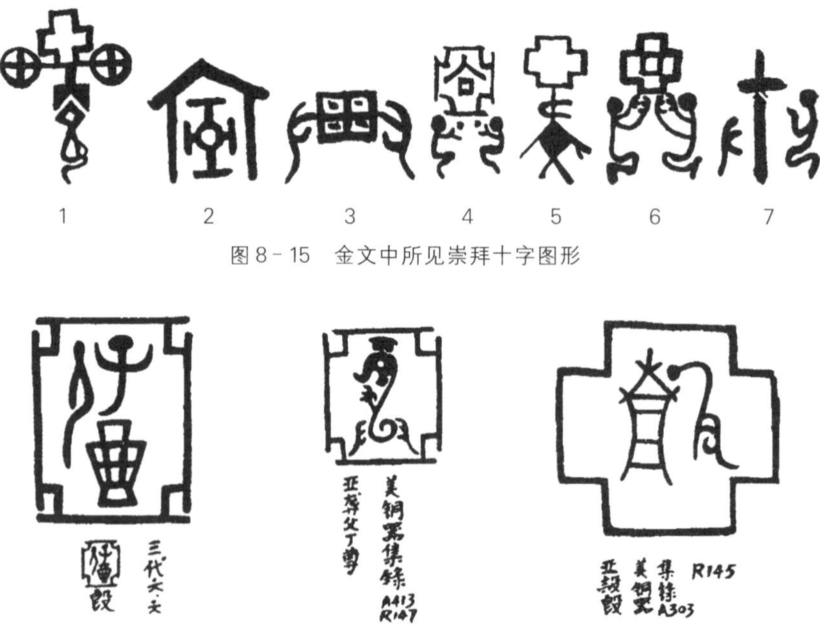

图8－15　金文中所见崇拜十字图形

图8－16　族徽中的亚形

在中国古代的礼制中，这种象征的典型表现形式就是明堂制度。《周礼·考工记·匠人》讲到明堂在夏商时代就已存在。为什么明堂的建筑都是上圆下方呢？原来是用"上圆下方"来象征当时人们的宇宙观念。汉儒桓谭早就指出了这一点，《新论》说："王者造明堂，上圆下方，以象天地。为四面堂，各从其色，以仿四方。天称明，故曰明堂。"汉时不仅把地分为四方，而且把天空也分为四个部分，这便是四象（四灵）的说法。《史记·天官书》说四象是东宫苍龙、南宫朱鸟、西宫咸池、北宫玄武。《淮南子·天文训》则说：

> 东方……其兽苍龙……南方……其兽朱鸟……西方……其兽白虎……北方……其兽玄武。

《曲礼》说：

> 行，前朱雀而后玄武，左青龙而右白虎，招摇在上，急缮其怒。郑玄注云：以此四兽为军阵，象天也。

可见，即使在军队行进中，也要用画着四象的旗帜来编排队伍，以体现宇宙的一体化。《三辅黄图·汉宫》曰："苍龙、白虎、朱雀、玄武，天之四灵，

图 8－17　龙虎玉璧（1974 年四川郫县新胜乡竹瓦铺出土棺盖图像）
（中国拓片精品展，作者自摄）

以正四方，王者制宫阙殿阁取法焉。”这里已明确说明王者创造宫殿等是取之于天上的四灵来正四方的。汉人的观念中，天文与人文有一种对应关系，即使在陵墓中也刻画四灵以象天宫和地上的宫阙。这就是为什么汉画像中多四灵的原因。

根据以上分析，我们看到，“十字穿环”中的方形应为“天圆地方”的象征。这个观念不是从对大地的观察得到的，而是从对时空的划分中得到的。这个划分，便通过十字来象征。方形代表了大地、祭坛、规矩、秩序和母性原则。

（二）“二龙穿璧”：阴阳哲学的形象体现

“十字穿环”是一种抽象的符号，我们根据古文献及我们的理解对其怪异之处及象征进行了阐释，但因其毕竟太抽象，并不易理解。当我们将“十字穿环”与徐州汉画像中另外十余块被命名为“二龙穿璧”的图像进行比较研究时，就容易理解一些。图 8－18 中有三枚横向连续排列的璧（环），有两条龙从三枚璧中按十字纹穿过，龙首一向左，一向右。除了三璧外，还有几块画像石上是五枚璧（图 8－20）、七枚璧或者九枚璧。两龙从若干璧中按十字纹穿过，龙首分左右，一条龙的头衔住另一条龙的尾；整个图对称、和谐，富有装饰性。“二龙穿璧”与“十字穿环”有什么内在的联系呢？我们认为，这两个图案其内涵是一致的，不过一个具象些，另一个抽象些罢了。对其内涵的揭示，还要从交龙谈起。

1

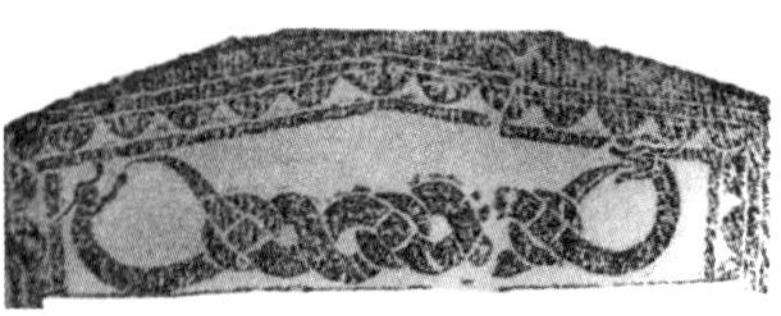

2

图 8－18 徐州出土汉画像石中的“二龙穿璧”

1. 徐州铜山出土二龙穿（三）璧图案 2. 徐州黄集出土二龙穿（三）璧图案

当我们把图8－18和图8－5进行比较时就会发现，图8－5中的“十字穿环”是图8－18“二龙穿璧”截取下来的一部分。如果这个设想是正确的话，那么十字纹实际上就是二龙的象征，它去掉了龙的具象而抽象为神秘的符号“十”字。这种“二龙穿璧”的图案在四川和河南的汉画像石、砖中也有发现（见图8－19）。

图8－19中，四川与河南出土的这个图案与徐州的“二龙穿璧”表现了同一文化母题，其实也是“二龙穿璧”，有些地方命名为“戏龙纹”是不确切的，这两龙实际上即交龙。关于交龙，古籍中有许多记载。闻一多先生在《伏羲考》一文中已有论述，现在我们仅就交龙的象征意义，再做必要的揭示。

1

2

图8－19　四川、河南出土的二龙穿璧

1．四川出土汉画像砖图案　2．河南新野出土汉画像石

关于二龙《国语·郑语》引《训语》说：

夏之衰也，褒人之神化为二龙，以同于王庭，而言曰：“余，褒之二君也。”夏后卜杀之，与去之，与止之，莫吉。卜请其漦而藏之，吉。乃布币焉，而策告之。龙亡而漦在，椟而藏之，传郊之。及历殷周，莫之发也。及厉王之末，发而观之，漦流于庭，不可除也。王使妇人不帏而

噪之，化为玄黿。

这里的二龙“同于王庭”，同即交合之意，与我们看到的“二龙穿璧”的意思是相同的。二龙为褒人的祖先神，包含以后的人首龙身交尾图像的文化内涵。

关于交龙，《史记·高祖本纪》也有一段记载，显然这是一个感生神话，其渊源在远古的生殖崇拜和祖先崇拜中。交龙可以画作两龙相交的图案。《周礼·司常》说：“交龙为旂。”《邺中记》说：“锦有……大交龙、小交龙。”《释名·释兵》说：“交龙为旂。旂，倚也，画作两龙相依倚也。”在徐州汉画像石中，有交龙的图像（见图8-20），这当与汉高祖刘邦的感生出身有关，因为徐州的丰县本汉高祖的故里，其子孙以此来表明自己的身份，死后回到祖先那里去。

图8-20　徐州汉画像石中的交龙图

交龙含有生殖崇拜的意义是显而易见的，就是在现代汉语中，交仍有结合的意义。闻一多说：古籍中讲过“关于左右有首……或前后有首，或一身二首的生物时，实有雌雄交配状态之误解或曲解”〔1〕。交龙的意义虽不一定全都如此，如有些是拆半表现的结果，但在其原型意义上则是不错的。

但这只是一个具象的考察，高祖乃龙种，这不过是神化帝工的一种方法。在更广阔的哲学、美学背景上，交龙是《周易》所概括的宇宙模式的象征。

两龙相交，中间以圆环加以突出，内含性的隐喻。其广阔的背景仍然是中国的古宇宙论。中国古代有个哲学命题叫“天人感应”，天被看作有生命意义的天。交龙应分雌雄，雄龙应是阳性天的象征，雌龙则是阴性地的象征。天地交媾，化育万物，便成为中国古代哲学家把握世界的基本法则与模式。

《说文》：“龙，鳞虫之长，能幽能明，能细能巨，能短能长，春分而登天，秋分而潜渊。”《易》曰：“云从龙。”又曰：“飞龙在天。”古者神人多乘二龙，这说明龙是可以在天上遨游的。

为什么龙在春分而登天呢？这是因为春天是万物萌发的时节。《尚书·尧典》曰：“厥民析，鸟兽孳尾。”这正是生命力的象征。在四象中便以青龙来表示。秋天一到，草木凋零，《尚书·尧典》说：“厥民夷，鸟兽毛毯。”

图8-21　青龙、白虎
（选自《中国墓室壁画全集·汉魏晋南北朝卷》）

〔1〕《闻一多全集》第1卷，生活·读书·新知三联书店，1982年，第15页。

这是生命力下降的象征，在四象中以白虎表示。因此在民俗中，“白虎者，岁中凶神也……犯之，主有丧服之灾”〔1〕。俗语中有“丧门白虎”之说。以龙象征，便是秋分而潜渊。

“二龙穿璧”图纹中的璧，总是以奇数出现，要么是一，要么是三或五。根据《易・系辞》的说法，奇为天之数，偶则为地之数。《易・系辞》曰：

天一地二，天三地四，天五地六，天七地八，天九地十。

根据以上分析，可以看出，二龙穿璧象征着天地交感、化育万物的原始母题，同时又象征着阴阳合气、人神沟通、祖先崇拜、生殖崇拜的文化原型。这里可能与汉代人对天的层次的认识有关，璧是天的门户，通过璧象征的天门，人死后便可以升往神仙居住的仙庭。那里祥云缭绕，吉祥美满，幸福无比。

（三）伏羲女娲交尾图及其象征

“十字穿环”和“二龙穿璧”，与汉画像中广泛存在的“伏羲女娲交尾图”之间也存在着联系；从深层的象征结构的原型上讲，它们是同一的，表现了同一母题。

伏羲女娲交尾图在全国许多地方的画像石中都可见到。在四川郫县、新津崖墓、河南南阳、山东武梁祠等处都有发现，江苏徐州也发现数块伏羲女娲交尾图画像石。（见图 8－22）其图像中的伏羲女娲大同小异，均作人首龙（蛇）身，尾部作相交之形。不过各地的图像造型及持物上有所不同，徐州、南阳、四川一些地方有女娲、伏羲双手持璧的图像。另外也有伏羲、女娲分为两人，不作交尾以及持日或月的图像。四川一伏羲女娲交尾图，

---

〔1〕《协纪辨方书》卷三引《人元秘枢经》。

伏羲持圆形物，内有乌，显然是日的象征；女娲双髻云鬟，戴耳珰，女性装扮，手持一圆轮，内有蟾蜍、桂树，显然是月的象征。山东沂南伏羲女娲图中两者则分别手持规矩。沛县古泗水地区汉画像中有伏羲女娲人首蛇尾，尾部通过铺首口中衔环的图案。

从伏羲女娲交尾图我们可以得到这些符号的意象：日与月、阳与阴、男与女、规与矩，以及交尾。这些意象与笔者上面分析的“十字穿环”“二龙穿璧”“天圆地方”，以及阴阳交感、男女构精、规动矩静、天人合一在原型上是同一的，它们反映了汉代人源于神话时代的颇为怪异的宇宙观念。

1

2

3

4

图 8-22 伏羲女娲交尾图

1. 汉武梁祠画像石　　2. 河南新野出土

3. 江苏师范大学博物馆汉画像拓片　　4. 四川新津崖墓出土

有的伏羲女娲手持规矩似乎不好理解，但当我们知道规是作圆的工具，矩是造方的工具时，其象征圆方的意义就不证自明了（见图8－23）。这正合了古人“天圆地方”的普遍观念。《关尹子·九药》篇说：“圆道方德。”《淮南子·主术训》说：“智圆行方。”圆又代表了文化原型中的父性原则，方则代表了母性原则。《春秋感精符》宋均注说：

父天于圜丘之祀也，母地于方泽之祭也。

《周髀算经》说：

图8－23 手持规矩的伏羲女娲交尾图（新疆阿斯塔那隋墓绢画）

数之法出于圆方……圆出于方，方出于矩。

方属地，圆属天。据此，著名考古学家张光直认为：“《周髀算经》时代圆方都是工字形的矩所画的。到东汉墓葬壁画中常有的伏羲持规、女娲持矩，可能表示规矩在汉代以后的分化。”[1]在今天的民俗语言中，仍有“无规矩则无以成方圆”的古训。

作为人类始祖的伏羲女娲本来为人首蛇躯（有的作蜥蜴体），这看来十分怪异，人类的始祖怎么会有如此丑陋的形象？这令追求优美的现代人未免有些沮丧。又传说他们是兄妹，岂不是乱伦？这又会使现代的道德家们感到丑恶无比。但正是这怪诞的图像和怪异的风俗，透露了远古神话时代与图腾时代及杂婚时

〔1〕［美］张光直：《中国青铜时代》（二集），生活·读书·新知三联书店，1990年，第43页。

代人类古老历史的文化信息。如果说交龙还代表了人兽不分的图腾时代的话，那么有着人的上体、尾部还拖着蛇的尾巴的人类始祖，则是从神话时代向人的时代转移的象征（见图8－24）。

1　　2

图8－24　人面兽身神

1. 伏羲、女娲蜥蜴
2. 凤鸟·伏羲与女娲交尾图（作者摄于淮北市博物馆）

根据对"十字穿环"以及类似图纹象征密码的语义解读，我们看到其表现的主要思想与《易经》里的观点是一致的。伏羲女娲交尾图等，可以看作图案化的《易经》。在传说中，有伏羲画卦的说法，《周易·系辞下》说：

古者包牺氏之王天下也，仰则观象于天，俯则观法于地；观鸟兽之文，与地之宜，近取诸身，远取诸物，于是始作八卦，以通神明之德，以类万物之情。

这不是没有原因的。中国文化历史悠久，博大精深，中国古文化中所表现出的神秘的象征主义，的确令世人惊叹。几千年前，我们的祖先就运用自己的智慧创造了一些富有深刻含义的象征符号，这些象征符号成了整个人类精神财富的一部分。但由于年代的久远，本义在辗转中失却，有些在今天看来是怪诞不经、奇异非常的，其深刻的内涵很难破译了。多亏了有“二龙穿璧”以及“伏羲女娲交尾图”这些略带具象的图纹，方使我们能够对“十字穿环”的内涵进行阐释。这也说明了一个重要的美学问题，在极抽象的怪异的图案和一些具象的图案之间存在一定联系，甚至在象征的母题上是一致的。依靠对它们的比较研究，我们便可以了解古代象征符号已失却的意义。比如在徐州汉画像中，由十字穿环演化出一些更加图案化的、带有装饰美的图形，如果不是根据以上的分析，我们已经很难理解其意义了。图 8－25 画面上 2/3 刻“穿璧”图案，其下 1/3 刻车马，车马后有一人持器在旁。其上部表现的是天界，下部表现的是人界。穿璧成了宇宙的象征。这与图 8－4 的不同之处在于，图 8－4 只画了一个抽象的十字穿环，下画一车马，或一骑士；而图 8－25 则画了 38 个整环、22 个半环，共计 60

图 8－25　徐州铜山白集汉墓画像石

个环，下部则画人间诸景。另外有两幅类似构图的“穿璧”图案中的圆璧或半圆的璧，总数分别达 68 个和 72 个。其形式上单纯齐一，整齐有序，表现了一种形式美，而其原始的隐意却更加晦暗了。在这些图案化的装饰中，远古的图腾意义、巫术观念、灵感思维已被意味深远的形式感所代替。

参考书目

[德]恩斯特·卡西尔:《人论》,甘阳译,上海:上海译文出版社,1985年。

[德]恩斯特·卡西尔:《语言与神话》,于晓等译,北京:生活·读书·新知三联书店,1988年。

[德]格尔奥格·威廉·弗里德里希·黑格尔:《美学》,朱光潜译,北京:商务印书馆,1982年。

[德]沃尔夫冈·凯泽尔:《美人和野兽——文学艺术中的怪诞》,曾忠禄、锺翔荔译,西安:华岳文艺出版社,1987年。

[法]克洛德·列维-斯特劳斯:《结构人类学》,陆晓禾、黄锡光译,北京:文化艺术出版社,1989年。

[法]克洛德·列维-斯特劳斯:《野性的思维》,李幼蒸译,北京:商务印书馆,1987年。

[法]列维-布留尔:《原始思维》,丁由译,北京:商务印书馆,1981年。

[法]罗兰·巴尔特:《符号学原理》,李幼蒸译,北京:生活·读书·新知三联书店,1999年。

[韩]郑在书、叶舒宪、萧兵:《山海经的文化寻踪》,武汉:湖北人民出版社,2004年。

[加]N.弗莱:《批评的解剖》,普林斯顿:普林斯顿大学出版社,1971年。

[美]E.潘诺夫斯基:《视觉艺术的含义》,傅志强译,沈阳:辽宁人民出版社,1987年。

[美]W.J.T.米歇尔:《图像理论》,陈永国、胡文征译,北京:北京大学出版社,2006年。

[美]W.爱伯哈德:《中国文化象征词典》,陈建宪译,长沙:湖南文艺出版社,1990年。

[美]弗朗兹·博厄斯:《原始艺术》,金辉译,上海:上海文艺出版社,1989年。

[美]郝大维、安乐哲:《汉哲学思维的文化探源》,施忠连译,南京:江苏人民出版社,1999年。

[美]鲁道夫·阿恩海姆:《视觉思维》,滕守尧译,成都:四川人民出版社,1998年。
[美]巫鸿:《时空中的美术:巫鸿中国美术史文编二集》,梅枚等译,北京:生活·读书·新知三联书店,2009年。
[美]张光直:《美术、神话与祭祀》,沈阳:辽宁教育出版社,1988年。
[美]张光直:《中国青铜时代》,北京:生活·读书·新知三联书店,1983年。
[日]安居香山、中村璋八辑:《纬书集成》,石家庄:河北人民出版社,1994年。
[日]井上圆了:《妖怪学》,蔡元培译,台北:渤海堂文化公司,1989年。
[日]笠原仲二:《古代中国人的美意识》,魏常海译,北京:北京大学出版社,1987年。
[日]林巳奈夫:《神与兽的纹样学——中国古代诸神》,常耀华、王平、刘晓燕、李环译,北京:生活·读书·新知三联书店,2009年。
[日]小南一郎:《中国神话传说与古小说》,孙昌武译,北京:中华书局,1993年。
[日]伊藤清司:《〈山海经〉中的鬼神世界》,刘晔原译,北京:中国民间文艺出版社,1990年。
[日]中野美代子:《中国的妖怪》,何彬译,郑州:黄河文艺出版社,1989年。
[瑞士]卡尔·荣格等:《人类及其象征》,张举文、荣文库译,沈阳:辽宁教育出版社,1988年。
[苏]叶·莫·梅列金斯基:《神话的诗学》,魏庆征译,北京:商务印书馆,1990年。
[意]G.维柯:《新科学》,朱光潜译,北京:人民文学出版社,1986年。
[意]安东尼奥·阿马萨里:《中国古代文明——从商朝甲骨刻辞看中国史前史》,刘儒庭等译,北京:社会科学文献出版社,1990年。
[意]翁贝托·艾柯:《丑的历史》,彭淮栋译,北京:中央编译出版社,2010年。
[英]E. H.贡布里希:《秩序感——装饰艺术的心理学研究》,范景中等译,长沙:湖南科学技术出版社,1999年。
[英]布林·莫利斯:《宗教人类学》,周国黎译,北京:今日中国出版社,1992年。
[英]戴维·方坦纳:《象征世界的语言》,何盼盼译,北京:中国青年出版社,2001年。
[英]鲁惟一:《汉代的信仰、神话和理性》,王浩译,北京:北京大学出版社,2009年。
[英]马林诺夫斯基:《巫术、科学、宗教与神话》,李安宅译,北京:中国民间文艺出版社,1986年。
[英]麦克斯·缪勒:《宗教的起源与发展》,金泽译,上海:上海人民出版社,1989年。
[英]詹姆斯·G.弗雷泽:《金枝》,北京:商务印书馆,2012年。
[英]詹·乔·弗雷泽:《金枝》,徐育新、汪培基、张泽石译,北京:中国民间文艺出版社,1987年。
岑家梧:《图腾艺术史》,上海:学林出版社,1986年。
陈炎:《中国审美文化史》,济南:山东画报出版社,2007年。

楚启恩:《中国壁画史》,北京:北京工艺美术出版社,2012 年。
丁山:《中国古代宗教与神话考》,上海:上海文艺出版社,1988 年。
杜而未:《山海经神话系统》,台北:学生书局,1984 年。
冯先铭主编:《中国古陶瓷图典》,北京:文物出版社,1998 年。
盖山林:《阴山岩画》,北京:文物出版社,1986 年。
高明:《古文字类编》,北京:中华书局,1980 年。
龚维英:《原始崇拜纲要——中华图腾文化与生殖文化》,北京:中国民间文艺出版社,1989 年。
顾森编:《中国汉画图典》,杭州:浙江摄影出版社,1995 年。
湖北省博物馆:《曾侯乙墓文物艺术》,武汉:湖北美术出版社,1992 年。
湖北省荆州博物馆:《荆州天星观二号楚墓》,北京:文物出版社,2003 年。
蒋英炬、杨爱国:《汉代画像石与画像砖》,北京:文物出版社,2001 年。
金春峰:《汉代思想史》,北京:中国社会科学出版社,1997 年。
金维诺主编:《中国墓室壁画全集》,石家庄:河北教育出版社,2011 年。
(晋)郭璞:《山海经图赞》,北京:中华书局,1991 年。
居阅时、瞿明安主编:《中国象征文化》,上海:上海人民出版社,2001 年。
李立:《汉墓神画研究》,上海:上海古籍出版社,2004 年。
李泽厚:《美的历程》,北京:文物出版社,1981 年。
鲁迅:《中国小说史略》,上海:上海古籍出版社,2011 年。
罗二虎:《汉代画像石棺》,成都:巴蜀书社,2002 年。
马昌仪:《古本山海经图说》,桂林:广西师范大学出版社,2007 年。
茅盾:《神话研究》,天津:百花文艺出版社,1981 年。
蒲慕州:《追寻一己之幸福——中国古代的信仰世界》,上海:上海古籍出版社,2007 年。
钱锺书:《谈艺录》,北京:中华书局,1983 年。
(清)郝懿行:《山海经笺疏》(影印本),成都:巴蜀书社,1985 年。
(清)姜忠奎著,黄曙辉等点校:《纬史论微》,上海:上海书店出版社,2005 年。
(清)汪绂:《山海经存》,浙江:杭州古籍书店,1984 年。
山东省博物馆、山东省文物考古研究所:《山东汉画像石选集》,济南:齐鲁书社,1982 年。
孙作云:《美术考古与民俗研究》(《孙作云文集》第 4 卷),开封:河南大学出版社,2003 年。
田兆元:《神话与中国社会》,上海:上海人民出版社,1998 年。
王洪岳:《美学审丑读本》,北京:北京大学出版社,2011 年。
王世昌等:《中国文物精华大辞典·金银玉石卷》,上海:上海辞书出版社,1999 年。
王小盾:《中国早期思想与符号研究》,上海:上海人民出版社,2007 年。
王孝廉:《中国的神话与传说》,台北:联经出版事业公司,1977 年。

王孝廉：《中国神话世界》，台北：洪叶文化事业有限公司，2006 年。
王振复：《中国美学的文脉历程》，成都：四川人民出版社，2002 年。
《闻一多全集》第 1 卷，北京：生活·读书·新知三联书店，1982 年。
闻一多：《神话与诗》，北京：古籍出版社，1956 年。
吴山编：《中国纹样全集》，济南：山东美术出版社，2009 年。
吴曾德：《汉代画像石》，北京：文物出版社，1984 年。
萧兵：《楚辞与神话》，南京：江苏古籍出版社，1987 年。
信立祥：《汉代画像石综合研究》，北京：文物出版社，2000 年。
邢义田：《画为心声：画像石、画像砖与壁画》，北京：中华书局，2011 年。
徐复观：《两汉思想史》，上海：华东师范大学出版社，2001 年。
徐复观：《中国艺术精神》，沈阳：春风文艺出版社，1987 年。
徐龙华：《中国神话文化》，沈阳：辽宁教育出版社，1993 年。
杨伯达：《中国玉器全集》，石家庄：河北美术出版社，1993 年。
杨则纲：《始祖的诞生与图腾》，北京：商务印书馆，1935 年。
叶舒宪：《神话-原型批评》，西安：陕西师范大学出版社，1987 年。
叶舒宪：《中国神话哲学》，北京：中国社会科学出版社，1992 年。
于民：《春秋前审美观念的发展》，北京：中华书局，1984 年。
于民：《中国美学思想史》，上海：复旦大学出版社，2010 年。
袁济喜：《两汉精神世界》，北京：中国人民大学出版社，1994 年。
袁珂：《山海经校注》，上海：上海古籍出版社，1980 年。
袁珂：《中国古代神话》，北京：中华书局，1960 年。
袁珂：《中国神话传说词典》，上海：上海辞书出版社，1985 年。
张道一：《汉画故事》，重庆：重庆大学出版社，2006 年。
张道一：《吉祥文化论》，重庆：重庆大学出版社，2011 年。
张明川：《中国彩陶图谱》，北京：文物出版社，2005 年。
张岩：《〈山海经〉与古代社会》，北京：文化艺术出版社，1999 年。
赵国华：《生殖崇拜文化论》，北京：中国社会科学出版社，1990 年。
浙江省博物馆编：《古镜今照——中国铜镜研究会成员藏镜精粹》，北京：文物出版社，2012 年。
郑文惠：《文学与图像的文化美学——想象共同体的乐园论述》，台北：里仁书局，2005 年。
《中国画像石全集》编辑委员会编：《中国画像石全集》，济南：山东美术出版社、郑州：河南美术出版社，2000 年。
《中国画像砖全集》编辑委员会：《中国画像砖全集·四川汉画像砖》，成都：四川美术出版社，2006 年。
中国美术全集编辑委员会编：《中国美术全集》，上海：上海人民美术出版社，1988 年。
《中国青铜器全集》编辑委员会：《中国青铜器全集》，北京：文物出版社，1997 年。

中国社会科学院考古所编:《甲骨文编》,北京:中华书局,1965 年。
钟敬文主编:《民俗学概论》,上海:上海文艺出版社,1998 年。
朱存明:《灵感思维与原始文化》,上海:学林出版社,1995 年。
朱狄:《原始文化思考——对审美发生问题的思考》,北京:生活·读书·新知三联书店,1988 年。

跋

在决定再版后，作者花了一年的工夫对此书做了重大的修改，除了部分文字的修改外，主要增加、删改了一大部分图像。原来因为印刷的技术，只用了一些线描的黑白图像，现在增加了图像时代的许多图像资料，以加大图文互释的视觉感受力。

作者同意再版此书，并不是因为此书写得完美无缺，相反，倒是因为此书的许多看法、命题与当前流行的美学理论与方法有很大的差异。这种差异与20年前作者写作时面对的中国美学界几乎无异。

有两点值得一提。

其一，关于美学研究，虽然是一种理论的探讨，但是理论不应该脱离历史的语境而仅仅走向形而上学的玄思，只在流行的哲学概念上兜圈。中国美学不需要哲学家高头讲章的形而上学教条的指导，需要的是对不同历史时期、不同审美现象、具体审美情景的实证分析。因为审美总是丰富多彩的。

其二，研究美学，不仅仅是研究关于美的正面价值，而更应该关注美与丑的辩证关系。在研究人类审美意识的起源上，美与丑应该处在相同的位置。中国人在其民族生成的审美智慧上，重视的不仅仅是理想的、审美的快感与愉悦，而是对人、对人的外在宇宙、对人周围自然变异的警觉与审视，是天对人的行为降下的“祥瑞”与“灾异”。异己的力量，不论是自然的还是人为的，都转化为审美对象的丑怪与恶行。

原始的艺术是形式简约的典范，又是美丑共生的两极。审美的根源之本在审丑的警觉中，对这一问题的探讨就形成“丑怪的诗学”要探寻的历史之谜。

朱存明

初版后记

阴阳交感，化育万物；造化变异，怪怪奇奇；人生在世，奇异非凡；美丑变化，莫可名状；精神漫游，何去何从？

本想进行探美寻真之研究，反而写成论丑谈怪之拙著；其始满心有奇妙之打算，结果仍不出平凡之境地。计划缜密，也不免张冠李戴；机关算尽，也许已谬之千里。

书虽成于眼下，伏线则在过去。昔日，中学班主任老师奇特的彩笔，启迪了我幼小心灵的向往；高中毕业后要斧头的生涯，使我感到技术的重要；桃花林中抚摸手中的血泡，真正体验到劳动者的伟大；南艺老师开门办学的授业，激起我对艺术的追求；本想成为法官或画家，却步入中文系学习；曾醉心于绘画，遗憾的是不能以此为业；曾想立身于行政，又不能唯命是从；也想写点诗歌、散文，可惜才疏学浅；也发表过漫画作品，旋而事过境迁；在高校讲授文艺学，但内心却存许多狐疑；兴趣曾转向哲学，但深感其玄妙莫测；也读点历史，但总理不出一点头绪；曾倾心于美学，昼夜翻阅到手的书籍，虽不求甚解，也已感到近乎玄学的困惑。

我们处在生活中，生活处于变化里。变幻的色彩、不安的灵魂，像一片孤叶，随波逐流……但将造化之神交给命运，不如操持在自己手中。

人生就是一条锁链，它由一连串的问号组成！

现在，休歇的斧头已经生锈，果园的花香已经飘远，手上的血泡早已消退，法官已成为冷酷的幻想，绘画仅成为调节心身的手段，我面对的是讲稿、论文、书籍和学生。

每当夜阑人静，独坐在“览玄堂”中，凝视着窗外云龙湖夜空中闪烁的繁星，涤去胸中的块垒，我开始自己奇异的精神漫游。曾几何时，风起云涌，电闪雷鸣，霹雳交加，江河横溢。我梦见自己背着沉重的十字架，从精神的地狱边沿走来，在荒芜的沙漠中跋涉，在浩瀚的海面上航行，我发现一片神奇的绿洲——遥远的史前世界——一个奇异而又怪诞的神异幻觉、人类久远的文化之梦。

我惊异于片石和陶器上奇诡的图案，恐惧于青铜器上怪异的纹饰，渐渐对神话、巫术、宗教、祭仪有了浓厚的兴趣。我在体验什么是真正的美感，我在寻求人类智慧的起跑线，我在窥视心灵中蓦然升起的自我，我在寻找史前文化之门的钥匙。我来到古希腊，柏拉图告诉我说，美是理念；亚里士多德说，美在模仿。我困惑，我思索，美在哪儿？我来到了印度，佛陀仍坐在菩提树下沉思默想；在罗马，基督早已被钉在十字架上。他们似乎在说，美是神的召唤。我困惑，我思索，美在哪儿？在中国的周代，孔子正向老子讨教，我只好在一旁倾听，孔子好像在说，美就是善；老子说，美就是回归自然。我不解，我思索，美在哪儿？……古代的哲人已沉眠于地下，但他们的思想仍发出耀眼的光辉，吸引着我孤寂的灵魂。

从梦幻中醒来，我终于明白了，美应从非美的地方开始，探讨美应从它的反面入手。美的根底在于人类的文化，在于人躁动不安的心灵。理解了人，才能认识美。

我翻阅了柏拉图、亚里士多德、朗吉努斯、维柯、哈奇生、狄德罗、鲍姆嘉通、康德、黑格尔、克罗齐、车尔尼雪夫斯基、马克思、普列汉诺夫、高尔基等人论美的著作，我把自己的领域扩展至人类学、文化学、考古学、民族学、神话学、宗教学、民俗学、精神分析学……我渐渐明白了，我是想从文化上来探讨人类审美意识的发生。每天我在和泰勒、弗雷泽、列维-布留尔、列维-斯特劳斯、卡西尔、兰德曼、麦克斯·缪勒、弗洛伊德、荣格、苏珊·朗格、阿恩海姆、卡冈、贝尔、贡布里希……打交道，和他们讨论、争辩，进行灵魂的交流。

1991年，带着这些想法，以国内访问学者的身份，我来到复旦大学访学，在著名美学家蒋孔阳先生的指导下学习研究美学与文化。我的想法得到先生的嘉许，这给了我鼓励和鞭策，我便开始了自己进一步的探讨。经过昼夜苦战，这本拙著算是写出来了。书成以后，导师蒋孔阳先生审阅了部分书稿并作序，顿时使拙著生辉。

读西方哲人的理论著作，给我提供了一把利斧；我把引用的材料局限在历史文献上，而放弃了来自少数民族志的资料，一是我对这些民族还缺乏直观的了解，再是在对这些资料没进行真伪的甄别之前，还不如暂时舍弃。我的想法是否表达出来了，那需要读者来评判。至于书中的缺点错误，那当然由作者承担，更欢迎读者的批评。

不知死亡的威胁，焉能珍视生的快乐？不视丑恶的事物，怎知美好的存在？

传统的美很快会过去，如果丑一出现，那将变得奇异非凡。

中国的丑怪，神乎其神的智慧。

朱存明

再版后记

本书(原名《中国的丑怪》)初版于1996年,到现在也有20个年头了。新版的校样看完后,还是有很多感慨。

当人们都在探讨美的本质时,我为什么对"丑怪"产生兴趣,并花了大量精力写了这本书?这本书探讨的是中国文化在其发生阶段从自身经验出发观察自然、社会、人生时产生的种种惊异,并根据自己存在的价值而判断其为美或丑。老子说:"天下皆知美之为美,斯恶已。"鲍德里亚说"完美的罪行"。当今天的人为追求"完美"而挣扎时,实际上其后却隐藏着"丑"与"怪"的现实。历史记录了这一切,可是学术界对丑怪的研究却很少。

此书的选材是以汉以前为主,属于历史学中的上古时代。笔者在企图探讨审美发生学时,却意外地发现审美的起源实际上根本不存在,存在的只是对怪异的警觉,是基于人的经验判断中的自我安全与快乐的生命直觉。这是研究语言记忆的陈述与观察到的世界幻影再造的审美呈现。愈往前追溯愈找不到美的起源,一切都消失在原始思维的历史长河中。书的写作是艰难的,不仅是对怪异的分析,而且还有对文字、图式、器物、灵感、神话、民俗等的现代理解。在已经被现代学科划分为不同领域的学科体制中,如何把众多的材料汇集在一起,共同编织出那一个怪物纷呈的世界,是极其困难的。但是怪异背后体现的中国人的智慧,今天仍使我们感到惊异。

正是因为此书的材料大多数来自上古,文字的古今变异已使此书不易卒读。初版的编辑王德福先生为此吃尽了苦头，每次去见他，他都在翻阅厚厚的工具书，以便于一些生僻字词的落实。此书的出版，是应该感激他的。

此书出版后，我沿着这条研究道路又在不断探索。在研究过程中得到一些基金的资助，在此要特别表示感谢。其中有国家社科基金重大招标课题“《汉学大系》的编纂及海外传播研究”（2014 年，编号 14ZDB029）；国家社科基金一般项目两项，一项是“汉代谶纬的图像美学研究”（2011 年，编号 11BZX081），另一项是“汉画像与中国传统审美观念研究”（2003 年，编号 03BZX060）；教育部项目“中国古代神话图像研究”（2010 年，编号 10YJA760084）；江苏省政府项目“汉画像中的民俗研究”（2010 年，编号 10YSD012）；江苏省高等学校研究基地重点项目“汉画像的神话学研究”（2010 年，编号 2010JDXM041）等。出版了《汉画像之美——汉画像与中国传统审美观念研究》（商务印书馆，2011 年初版，2017 年修订版）、《美的根源》（中国社会科学出版社，2006 年版）、《图像生存——汉画像田野考察散记》（广西人民出版社，2007 年版）、《汉画像的象征世界》（人民文学出版社，2005 年一版；台湾里仁书局，2016 年二版）、《淮海文化研究》（西苑出版社，2000 年版）、《美》（上海文化出版社，2000 年版；巴黎 Desdéc de Brouwer 出版社，2000 年法文版）、《情感与启蒙——20 世纪中国美学精神》（西苑出版社，2000 年及 2002 年一版、2011 年二版；文化艺术出版社，2017 年版）、《美学艺术论集》（首都师范大学出版社，2016 年版）；还参与朱志荣教授主编的《中国美学简史》秦汉部分的写作，并与我的恩师赵宪章教授合著《美术考古与艺术美学》（上海大学出版社，2008 年版）；还参与地方文化建设，在“新徐州 · 新形象”丛书编纂中，编著有《历史之旅》一书（凤凰出版传媒集团凤凰出版社，2010 年版）。

这些书，大部分探讨了中国美学的问题，其中对汉画像中的审美与审怪的分析，花了较大的精力，感兴趣的读者可以参阅。

值此书再版之际，感谢我的妻子宫慧玲、儿子朱浒对我工作的大力支持；对一些学人及出版界的有识之士，也要深表谢意。其中有北京大学中文系傅刚教授，他在书刚刚出版时，就在上海的《书城》杂志上发表了书评。还有生活·读书·新知三联书店的副总编常绍民先生，他长期以来对我们的研究给予了大力支持。也要特别感谢王秦伟先生的大力支持；感谢编辑杨柳青女士细致、认真的工作。

在此书的修订过程中，我的一些研究生做了许多工作，周圣涵、马珍、邢龙、翟洪勇、王舒、陈峰、董雨莹等做了打字的工作，孟瑀同学花工夫编辑并做了部分插图工作，特此致谢。

朱存明

2017年6月10日